测 量 学

（第四版）

主　编　梁盛智
副主编　李章树　石景钊

重庆大学出版社

内 容 提 要

全书共分 14 章,第 1 章~第 5 章阐述测量学的基本知识,基本测量工作以及误差理论的基本知识;第 6 章主要阐述建立小地区控制网的原理和方法;第 7 章至第 9 章阐述地形图的基本知识、地形图测绘、数字地形测量以及地形图应用地籍测量等;第 10 章至第 11 章为施工测量,包括施工测量的基本工作、民用与工业建筑施工测量;第 12 章阐述公路中线测量以及桥梁隧道测量的方法;第 13 章是建筑物的变形观测以及竣工平面图的编绘;第 14 章介绍 3S 系统和数字地球。

本书可供普通高等学校土木工程类专业作为教材使用,也可供有关工程技术人员参考。

图书在版编目(CIP)数据

测量学/梁盛智主编. —3 版.—重庆:重庆大学出版社,2013.1(2020.1 重印)
高等学校土木工程本科规划教材
ISBN 978-7-5624-2377-5

Ⅰ.①测… Ⅱ.①梁… Ⅲ.①测量学—高等学校—教材 Ⅳ.①P2

中国版本图书馆 CIP 数据核字(2013)第 012380 号

测 量 学
(第四版)

主 编 梁盛智
副主编 李章树 石景钊

责任编辑:周 立 版式设计:周 立
责任校对:李定群 责任印制:张 策

*

重庆大学出版社出版发行
出版人:饶帮华
社址:重庆市沙坪坝区大学城西路 21 号
邮编:401331
电话:(023)88617190 88617185(中小学)
传真:(023)88617186 88617166
网址:http://www.cqup.com.cn
邮箱:fxk@cqup.com.cn(营销中心)
全国新华书店经销
重庆俊蒲印务有限公司印刷

*

开本:787mm×1092mm 1/16 印张:18 字数:449 千
2018 年 8 月第 4 版 2020 年 1 月第 15 次印刷
印数:48 001—50 000
ISBN 978-7-5624-2377-5 定价:42.00 元

土木工程专业本科系列教材
编审委员会

再版前言

在本书修订过程中，编者对每章每节都进行深入分析、研究和修改，删去了陈旧内容，拓宽了新技术和常用内容，如地籍测量等，突出了重点难点内容，在语言文字上做到精益求精，更适用于土木工程各专业教学用书。

本书在修订过程中，各兄弟院校提出了许多宝贵意见，在此深表感谢！由于编者水平有限，本书还会有许多不足之处，希望批评指正。

编　者
2012 年 8 月

前　言

　　本教材是根据高等学校土木工程类教学大纲的要求,结合多年来教学、测绘生产实践经验和当前测绘领域的先进科学技术编写的。全书系统地阐述了测量学的基本理论、基本方法和测绘科学的先进技术。取材上尽量做到精练,深入浅出,通俗易懂。本教材适用土木建筑工程、道路与桥梁工程、水利工程、城市规划建设工程、采矿、园林、园艺等有关专业,也可作为土木工程技术人员参考。

　　全书共分14章。第1章、第10章、第12章由广西大学梁盛智编写;第7章、第9章、第14章由昆明理工大学甘淑编写;第2章、第5章由昆明理工大学袁希平编写;第3章、第8章由广西大学石景钊编写;第4章、第11章由重庆大学建筑工程学院刘星编写;第6章、第13章由西华大学李章树编写。全书由梁盛智统稿并担任主编。在编写过程中得到广西大学陈伟清同志、广西航空遥感测绘院、清华山维公司和南宁天测公司的大力支持和帮助,在此表示感谢。

　　由于编者水平有限,书中定有不少缺点和错误,谨请读者批评指正。

编　者

2002 年 4 月

目录

第 **1** 章
绪 论

1.1 测量学的任务及其作用

测量学是研究确定点位,研究地球形状、大小及地球表面信息的科学。测量学按照研究范围、对象以及采用的技术方法不同,分为以下多个学科。

1)大地测量学 研究地球的形状和大小,解决大区域控制测量和地球重力场问题。随着空间科学技术的发展,大地测量已由常规大地测量向空间大地测量和卫星大地测量方向发展。

2)普通测量学 研究小区域地球表面的形状和大小并缩绘成图。由于区域相对较小,所以把曲面近似地作为平面看待,不考虑地球曲率的影响。

3)摄影测量与遥感学 研究利用摄影或遥感技术以获取被测物体的几何和物理信息,以确定其形状、大小和空间位置的理论和方法。由于获取被测物体的方法不同,摄影测量学又分为地面摄影测量、水下摄影测量、航空摄影测量和航天遥感等。

4)工程测量学 研究各种工程在规划、设计、施工、运行和管理等各个阶段测量工作的理论和方法的科学。

5)地图制图学 研究各种地图投影理论、编绘制作等技术方法的科学。由于科学技术的进步和计算机的应用,地图制图学已向电子地图和地理信息系统方向发展。

测绘工作在国民经济建设、国防建设和科学研究等领域起到非常重要的作用。国民经济建设发展的总体规划、城乡的规划和建设、工矿企业的建设、公路和铁路的修建、各项水利工程的兴建、地下矿藏的勘探与开采、森林资源的调查和保护、地籍测量与土地规划利用等都离不开测绘工作。在国防建设中也有着重要的作用,远程导弹、空间武器、人造卫星或航天器的发射,要保证它精确发射至预定的轨道,随时校正轨道和命中目标,除了测算出发射点和目标点的准确坐标、方位和距离外,还必须掌握地球形状、大小的精确数据和有关重力场资料。近年来,在地震预测、海底资源勘测、近海油井钻探、地下电缆埋设、灾情监测及其他科学研究都广泛应用测绘技术。

土木工程测量是属于普通测量学的范畴,并包含工程测量的内容。本教材主要面向建筑工程、路桥工程、给水排水工程、水利水电工程等学科。它的主要任务是:

1)测绘和应用地形图 把工程建设区域内地球表面的地物、地貌的形状、大小及地表的其他信息,按规定的符号测绘成大比例尺地形图,为各种工程规划、设计提供图纸资料。正确应用地形图所提供的各种方法和数据资料,能有效解决各种工程在规划、设计和施工中的相应问题。

2)施工放样和竣工测量 把图纸上设计的建(构)筑物,根据设计的要求按其相关的位置在实地上标定出来,作为施工的依据;在施工过程中,为保证施工质量,配合施工进行一系列的测量工作;工程竣工后,为工程验收、日后扩建和维修管理提供可靠资料,需要进行竣工测量。

3)建筑物的变形观测 对一些大型建(构)筑物,为了确保工程和使用的安全,在建筑物施工过程中或竣工以后,应对建筑物进行沉降、水平位移和倾斜等变形观测。

测量学是一门古老而又年轻的科学。从我国古代观测日、月、五星来定一年的长短,发明"准、绳、规、矩"测量工具和世界上最早的指南针开始,随着科学技术的飞速发展,测绘科学技术也突飞猛进。由于卫星发射成功,测量目标由地面转移到空间;控制测量由常规的方法发展到 GPS 全球定位技术;航空摄影测量发展到遥感技术的应用;测量仪器已日趋电子化、自动化;地形图的测绘由传统的测图方法向数字化成图发展。全球定位系统(GPS)、地理信息系统(GIS)、遥感(RS)的应用与结合,将向数字地球发展,使现代的测绘科学和技术更好地为人类服务。

1.2 地面点位的确定

测量工作的实质就是确定地面点的空间位置,而地面点的空间位置则与地球的形状和大小有着密切的关系。因此,我们必须首先了解地球的形状和大小。

1.2.1 地球的形状和大小

地球表面是错综复杂的,有高山、平原和丘陵,有纵横交错的江河湖泊和浩瀚的海洋。其中海洋水面约占整个地球表面的71%,而陆地仅占29%。陆地最高的是珠穆朗玛峰,高出海水面8 846.27 m,海洋中最深的是马里亚纳海沟,低于海水面11 022 m,但这样的高低差距相对于地球平均半径6 371 km是很微小的。由于地球表面71%被海水面所覆盖,因此,人们设想将静止的海水面向陆地延伸所形成的闭合曲面看做是地球总的形状。

由于地球的自转,地球上任一点都受到离心力和地心引力的作用,这两个力的合力称为重力,如图 1.1 所示。重力的作用线在测量上称为铅垂线。用细线悬挂一个锤球,当锤球静止时,此方向线即为铅垂线,铅垂线是测量工作的基准线。处处与重力方向垂直的连续曲面称为水准面,与水准面相切的平面称为水平面,任何自由静止的水面都是水准面。因此,水准面有无穷多个,其中与平均海水面相吻合的水准面称为大地水准面。大地水准面是测量的基准面,大地水准面所包围的形体称为大地体。

大地水准面与静止的海水面相吻合,它最接近地球的形状和大小,以大地体表示地球的体形是恰当的。但由于地球内部物质构造分布不均匀,地球表面又是高低起伏,致使大地水准面是一个起伏变化的不规则曲面,如图 1.2(a)所示。在这样不规则的曲面上无法进行测量数据处理。为此,测量上选用一个非常接近大地体的旋转椭球体作为地球的参考形状和大小,如图

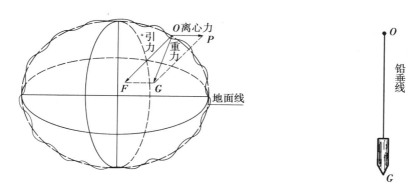

图 1.1　地球重力线

1.2(b)所示。这个旋转椭球体称为参考椭球体,并可用数学公式表示。目前我国采用的旋转椭球体的参数值为:

长半径　$a = 6\ 378\ 140$ m

短半径　$b = 6\ 356\ 755.3$ m

扁率　$e = \dfrac{(a - b)}{a} = \dfrac{1}{298.257}$

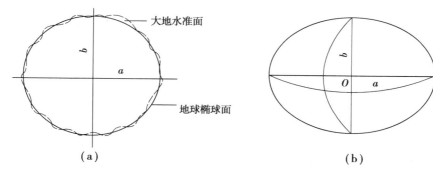

图 1.2　大地水准面与地球椭球面

由于旋转椭球体扁率很小,当测区范围不大,精度要求又不高时,可近似地将地球作为圆球,其半径为 6 371 km。

1.2.2　确定地面点位的方法

确定地面点的空间位置,通常是确定地面点沿基准线到基准面的投影和距离,即用坐标和高程表示。

(1)地面点的坐标

地面点的坐标通常有 3 种坐标系统:地理坐标、高斯平面直角坐标和独立平面直角坐标,根据实际情况选用一种来确定地面点的位置。

1)地理坐标　用经度和纬度表示地面点球面位置的坐标称为地理坐标。根据使用的基准线、基准面不同,地理坐标又分为天文地理坐标(天文坐标)和大地地理坐标(大地坐标)。

①天文坐标

天文坐标是以铅垂线为基准线,以大地水准面为基准面,地面点位置用天文经度 λ 和天文纬度 φ 表示。

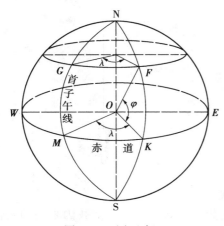

图 1.3　天文坐标

如图 1.3 所示,NS 为地球的自转轴,称为地轴。N 为北极,S 为南极。过地面任一点与地轴 NS 所组成的平面称为子午面,子午面与地球表面的交线称为子午线或经线。通过英国格林尼治天文台 G 的子午面称为首子午面。过地面上任一点 F 的子午面与首子午面的夹角 λ,称为 F 点的天文经度。自首子午线向东量为东经,向西量为西经,其值为 0°～180°。

通过球心与地轴垂直的平面为赤道面,赤道平面与球面的交线称为赤道。过 F 点的铅垂线与赤道面的夹角 φ,称为 F 点的天文纬度。由赤道面向北量称北纬,向南量称为南纬,其值为 0°～90°。

②大地坐标

大地坐标是以法线为基准线,以旋转椭球面为基准面,地面点的位置用大地经度 L 和大地纬度 B 表示。F 点的大地经度 L,就是过 F 点的子午面和首子午面所夹的两面角;F 点的大地纬度 B,就是过 F 点与旋转椭球面垂直的法线与赤道面的夹角。由于铅垂线与法线并不重合,所以 $λ \neq L, φ \neq B$,铅垂线相对于法线关系称为垂线偏差。

天文经纬度是用天文方法直接测定,而大地经纬度是根据一个起始的大地原点的大地坐标,再按大地测量所得的数据推算而得。我国于 1980 年在陕西省泾阳县境内建立了我国的大地原点,新的统一坐标系,称为"1980 年国家大地坐标系"。建国后,我国曾采用"1954 年北京坐标系"作为过渡性坐标系。

2)高斯平面直角坐标　大地坐标是在旋转椭球面上确定地面点点位,常用于研究地球的形状和大小、航天器及卫星发射定位等。球面是个曲面,其坐标不便直接用于工程规划、设计以及各种测量计算,为此,必须把球面上的坐标按一定数学法则归算到平面上,才能方便应用。

任何球面都是不可展的曲面。故将地球表面的元素按一定的条件投影到平面上必然会产生变形。测量上常以投影变形不影响工程要求为条件选择投影方法。地图投影的方法有等角投影(也称正形投影)、等面积投影和任意投影三种,我国采用正形投影。

德国数学家高斯提出的横椭圆柱投影是一种正形投影,它是将一个横椭圆柱套在地球椭球体上,如图 1.4(a)所示,使椭圆柱中心轴线通过椭球体中心 O,椭球体南北极与椭圆柱相切,并使椭球体面上某一子午线与椭圆柱相切。相切的子午线称为中央子午线。然后将中央子午线附近的椭球体面上的点、线按正形投影的条件归算到椭圆柱面上,再顺着过两极点的母线将椭圆柱面剪开,并展成平面,这个平面称为高斯投影平面。正形投影的条件是:保角性和伸长的固定性。保角性是指球面上无穷小的图形,在投影面上描写成相似的形状。伸长的固定性是指在同一点上不同方向的微分线段的变形比 m 为一常数,即:

$$m = \frac{ds}{dS} = K \quad （常数）$$

式中:ds——投影后的长度;

　　　dS——球面上的长度。

从高斯投影面上我们可以看出:投影后的中央子午线是直线,其长度不变,离开中央子午线的其他子午线是弧线并凹向中央子午线,离中央子午线越远,变形越大;投影后的赤道线也

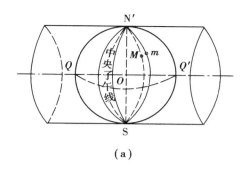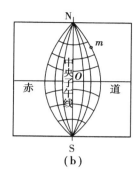

图 1.4　高斯投影

是一条直线,并垂直于中央子午线,其他纬线是弧线并凸向赤道,纬度越高变形越大,如图 1.4
(b)所示。为了控制长度变形,测量中采用限制投影宽度的方法,即将投影区域限制在靠近中
央子午线两侧的狭长地带。这种方法称为投影分带。带宽是以相邻两条子午线的经度差来划
分,有 6°带、3°带和 1.5°带等不同的投影方法。

　　6°带投影是从 0°经线起自西向东每隔 6°投影一次,这样将椭球分成 60 个带。带号为 1～
60 带。第一个 6°带的中央子午线经度为 3°,任意带的中央子午线经度 L_0^6 与投影带号 N 的关
系为:

$$L_0^6 = 6N - 3 \tag{1.1}$$

反之,已知地面任一点经度 L,求该点所在 6°带编号的公式为:

$$N = \mathrm{Int}\left(\frac{L}{6}\right) + 1(\text{有余数时}) \tag{1.2}$$

式中,Int 为取整函数。

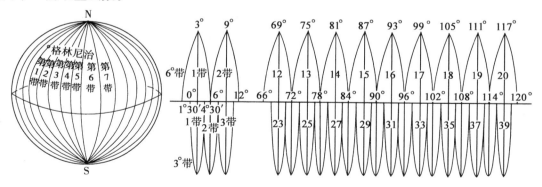

图 1.5　6°带和 3°带投影

　　3°带是从东经 1.5°开始,自西向东按经度差 3°为一带,将椭球分为 120 个投影带。奇数
带的中央子午线与 6°带的中央子午线重合,偶数带的中央子午线与 6°带的边缘子午线重合。
各带的中央子午线经度 L_0^3 与带号 n 的关系为:

$$L_0^3 = 3n \tag{1.3}$$

反之,已知地面任一点经度 L,求该点所在 3°带编号的公式为:

$$n = \mathrm{Int}\left(\frac{L}{3} + 0.5\right) \tag{1.4}$$

　　我国疆土概略经度范围是东经 72°至 138°之间,包含有 11 个 6°带和 21 个 3°带,带号范围

分别为 13～23 和 25～45。由此可见,在我国 6°带与 3°带的投影带号不会重复。

在高斯投影平面中,以每一带中央子午线的投影为直角坐标系中的纵轴 x,向北为正,向南为负;以赤道的投影为直角坐标系中的横轴 y,向东为正,向西为负,两轴交点为坐标原点 O,象限按顺时针排序。由于我国的领土位于北半球,x 值均为正,y 坐标有正有负,如图 1.6(a),y_A = + 136 780 m,y_B = − 272 440 m。为了避免 y 出现负值,将每带的坐标原点向西移 500 km,如图 1.6(b)。坐标纵轴西移后,y_A = (500 000 + 136 780) m = 636 780 m,y_B = (500 000 − 272 440) m = 227 560 m。为了根据某点的横坐标值确定其位于投影带中的哪一个带,则在横坐标值前冠以带号,如 A、B 点均位于 20 带,则其坐标值 y_A = 20 636 780 m,y_B = 20 227 560 m。

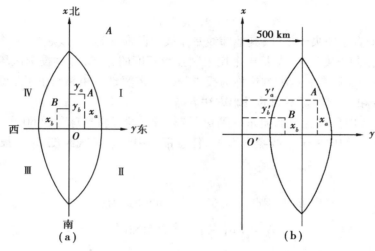

图 1.6 高斯平面直角坐标

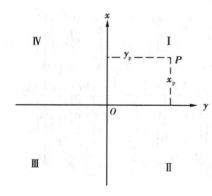

图 1.7 平面直角坐标

3)独立平面直角坐标 当测区范围较小时,可以把测区大地水准面当作平面看待,直接将地面点沿铅垂线投影到平面上,用平面直角坐标表示点的位置,如图 1.7 所示。坐标原点一般选在测区西南角,使测区内的坐标均为正值。以该测区子午线方向(真子午线或磁子午线)定为 x 轴,横轴为 y 轴,象限按顺时针方向编号,这是与数学上规定不同的,测量上定纵轴为 x 方向主要是直线定向方便,而象限则按顺时针方向编号,其目的是便于将数学上的三角和解析几何公式直接应用到测量计算,不需做任何改变。

(2)地面点的高程

确定地面点的高低位置是用高程表示的。地面点沿法线方向至参考椭球面上的距离称为大地高。地面点沿铅垂线方向到大地水准面的距离,称为该点的绝对高程或海拔高,简称为高程。工程测量一般是采用海拔高。如图 1.8 所示,用 H_A、H_B 表示地面点 A、B 的高程。海水面由于受潮汐、风浪的影响,是一个高低不断变化的动态曲面。我国在青岛海边设立验潮站,通过长期观测,取海水面的平均高度作为高程的零点。建国后,我国采用青岛验潮站长期观测资料求得黄海平均海水面作为高程水准面,称为“1956 黄海高程系",并在青岛观家山建立水准原点,其高程为 72.289 m。后来又将 1953 年至 1979 年的资料进行归算,确定国家水准原点高程为 72.260 m,称为"1985 年国家高程基准"。

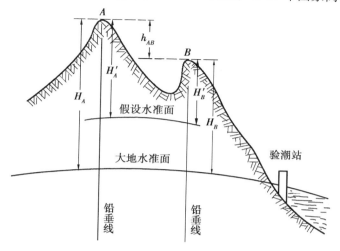

图 1.8　高程和高差

在局部地区,与国家水准点联测困难的特殊情况下,也可假设一个水准面作为高程起算面。地面点沿铅垂线方向到假定水准面的距离,称为该点的假定高程或相对高程,用 H'_A、H'_B 分别表示地面点 A、B 的相对高程。

地面上两点的高程之差称为高差,以 h 表示,A、B 两点的高差为:

$$h_{AB} = H_B - H_A = H'_B - H'_A \qquad (1.5)$$

(3)空间直角坐标

GPS 卫星定位系统采用的是空间直角坐标

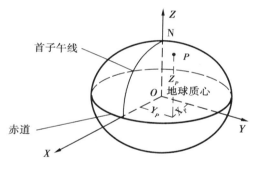

图 1.9　空间直角坐标系

(X,Y,Z)。如图 1.9 所示,空间直角坐标系是以地球质心 O 为原点。以 ON 为 Z 轴方向。以首子午线和赤道线的交点与地球质心 O 的连线为 X 轴方向。过 O 点与 XOZ 面垂直,并与 X,Z 构成右手坐标系为 Y 轴方向。地面点 P 的空间直角坐标(X_P,Y_P,Z_P)与大地坐标 B_P,L_P,H_P 可用公式转换。

1.3　用水平面代替水准面的限度

水准面是个曲面,在普通测量工作中,是在一定的精度要求和测区范围不大时,不考虑地球曲率的影响,以水平面代替水准面。也就是把小区域地球表面上的点投影到水平面上以确定点位。但是,这小区域小到什么程度,必须以其产生的误差不超过测量和制图的误差为标准。

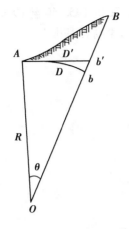

图 1.10　水平面代替水准面

1.3.1　对距离的影响

如图 1.10 所示,设球面与水平面相切于 A 点,D 为 A,B 两点在球面上的弧长,在水平面上的距离为 D'。则以水平面距离 D' 代替弧长 D 所产生的误差为:

$$\Delta D = D' - D = R\tan\theta - R\theta = R(\tan\theta - \theta)$$

将 $\tan\theta$ 按级数展开,并略去高次项,得

$$\tan\theta = \theta + \frac{1}{3}\theta^3 + \cdots$$

因而近似得

$$\Delta D = R\left[(\theta + \frac{1}{3}\theta^3 + \cdots) - \theta\right] = R \cdot \frac{\theta^3}{3}$$

以 $\theta = \dfrac{D}{R}$ 代入上式得

$$\Delta D = \frac{D^3}{3R^2} \tag{1.6}$$

或

$$\frac{\Delta D}{D} = \frac{1}{3}\left(\frac{D}{R}\right)^2 \tag{1.7}$$

以地球半径 $R = 6\,371$ km 取不同的 D 值代入上式,得到距离误差 ΔD 和相对误差,见表1.1。

表 1.1　以水平面代替水准面对距离的影响

D/km	$\Delta D /\text{cm}$	$\Delta D/D$
1	0.00	—
10	0.82	1/122 万
50	102.65	1/4.9 万
100	821.23	1/1.2 万

表 1.1 计算表明,两点距离为 10 km 时,用水平面代替水准面产生的相对误差为 1/122 万,这样小的误差,与在地面上进行最精密的距离测量其相对误差为 1/100 万相比是容许的。因此,在半径为 10 km 的范围内,以水平面代替水准面所产生的距离误差可以忽略不计。

1.3.2　对高程的影响

如图 1.10 所示,地面 B 点投影在水平面上为 b' 点,投影在水准面上为 b,bb' 即为水平面代替水准面所产生的高程误差,也称为地球曲率的影响。

设 $bb' = \Delta h$,则

$$(R + \Delta h)^2 = R^2 + D'^2$$

$$\Delta h = \frac{D'^2}{2R + \Delta h}$$

前已证明 D' 与 D 相差很小,可以用 D 代替 D',Δh 与 R 相比可略去不计。

则

$$\Delta h = \frac{D^2}{2R} \tag{1.8}$$

当 $D = 0.1$ km 时，$\Delta h = 0.078\ 5$ cm;

当 $D = 1$ km 时，$\Delta h = 7.8$ cm;

当 $D = 10$ km 时，$\Delta h = 785$ cm。

上述计算表明，地球曲率对高差影响较大，在进行高程测量时，应考虑地球曲率的影响。

1.4 测量工作概述

1.4.1 测量工作的实质及内容

地球表面的物体和高低起伏的形态极其复杂多样，但归结起来分为地物和地貌两大类。地面上天然或人造的固定物体，称为地物，如房屋、道路、河流、湖泊等。地球表面高低起伏的形态，称为地貌，如高山、平原、丘陵等。地物和地貌统称地形。地物的轮廓或地貌的形态都是由一系列点连成的折线或曲线所组成，所谓地形测量就是测定地物、地貌的一些特征点(轮廓线的转折点，曲线的拐弯点)的平面位置和高程，然后按规定的符号和比例缩小绘在图上，获得相应的地形图。施工放样也就是把设计好的地物特征点位放样到实地上。建(构)筑物的变形观测，也就是观测地物一些点位的变化，以确定建筑物的位移(沉降、倾斜等)情况。由此不难看出，测量工作的实质就是确定地面点位。

地面点位的测定方法有多种，在土木工程测量中常用的有几何测量定位和 GPS 全球定位等方法。在通常的测量工作中，不是直接测定点的坐标和高程，而是通过测定点间的距离、角度和高差的几何关系，求得待定点的坐标和高程。因此，高程测量、角度测量和距离测量是测量的基本内容。

1.4.2 测量工作的原则和程序

地面点的位置是根据距离、角度和高差测量结果经推算而确定的。在测量工作中，不论采用何种方法，使用何种仪器进行测量，都会给测量成果带来误差。在测量方法上，假如从一个碎部点开始，逐点进行施测，最后虽可得到欲测各点的位置，但是这些点的位置可能是很不准确的。因为前一点的测量误差，将会传递到下一点，这样逐点的误差累积起来，最后可能达到不能容许的程度，因此，这种方法不可取，必须采取另一种工作程序和方法。

为了防止或减弱测量误差的传递和积累，先在测区内选定一些有意义的点，这些点称为控制点，如图 1.11 中的 $A,B,C,\cdots$。用测量仪器精确地测定控制点的坐标和高程，然后以这些控制点为依据，测绘其周围的碎部点，这就是测量工作必须遵循的原则：在布局上"由整体到局部"；在精度上"由高级到低级"；在程序上"先控制后碎部"。无论是地形测量还是施工放样都是本着这一基本原则进行的。它既可以保证测区的必要精度，又不致使碎部测量的误差累积，同时还可以把整个测区分幅进行测绘，加快测量工作的进度。

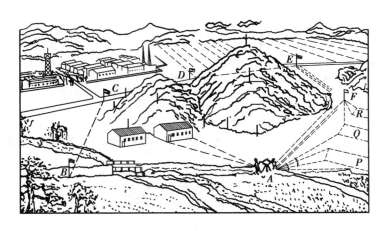

图 1.11　测量工作的程序

　　测量工作分为外业和内业。测量外业就是利用测量仪器和工具进行实地测量,以取得测量数据,它是确保测量精度的前提。内业就是对外业测量成果进行数据处理,以得出最终测量成果。不论外业或内业,为保证成果的正确性,都必须坚持检核,"前一步工作不做检核不能进行下一步工作",这也是测量工作应遵循的又一个原则。

思考题与习题

　　1. 测绘工作在国民经济建设、国防建设中有何作用?

　　2. 土木工程测量学的任务是什么?

　　3. 何谓大地水准面? 它在测量中起什么作用?

　　4. 测量工作的实质是什么? 测量上的坐标有几种? 测量上的平面直角坐标与数学上的平面直角坐标有何不同?

　　5. 什么叫绝对高程、相对高程? 两点之间的绝对高程之差与相对高程之差是否相同?

　　6. 已知 A 点高程为 46.526 m, B 点高程为 48.934 m,求 h_{AB} 和 h_{BA}。

　　7. 地球上某点的经度为东经 $112°21'$,试问该点所在 $6°$ 带和 $3°$ 带的中央子午线经度和带号是多少?

　　8. 何谓水准面、水平面? 用水平面代替水准面对水平距离和高程有何影响?

　　9. 测定地面点位的方法有几种? 几何定位法测量的基本工作有哪些?

　　10. 何谓地物、地貌和地形?

　　11. 测量工作应遵循的原则是什么? 为什么?

第**2**章

水准测量

测量地面点高程的工作,称为高程测量。根据使用的仪器和测量原理不同,高程测量可分几何测量法、GPS 定位法与物理定位法三种,其中几何定位法有水准测量、三角高程测量。工程上常用的是水准测量和三角高程测量。本章主要介绍水准测量的原理、水准仪的构造与使用、水准测量的施测方法、水准仪的检验与校正、水准测量的误差,以及自动安平水准仪、精密水准仪等内容。

2.1 水准测量原理

水准测量是利用水准仪提供一条水平视线,借助水准尺来测定地面两点间的高差,从而由已知点的高程和测得的高差,求出待定点的高程的一种测高方法。

2.1.1 高差测量原理

如图 2.1 所示,将水准仪安置在 A,B 两点之间,在 A,B 两点分别竖立水准尺,利用水准仪提供的水平视线,分别读 A 点水准尺的读数 a 和 B 点水准尺的读数 b,则 A,B 两点间的高差为:

$$h_{AB} = a - b \qquad (2.1)$$

若水准测量是由 A 到 B 点进行的,即前进方向为 $A \rightarrow B$,此时规定 A 点为后视点,A 点尺上的读数为后视读数,B 点为前视点,B 点尺上的读数为前视读数,则式(2.1)可写成:

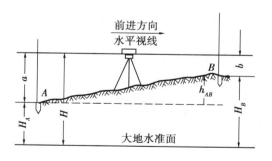

图 2.1 水准测量原理

高差 = 后视读数 - 前视读数

高差有正负,当后视读数 a 大于前视读数 b 时,高差 h_{AB} 为正,说明 B 点高于 A 点;反之,高差 h_{AB} 为负,说明 B 点低于 A 点。在测量和计算中应特别注意高差的方向性,且有 $h_{AB} = - h_{BA}$。

2.1.2 高程计算

根据已知 A 点高程 H_A 和测定的高差 h_{AB}，便可算出 B 点的高程。

（1）高差法

$$H_B = H_A + h_{AB} = H_A + (a - b) \qquad (2.2)$$

此法适用于根据一个已知点确定单个点高程的情况。

（2）视线高法（视高法）

$$H_B = (H_A + a) - b = H_i - b \qquad (2.3)$$

式中　　H_i ——视线高程。

此法适用线或面的水准测量。

2.2　水准测量的仪器和工具

2.2.1　水准仪

（1）水准仪的分类

水准仪的种类很多，我国生产的水准仪可按其精度和性能两种方式进行分类。

1）按精度分　可分为 DS_{05}，DS_1，DS_3，DS_{10}，DS_{20} 等 5 个等级，其中"D"和"S"分别为"大地测量"和"水准仪"的汉语拼音第一个字母，下标 05,1,3,10,20 表示仪器的精度等级，即"每公里往返测量高差中数的中误差（单位：毫米）"。"DS"常简写为"S"。

2）按性能分　可分为微倾式水准仪、自动安平水准仪、精密水准仪和电子水准仪等 4 种类型。

在工程上广泛使用 DS_3 微倾式水准仪。但近年来随着光学仪器生产水平的提高，国产自动安平水准仪的性能日趋稳定，基本上能达到国外同类产品的要求，因此，各生产厂家已逐渐用自动安平水准仪代替微倾式水准仪。电子水准仪作为水准仪的发展方向，已逐步投放市场，用于生产。

（2）DS_3 微倾式水准仪的构造

不同类型的仪器，或同一类型不同厂家生产的仪器，其外形各有所不同，但结构基本一致，都是由望远镜、水准器、基座等组成。

现以江西光学仪器厂生产的 DS_3 微倾式水准仪为例来说明，如图 2.2 所示。

1）望远镜　望远镜的作用是提供一条清晰的视线，以便于瞄准和读数。它主要由物镜、目镜、十字丝分划板、调焦透镜、调焦螺旋和镜筒组成，如图 2.3 所示。物镜和十字丝分划板固定在镜筒内，物镜起成像作用。调焦透镜与物镜调焦（对光）螺旋相连，通过转动物镜调焦螺旋，可使调焦透镜沿主光轴前后移动，从而使远近不同的目标都能成像在十字丝分划板上。目镜装在十字丝分划板后面，起放大十字丝分划板及物像的作用，通过转动目镜调焦螺旋，目镜在镜筒内前后移动，可使十字丝影像清晰。

从望远镜内看到物体虚像的视角 β 与人眼直接看物体的视角 α 之比，称为望远镜的放大率。

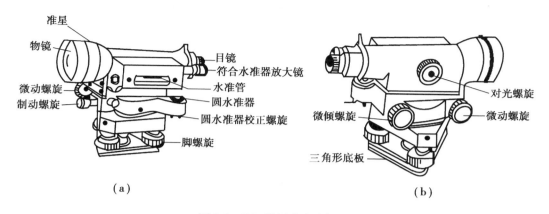

（a）　　　　　　　　　　　　　　　　　　（b）

图 2.2　DS₃ 微倾式水准仪

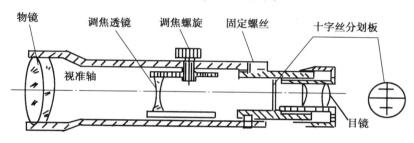

图 2.3　望远镜构造

因目标离望远镜的距离一般比望远镜镜筒的长度远得多,故认为人眼在目镜处直接看到物体的视角与在望远镜物镜处看物体的视角近似相等,则放大率可写成:

$$v = \frac{\beta}{\alpha} \tag{2.4}$$

DS₃ 水准仪的放大率一般在 25 倍以上。

十字丝分划板安装在物镜和目镜之间,是在直径约为 10 mm、厚度为 1 ~ 2 mm 的平板玻璃上,刻有相互垂直的纵横细线,作为瞄准目标和读数的依据。如图 2.4,中间水平的一根称为中丝或横丝,竖直的一根称为竖丝或纵丝,中丝上、下两根对称的水平丝,称为视距丝,配合水准尺可进行视距测量。

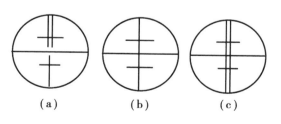

（a）　　　　（b）　　　　（c）

图 2.4　十字丝分划板

十字丝中心交点与物镜光心的连线称为望远镜的视准轴。望远镜照准目标就是指视准轴对准目标。望远镜提供的水平视线,实质上就是视准轴处于水平位置。

2）水准器　利用液体受重力作用,气泡居于最高位置,使得水准器的一条特定直线处于水平或铅垂状态的一种装置,称之为水准器。水准器是水准仪的重要组成部件,借助于水准器才能使仪器的竖轴铅垂,视准轴处于水平状态。水准器有圆水准器和管水准器之分。

①圆水准器。圆水准器装在基座上,是一个玻璃圆盒,盒内装有乙醇和乙醚的混合液,加热融封而形成一圆形气泡,如图 2.5 所示,圆盒顶面内壁,磨成一定半径的球面,球面中心刻有一个小圆圈,小圆圈的中心称为圆水准器的零点。通过零点的球面法线 $L'L'$,称为圆水准轴。

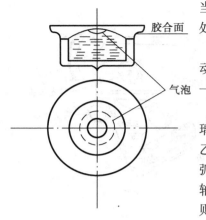

图 2.5 圆水准器

当圆水准气泡中心与零点重合时,即气泡居中,说明圆水准轴处于铅垂位置。

圆水准器的分划值是指气泡以零点为圆心,向任意方向移动 2 mm 时所对应的圆心角值。DS$_3$ 水准仪圆水准器的分划值一般为 8′/2 mm。

②管水准器,又称水准管,与望远镜连接在一起,它是把玻璃管纵向内壁磨成一定半径(7 ~ 20 m)的圆弧,管内同样装有乙醇和乙醚的混合液,加热融封而成。如图 2.6 所示,纵向圆弧的中心 O 为管水准器的零点,过 O 点的切线 LL 称为水准管轴。当水准管气泡的中心位于零点时,称气泡居中,水准管轴则处于水平位置。水准仪之所以提供一条水平视线,就是当视准轴平行于水准管轴,水准管气泡居中时,视线(视准轴)就水平了。

水准管的分划值是把气泡偏离圆弧中心 2 mm 所对应的圆心角,水准管内壁圆弧半径越大,分划值越小,气泡的灵敏度就越高,DS$_3$ 水准仪一般为 20″/2 mm。

为了提高观察水准管气泡居中的精度和速度,通常在水准管上方安装一组棱镜,将气泡两端的影像同时反映到目镜旁的观察窗内,如图 2.7(a)所示。当两端的影像错开,如图 2.7(b)所示,表示气泡不居中。若气泡两端的影像符合时,如图 2.7(c),说明气泡居中。

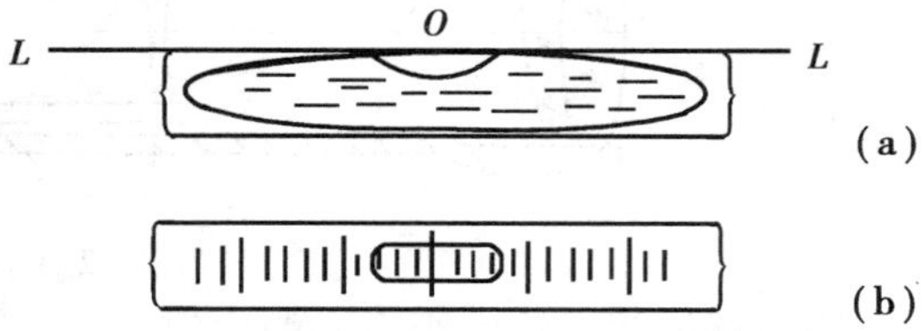

由于圆水准器和管水准器的分划值相差甚大,即管水准器的灵敏度比圆水准器高得多,故管水准器用于水准仪的精确整平,而圆水准器只能用于粗略整平。

图 2.6 管水准器

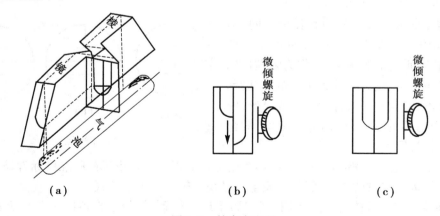

(a)　　　　　　　　　(b)　　　　　　　　　(c)

图 2.7 符合水准器

3)基座　基座的作用是支承仪器的上部并与三脚架相连接。它主要由轴座、脚螺旋、底板和三角压板构成。通过调节三个脚螺旋可使圆水准气泡居中,供粗略整平用。

4)配套设备　为了控制望远镜在水平面内的转动,设有水平制动螺旋和水平微动螺旋。拧紧制动螺旋后,望远镜固定不动,并通过转动微动螺旋,可使望远镜在水平面内做微小的转动。在目镜下方设有微倾螺旋,用来调节水准管气泡居中。

2.2.2　水准尺和尺垫

(1)水准尺

水准尺是水准测量的重要工具,其质量的好坏直接影响水准测量的精度。就尺面材料而言,水准尺分为木质尺、玻璃钢尺、铝合金尺和铟钢尺。从尺形来看,分折尺、塔尺和直尺,如图 2.8 所示,尺长一般为 3~5 m。

塔尺多用于等外水准测量或地形测量中,由两节或三节套接而成,双面刻划,尺的底部为零,尺面黑白(或红白)相间,每格宽度为 1 cm 或 0.5 cm,在每米处和每分米处均有数字,如图 2.8(a)所示。

直尺多用于三、四等水准测量中,其长度为 3 m,双面刻划,一面为黑白相间,称为黑面,尺底为零,又称基本分划(或主尺);另一面为红白相间,称为红面,起点不为零,其中一根为 4.687,另一根为 4.787,又称辅助分划(或辅尺)。每格宽度为 1 cm 或 0.5 cm,在每米和每分米处注有数字,如图 2.8(b)和(c)所示。这样注记的目的,是为了避免观测时出现错误,利用水准仪在同一根尺上读取红、黑面的读数之差为一常数,来判断两面读数是否正确。

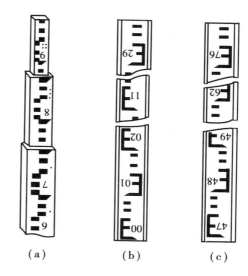

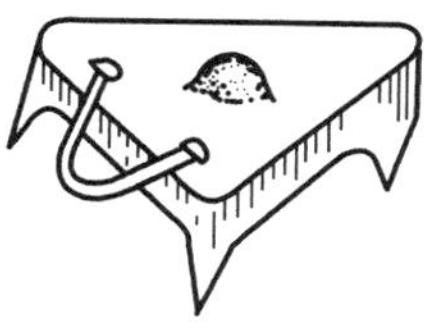

图 2.8　水准尺

(2)尺垫

尺垫(或称尺台)是生铁铸成,如图 2.9 所示,一般为三角形,中央有一突出的半球圆顶,用于放置水准尺,使用时将其踩紧使其稳妥。在水准测量中,尺垫仅在转点处竖立水准尺时使用。

图 2.9　尺垫

2.3　水准仪的使用

DS₃ 微倾式水准仪的使用

(1)安置水准仪

首先松开三脚架腿上的蝶形螺旋,根据观测者的身高或地理位置,调节架腿的长度,拧紧蝶形螺旋。然后张开三脚架,把水准仪从箱中取出,并记住仪器在箱中的位置,将仪器安放在架头上,旋紧中心连接螺旋,使仪器在架头上连接牢固。调节仪器的各螺旋至适中位置,以便螺旋能向两个方向转动,使一条架腿放在稳固地面,用两手分别握住另外两架腿,调整架腿的位置成大致等边三角形,并目估架头大致水平。再将三脚架腿踩紧,即可开始下一步的工作。但当在倾斜地面安置仪器时,应将一条架腿安置在倾斜面上方,另两条腿安置在倾斜面下方,这样仪器才比较稳固。

（2）粗略整平

粗略整平是调节脚螺旋使圆水准气泡居中，仪器的竖轴处于铅垂状态。如图 2.10（a）所示，当气泡中心偏离零点，位于 m 点时，按气泡移动方向与左手大拇指移动方向一致的规律，先相对旋转 1,2 两个脚螺旋，使气泡沿 1,2 螺旋连线的平行方向移至 n 点，如图 2.10（b）所示。然后转动脚螺旋 3，使气泡从 n 点移至分划圈的中央，如图 2.10（c）所示。此项工作需反复进行，直到在任何位置圆气泡均居中为止。

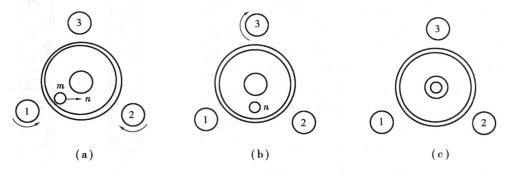

图 2.10　粗略整平

（3）瞄准目标

1）目镜对光

将望远镜对向明亮背景，转动目镜对光螺旋，使十字丝清晰。

2）粗略瞄准

松开水平制动螺旋，利用望远镜上面的粗瞄器（准星和照门）瞄准水准尺后，立即用制动螺旋将仪器制动。

3）物镜对光和精确瞄准

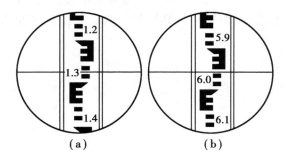

图 2.11　瞄准与读数

从望远镜内观察，如果目标不清晰，则转动物镜对光螺旋，使水准尺的影像清晰，再转动微动螺旋使水准尺影像位于十字丝竖丝附近，如图 2.11（a）、（b）所示。

4）消除视差

精确瞄准目标后，眼睛在目镜端上下做少量移动时，若发现十字丝和目标影像有相对运动，即读数发生变化，这种现象叫视差。

视差产生的原因是物像与十字丝分划板不重合，如图 2.12（a）、（b）所示。只有当人眼位于中间位置时，十字丝中心交点 O 与目标像 a 点重合，读数才保持不变；否则，随着眼睛的上下移动，十字丝中心交点 O 分别与目标像的 b 点和 c 点重合，使水准尺上的读数为一不确定数。测量作业中是不允许存在视差的。

消除视差的方法是控制眼睛本身不作调焦的前提下（即无论调节十字丝或目标影像都不要使眼睛紧张，保持眼睛处于松弛状态），反复仔细进行物镜和目镜的对光，直到眼睛在目镜端上下做微小移动时，读数不发生明显的变化为止，如图 2.12（c）中的情形。

（4）精确整平（精平）

在每次读数之前，都应转动微倾螺旋使水准管气泡居中，即符合水准器的两端气泡影像对齐，如图 2.7（a）或（c）所示。只有当气泡已经稳定不动而又居中的时候，视线才是水平的。

（5）读数

仪器精确整平后，即可在水准尺上读数。读数前先认清水准尺的注记特征，按由小到大的方向，读出米、分米、厘米，并仔细估读毫米数。读数

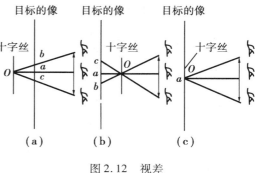

图 2.12　视差

时应特别注意单位，四位数应齐全，加小数点则以米为单位，不加小数点则以毫米为单位。如图 2.11（a）、（b）中的读数分别为 1.273 m 和 5.958 m。

精平与读数是两个不同的操作步骤，但在水准测量中，两者是紧密相连的，只有精平后才能读数，读数后，应及时检查精平。只有这样才能准确地读得视准轴水平时的尺上读数。

2.4　水准测量的外业

2.4.1　水准点

为了统一全国的高程系统和满足各种测量的需要，测绘部门在各地（一般在江河两岸、铁路和公路两旁）埋设且用水准测量方法测定的高程控制点，称为水准点（Bench Mark），记为 BM。水准点是水准测量引测高程的依据。

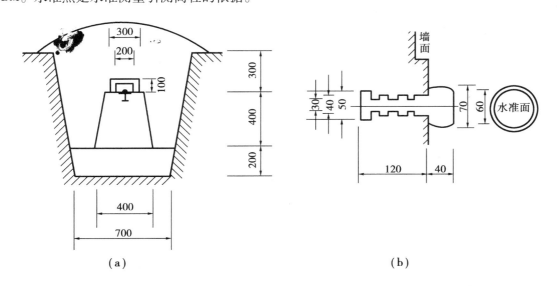

图 2.13　国家等级水准点

水准点分为永久性和临时性两种。国家等级水准点如图 2.13（a）所示，一般用石料或混凝土制成，埋在地面冻结线以下，顶面设半球状标志，上面加盖以保护标志，有的设置在稳定的

17

墙脚上,称为墙脚水准点,如图2.13(b)所示。

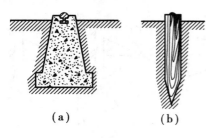

（a）　　　　（b）

图2.14　等外水准点

建筑工地的永久性水准点一般用混凝土制成,其式样如图2.14(a)所示,临时性水准点可在地面上突出坚硬岩石或屋脚用油漆作记号代替,也可将大木桩打入地下,桩顶钉一小铁钉,如图2.14(b)所示。水准点应选在土质坚硬、使用方便并能长期保存的地方。

2.4.2　水准测量的方法

当欲测高程点与已知水准点相距较远或高差较大时,

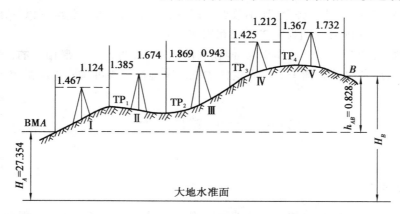

图2.15　水准测量施测

安置一次仪器不可能测得两点高差。这时需要连续多次安置仪器才能测得两点间的高差,也就需要在两点间设置若干个立尺点来传递高程,这些立尺点,称为转点(Turning Point),记为TP,转点起到了传递高程的作用。在图2.15中,已知 A 点高程为27.354 m,欲求 B 点高程,其观测步骤如下:

将水准尺立于 A 点上作为后视尺,按水准测量等级所规定的标准视线长度在施测线路合适的位置安置水准仪,在前进方向上,取仪器至后视尺大致相等的距离处设置转点 TP_1,放置尺垫,尺垫上立水准尺作为前视尺。仪器粗平后,后视 A 点上的水准尺,再精平,读得后视读数 a_1,记入表2.1中后视读数栏内。旋转仪器,瞄准前视转点 TP_1 上的水准尺,同法读得前视读数 b_1,记入前视读数栏内。后视读数减前视读数得到高差 h_1,记入高差栏内,此为一个测站上的工作,然后把仪器安置到下一站,同上法直至 B 点。设 A、B 两点间观测了 n 站,则有:

$$h_1 = a_1 - b_1$$
$$h_2 = a_2 - b_2$$
$$\vdots$$
$$h_n = a_n - b_n$$

将上列各式相加,得:

$$h_{AB} = \sum_{i=1}^{n} h_i = \sum_{i=1}^{n} a_i - \sum_{i=1}^{n} b_i \tag{2.5}$$

上式即是高差计算检核公式。经过计算检核无误后按下式求未知点 B 的高程,即:

$$H_B = H_A + \sum h \qquad (2.6)$$

表 2.1　水准测量手簿

日期:1998.10.25　　　　　　　天气:晴　　　　　　　　　仪器:DS$_3$
地点:拓东路　　　　　　　　　观测者:王祥　　　　　　　记录:孙群

测站	测点	后视读数/m	前视读数/m	高差/m	高程/m	备　注
Ⅰ	BMA	1.467		+0.343	27.354	已知点
	TP$_1$		1.124			
Ⅱ	TP$_1$	1.385		−0.289		
	TP$_2$		1.674			
Ⅲ	TP$_2$	1.869		+0.926		
	TP$_3$		0.943			
Ⅳ	TP$_3$	1.425		+0.213		
	TP$_4$		1.212			
Ⅴ	TP$_4$	1.367		−0.365		
	B		1.732		28.182	
$\sum$		7.513	6.685	+0.828		
计算检核		$\sum a - \sum b = +0.828$		$\sum h = +0.828$		

2.4.3　水准测量的检核

水准测量的检核分测站检核和路线检核。

(1)测站检核

为了减少误差,避免观测错误,提高观测精度,对每一测站的高差观测应进行检核。测站检核的主要方法有:

1)改变仪器高法

在一个测站上用不同的仪器高度(两次仪器高度之差应在 10 cm 以上)观测两次高差。若两次所测高差之差不超过容许值(图根水准测量容许值为 ±5 mm),则取两次高差平均值作为该测站高差的最后结果,否则应重测。另外,也可用两台仪器同时观测两点的高差,高差计算和精度要求与改变仪器高法相同。

2)双面尺法

在一个测站上,不改变仪器高度,先后用水准尺的黑、红面两次测量高差进行比较,两次高差之差的容许值与改变仪器高法相同。

(2)路线检核

测站检核只是检核每一测站的精度,但水准测量一般路线都较长,在路线测量中必然受着各种因素的影响,如温度、风力、大气折光、尺子下沉或立尺点错误、仪器误差以及观测误差等。

这些因素所引起的误差在一个测站上反映不明显,但若干个测站的累积,往往使整个水准路线比较明显地反映出来。因此,不但需要进行测站检核,还需对整个水准路线进行线路检核。常见的水准路线检核方法有以下几种。

1)附合水准路线

从某个已知高程的水准点出发,沿路线进行水准测量,最后连测到另一已知高程的水准点上,这样的水准路线称为附合水准路线,如图2.16所示。

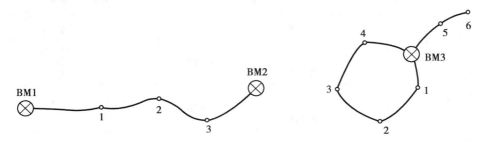

图2.16　附合水准路线　　　　　图2.17　闭合、支水准路线

在附合水准路线检核中,各点之间高差代数和,应等于两个水准点的高差。如不相等,两者之差称为高差闭合差f_h:

$$f_h = \sum h - (H_{终} - H_{起}) \tag{2.7}$$

图根水准测量高差闭合差容许值为:

$$\left.\begin{array}{ll} 平地 & f_{h容} = \pm 40 \sqrt{L} \text{ mm} \\ 山地 & f_{h容} = \pm 12 \sqrt{n} \text{ mm} \end{array}\right\} \tag{2.8}$$

式中:L——水准线路线长度,以 km 计;

n——测站数。

高差闭合差应在容许值范围之内,否则,应查明原因予以重测。

2)闭合水准路线

如图2.17所示,由某一已知高程的水准点出发,沿路线进行水准测量,最后回到原来的水准点上,这样的水准路线称为闭合水准路线。闭合水准路线上各点之间的高差代数和理论上应等于零。否则,便产生高差闭合差f_h,其值不应超过式(2.8)的规定。

$$f_h = \sum h \tag{2.9}$$

3)支水准路线

由某一水准点出发,经过若干站水准测量,既不附合到其他水准点上,也不闭合到原来的水准点上,这样的水准路线称为支水准路线,如图2.17中的5和6两点。为了进行路线检核,支水准路线要进行往返观测,往测高差总和与返测高差总和应大小相等、符号相反,但实测值存在着差异,产生高差闭合差f_h,其值不应超过式(2.8)的要求。

$$f_h = \sum h_{往} + \sum h_{返} \tag{2.10}$$

2.5　水准测量的内业

水准测量外业工作结束后,要检查记录手簿,计算各点间的高差。经检核无误,才进行计算和调整高差闭合差,最后计算各点的高程,以上工作,称为水准测量的内业。

2.5.1　附合水准路线的内业计算

图 2.18 是根据外业测量手簿整理得的数据,A,B 为已知水准点,各项计算均在表 2.2 中进行,下面分述其计算步骤。

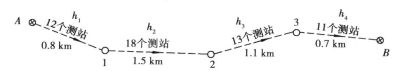

图 2.18　附合水准路线观测数据

(1)高差闭合差的计算与调整

由式(2.7)得:

$$f_h = \sum h - (H_B - H_A) = 2.741 - (59.039 - 56.345) = +0.047 \text{ m}$$

设是山地,故 $f_{h容} = \pm 12\sqrt{n} = \pm 12\sqrt{54} = \pm 88 \text{ mm}$。

此时,$|f_h| < |f_{h容}|$,说明成果符合精度要求,可进行闭合差调整。

在同一条水准路线上,假设观测条件是相同的,可认为各测站产生误差的机会是相等的,即等精度观测。故闭合差的调整按与测站数(或距离)成正比例反符号分配的原则进行,则第 i 测段高差改正数按下式计算:

$$V_i = -\frac{f_h}{\sum n} n_i \tag{2.11}$$

或

$$V_i = -\frac{f_h}{\sum l} l_i \tag{2.12}$$

式中:$\sum n$——总测站数;

$\quad n_i$——第 i 测段测站数;

$\quad \sum l$——路线总长;

$\quad l_i$——第 i 测段路线长。

本例中算出第一段(A-1)改正数为:

$$V_1 = -\frac{47}{54} \times 12 = -10 \text{ mm}$$

各测段的改正数,分别列入表 2.2 中的第 6 栏内。改正数总和绝对值应与闭合差的绝对值相等。第 5 栏中的各实测高差分别加改正数后,便得到改正后的高差,列入第 7 栏,最后求改正后的高差代数和,其值应与 A,B 两点的高差($H_B - H_A$)相等,否则,说明计算有误。

21

（2）高程的计算

根据检核过的改正后高差，由起始点 A 开始，按 $H_{i+1} = H_i + h_{i,i+1}$，逐点推算出各点的高程，列入第 8 栏中。最后算得的 B 点高程应与已知的高程 H_B 相符，否则，说明高程计算有误，应检查计算。

表2.2　附合水准测量路线高程计算表

测段编号	点名	距离/km	测站数	实测高差/m	改正数/m	改正后的高差/m	高程/m	备 注
1	2	3	4	5	6	7	8	9
1	A	0.8	12	+2.785	−0.010	+2.775	56.345	已知点
2	1	1.3	18	−4.369	−0.016	−4.385	59.120	
3	2	1.1	13	+1.980	−0.011	+1.969	54.735	
4	3	0.7	11	+2.345	−0.010	+2.335	56.704	
$\sum$	B	3.9	54	+2.741	−0.047	+2.694	59.039	已知点
辅助计算	$f_h = +47$ mm　　$n = 54$　　$V_1 = -f_n/n = -\dfrac{47}{54} = -0.87$ mm $f_{h容} = \pm 12\sqrt{54} = \pm 88$ mm							

2.5.2　闭合水准路线的内业计算

闭合水准路线高差闭合差按式（2.9）计算，如闭合差在容许范围内，按上述附合水准路线相同的方法进行调整，并计算各点高程。

2.5.3　支水准路线的内业计算

支水准路线高差闭合差按式（2.10）计算，如闭合差在容许范围内，取往、返高差绝对值的平均值作为两点间的高差，其符号与所测方向高差的符号一致。

2.6　水准仪的检验与校正

2.6.1　水准仪的主要轴线及其应满足的条件

水准仪的主要轴线如图 2.19 所示。根据水准测量原理，在进行水准测量时，水准仪所提供的视线必须水平才能正确地测定两点间的高差。但视线是否水平是按水准管气泡是否居中来判断的，也就是说水准管气泡居中只有满足视准轴平行于水准管轴时才水平，因此，水准管轴平行于视准轴是水准仪应满足的主要条件，即 $LL /\!/ CC$。

水准仪要先利用圆水准器粗平，再进行精平。当圆水准器气泡居中，圆水准轴 $L'L'$ 位于铅垂方向，从而 VV 轴也基本上整置到铅垂方向。因此水准仪还必须满足圆水准器轴平行于竖轴这一条件，即 $L'L' /\!/ VV$。

另外,为了便于用水平横丝读取尺上读数,水准仪整平后,十字丝横丝应水平。

2.6.2　水准仪的检验和校正

(1)圆水准轴平行仪器竖轴的检验和校正

1)检验

旋转脚螺旋使圆水准器气泡居中,如图 2.20(a),然后将仪器绕竖轴旋转180°,如果气泡偏于一边,如图 2.20(b)所示,说明 $L'L'$ 不平行 VV,需要校正。

2)校正

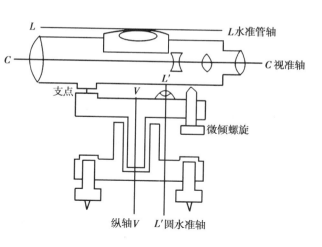

图 2.19　水准仪轴线图

  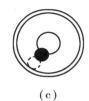 

(a)　　　　(b)　　　　(c)　　　　(d)

图 2.20　圆水准器的检校

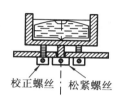

图 2.21　圆水准器校正螺丝

旋转脚螺旋使气泡向中心移动偏距的一半,如图 2.20(c)所示,然后用校正针拨圆水准器底下的三个校正螺丝使气泡居中,如图 2.20(d)所示。在圆水准器底部除了有三个校正螺丝以外,中间还有一个松紧螺丝(图 2.21)。在拨动各个校正螺丝以前,应先稍松一下松紧螺丝,这样,拨校正螺丝时气泡才能移动,校正完毕后勿忘把松紧螺丝旋紧。

检验和校正应反复进行,直到仪器转到任何方向气泡仍然居中为止。

检验和校正的原理:假设圆水准器轴不平行于仪器竖轴,两者的交角为 α。转动脚螺旋使圆水准器气泡居中,则圆水准器轴位于铅垂方向,而竖轴倾斜了一个 α 角,如图 2.22(a)所示,当仪器绕竖轴旋180°后,圆水准轴已转到仪器竖轴的另一边,又由于圆水准轴与仪器竖轴间的夹角未改变。故此时圆水准轴相对于铅垂线就偏离了 2α 的角度,如图 2.22(b)所示。这时气泡偏离中心为 2α 所对应的弧长。由于仪器竖轴对铅垂线只偏一个 α 角,所以旋转脚螺旋使气泡向中心移动偏距的一半,使竖轴位于铅垂方向,如图 2.22(c)所示,然后再拨圆水准器上校正螺丝使气泡居中,这样消除了圆水准轴与竖轴间的交角,使两者互相平行,如图 2.22(d)所示。

(2)十字丝横丝垂直于仪器竖轴的检验和校正

1)检验

整平仪器后,用十字丝中心交点瞄准远处一个明显点 P,拧紧制动螺旋,转动微动螺旋,如果 P 点离开横丝移动,如图 2.23(a)所示,表示横丝不水平,需要校正。

2)校正

稍松十字丝环的四个固定螺丝,如图 2.23(b)所示,按十字丝横丝倾斜方向的反方向微微

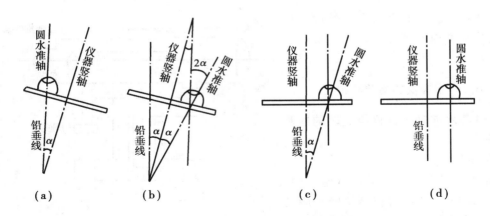

图 2.22　圆水准器检校原理

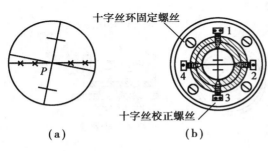

图 2.23　十字丝横丝检校

转动十字丝环,直到满足要求,最后旋紧固定螺丝。

(3)水准管轴平行视准轴的检验与校正

1)检验

设水准管轴和视准轴不平行,即它们之间形成一个 i 角,当水准管气泡居中时,视准轴将倾斜 i 角,显然,水准尺至水准仪距离越远,由此引起的读数误差也越大。当仪器的前视距离与后视距离相等时,消除了由于两轴不平行对高差的影响,见图 2.24,可证:

$$h = (a_1 - x) - (b_1 - x) = a_1 - b_1$$

为了检验水准管轴是否平行于视准轴,在平坦地面上选 A、B、C 三点,大致在一直线上,并使 $AC = BC(AB \approx 80 \text{ m})$,在 A、B 点打下木桩或放尺垫。仪器安置在 C 点,测得 AB 高差 $h = a_1 - b_1$。

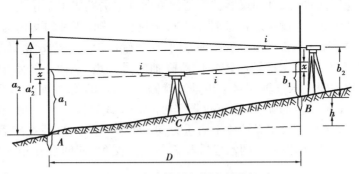

图 2.24　水准管平行视准轴的检验

接着将仪器搬到靠近 B 点(或搬到 A 点),使望远镜目镜距水准尺尺面 3～5 cm,整平仪器后,从物镜中观察,按目镜中心位置直接在水准尺上用笔尖定出读数 b_2,瞄准 A 点水准尺,转动微倾螺旋,使水准管气泡居中,得读数 a_2,则 $h' = a_2 - b_2$。如果 $h = h'$,说明 $CC \parallel LL$,否则,两轴不平行,当 $i \geq 20''$ 时,需要校正。

$$i = \frac{\Delta}{D} \rho'' \tag{2.13}$$

式中：Δ——仪器在中点和端点所测高差之差；

$\quad D$——A、B 两点之间的距离；

$\quad \rho''$——206 265。

2）校正

先计算视准轴水平时在 A 尺上的正确读数 a_2'，即 $a_2' = b_2 + h$。为了使 $LL /\!/ CC$，一般校正水准管以改变水准管轴位置，但也可以校正十字丝以改变视准轴位置。

①校正水准管：转动微倾螺旋，使横丝在 A 尺上的读数从 a_2 移到 a_2'，这时视准轴已水平，但水准管气泡不居中，用校正针拨动水准管上、下两个校正螺丝，如图 2.25 所示，使气泡回复居中。

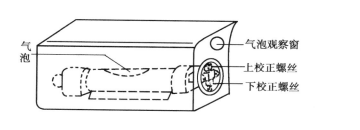

图 2.25　水准管检校

图 2.26　水准管校正螺丝

校正水准管前，应先弄清楚水准管带校正螺丝的一端需要抬高还是降低，以决定螺丝的转动方向。如图 2.26（a）所示符合气泡的情况，表示目镜端需抬高，这时应先旋进上面的校正螺丝，让出一定空隙，然后旋出下面校正螺丝，则气泡的像相对移动，达到两端符合。图 2.26（b）的校正与上述情况相反。

②校正十字丝：自动安平水准仪没有水准管，所以采用校正十字丝法，此时应先卸下目镜处外罩，用校正针拨动图 2.23（b）中十字丝的上、下两个校正螺丝 1、3，使横丝对准 A 尺上的正确读数 a_2' 即可。

总之，拨动校正螺丝前，应遵守"先松后紧"的原则。

校正后的仪器必须再进行高差检测，将测得的高差值与正确高差值进行比较，直至 $i \le 20''$ 为止。

2.7　水准测量的误差及注意事项

水准测量的误差主要来自仪器误差、观测误差和外界条件影响三个方面。

2.7.1　仪器误差

1）仪器校正后的残余误差

水准仪虽经校正，但还存在残余误差，如视准轴不平行水准管轴误差，这项误差具有系统性，若观测时，安置仪器于前、后视距相等处，便可消除此项误差的影响。

2）水准尺误差

水准尺的分划误差，按照规范规定每米真长与名义长之差不得超过 ±0.5mm，否则应在水准测量中对所测高差进行改正；至于尺子零点差，可采取在两固定点间使测站数为偶数的方法予以消除，并及时清除尺底泥土等。

2.7.2 观测误差

（1）水准管气泡居中的误差

在对水准尺读数时，水准管轴应在理想的水平位置，如果气泡没有精确居中，则水准管轴有一微小的倾角，这种误差与气泡的灵敏度有关。设水准管分划值为 τ''，气泡居中误差一般为 $0.15\tau''$，若视线长为 D，则对尺上读数的影响为：

$$m_\tau = \frac{0.15\tau''}{2\rho''} \times D \qquad (2.14)$$

式中：ρ''——206 265。

减少误差的方法是，每次读数前，认真检查气泡的位置，使气泡严格居中。

（2）照准误差

人眼的分辨能力最小角度约为 60″，用望远镜观察可提高 v 倍，即用望远镜瞄准可能产生的照准误差为 60″/v，由此引起的读数误差为：

$$m_v = \frac{60''}{v} \times \frac{D}{\rho''} \qquad (2.15)$$

（3）估读误差

估读误差与水准尺的基本分划值有关，通常水准尺都是以厘米为基本分划的，并要求估读到 1 mm。估读时，是以十字丝在尺面上的位置来判断的，如果从望远镜中观察到的十字丝宽度已超过尺上基本分划的十分之一，即超过 1 mm，那么，估读到 mm 的准确度就会受到影响。因此，估读误差又与望远镜的放大率和视线长度有关，放大率高，读数误差小，但视线长，误差就大。一般认为，在 100 m 以内，估读误差约为 1.4 mm。

（4）水准尺倾斜误差

水准尺扶得不竖直，总是使读数增大。设尺子立直的读数为 b_0，实际尺上读数为 b，尺子倾斜角为 ε，则由尺子倾斜引起的读数误差为：$\delta = b - b_0 = b - b\cos\varepsilon = 2b\sin^2\frac{\varepsilon}{2}$。

上式表明：δ 与读数的大小成正比，与尺子倾斜角的平方成正比。当 $\varepsilon = 3°$，$b = 0.5$ m 时，$\delta = 0.7$ mm；当 $\varepsilon = 3°$，$b = 2$ m 时，$\delta = 2.7$ mm，因此，当地面坡度较大时，特别要注意尺子扶直。为了减小此项误差，有的标尺上装圆水准器，或读数时前后摆动，取其最小值。

2.7.3 外界条件的影响

（1）仪器下沉

由于地面不坚实而引起的仪器下沉，使视线降低，引起读数误差。因此，安置仪器时应踩稳脚架，通过"后—前—前—后"的读数方法，取平均值后可减弱其影响。

（2）尺垫下沉

尺垫下沉将使前后两站高程传递产生误差。在观测时，应选择坚固平坦的地点设置转点，将尺垫踩实,加快观测速度,减少尺垫下沉的影响。采用往返观测的方法,取成果的中数,也可减弱其影响。

（3）温度的影响

温度的变化不仅会引起大气折光的变化,而且当烈日照射水准管时,会因为水准管本身和管内液体温度的升高,使气泡移动,而影响仪器水平,故应注意撑伞遮阳,保护仪器。

（4）地球曲率及大气折光的影响

如图 2.27 所示,大地水准面是一个曲面,而水准仪的视线是水平的,因而用水平视线代替大地水准面在尺上读数产生的影响为:

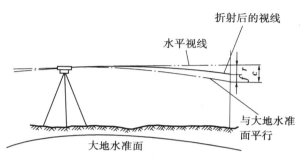

图 2.27 地球曲率及大气折光的影响

$$c = D^2/2R \qquad (2.16)$$

式中:D——仪器到水准尺的距离;

R——地球平均半径 6 371 km。

实际上,由于大气折光的影响,视线并非水平线,而是一条曲线,曲线半径是地球半径的 6 ~ 7 倍,折光量的大小对水准尺读数产生的影响为:

$$r = \frac{D^2}{2 \times 7R} \qquad (2.17)$$

大气折光与地球曲率的综合影响为:

$$f = c - r = \frac{D^2}{2R} - \frac{D^2}{14R} = 0.43\frac{D^2}{R} \qquad (2.18)$$

通过上述水准测量的误差分析,为了获得可靠的测量成果,在观测过程中应注意以下几点:

①观测前要检校好仪器;

②另行设站时,仪器安置在与前后视距离相等处以消除视准轴不平行水准管轴以及地球曲率和折光差的影响;

③标尺要立直;

④视线高不低于 0.3 m;

⑤注意对光和消除视差;

⑥读数前要严格使水准管气泡居中;

⑦观测时应选择良好的观测时间,气温变化大、折光强、风力大时不宜观测;

⑧记录要整洁,不允许涂改数据。

2.8 自动安平水准仪、精密水准仪和电子水准仪

2.8.1 自动安平水准仪

自动安平水准仪的特点是只有圆水准器,没有水准管和微倾螺旋,粗平之后,借助自动补

偿装置的作用,使视准轴水平,便可读出正确读数。自动安平水准仪的优点在于:由于无须精平从而简化了操作,缩短了观测时间,亦可防止观测者的疏忽,出现未调水准管气泡而读数的现象。现代各种精度等级的水准仪越来越多地采用自动补偿装置,可以说自动安平是水准仪制造的方向。

(1)自动安平原理

在图2.28(a)中,视准轴水平时,十字丝中心交点在A处,读到水平视线的读数为a_0。当望远镜视准轴倾斜一个小角度α时,十字丝中心交点从A移到Z处,相距为l。此时在Z处读到的数为a,而不是水平视线的读数a_0。显然:

$$l = f \cdot \alpha \tag{2.19}$$

式中:f——物镜等效焦距;

α——为视准轴倾斜的小角。

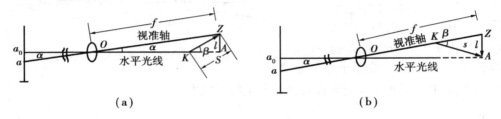

图2.28 自动安平原理

在图2.28(a)中,假设在距十字丝分划板s处,安装一个补偿器K,使水平光线偏转β角,并通过十字丝中心交点Z,则有:

$$l = s \cdot \beta \tag{2.20}$$

可见:

$$f \cdot \alpha = s \cdot \beta \tag{2.21}$$

只要满足了(2.21)式,便可使通过补偿器的光线仍通过十字丝中心Z,从而达到自动补偿的目的。

除上述补偿原理外,还有一种补偿办法,如图2.28(b),其原理是当视准轴稍有倾斜时,补偿器使得十字丝中心交点Z摆动β角,回到水平视线通过的位置A上,从而读出视线水平时的读数a_0,这种补偿器是将十字丝分划板悬吊起来,在重力作用下,当仪器微倾时,十字丝分划板回到原来的位置,称为十字丝补偿,其自动安平条件仍以(2.21)式为理论基础。

(2)自动安平补偿器

自动安平补偿器大都采用悬吊光学零件的办法,借助于重力作用达到视线自动安平的目的。

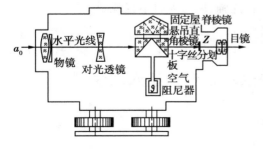

图2.29 DSZ₃型自动安平水准仪结构

我国生产的DSZ₃型自动安平水准仪结构如2.29所示,它是采用折射水平视线补偿原理的补偿装置。该补偿器是由两个直角棱镜和一个屋脊棱镜构成。屋脊棱镜固定在调焦透镜和十字丝分划板之间的望远镜筒内,在屋脊棱镜的下方,用交叉的金属吊丝吊挂着两个直角棱镜,它可在重力的作用下,与望远镜作相对偏转。为了使吊挂的棱镜尽快停止摆动,设有阻尼器减震。

图 2.29 是仪器处于水平状态的情形,此时视准轴水平,水平光线经过补偿器 5 次折射后,仍然沿水平方向通过十字丝中心交点 Z,即读得视线水平时的读数 a_0。

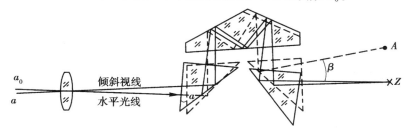

图 2.30　自动安平光学补偿

图 2.30 是望远镜视准轴倾斜微小的 α 角度时的情形。此时两个直角棱镜在重力作用下,相对于望远镜的倾斜方向反向倾斜一个 α 角(图中用虚线表示)。这时,原来的水平光线经两个直角棱镜(虚线表示)反射后,并不通过十字丝中心交点 Z,而通过 A 点,所以无法读出视线水平时的读数 a_0。但原水平光线通过偏转后的直角棱镜(实线表示)的反射,到达了十字丝中心交点 Z,仍然读得视线水平时的读数 a_0,从而达到了自动补偿的目的。

由图 2.30 可以看出,当望远镜视准轴倾斜 α 角时,通过补偿的水平光线(实线)与未经补偿的水平光线(虚线)之间的夹角为 β。由于吊挂的直角棱镜相对于倾斜的视准轴偏转了 α 角,反射后的光线便偏转 2α 的角度,通过两个直角棱镜的反射,则 $\beta = 4\alpha$。

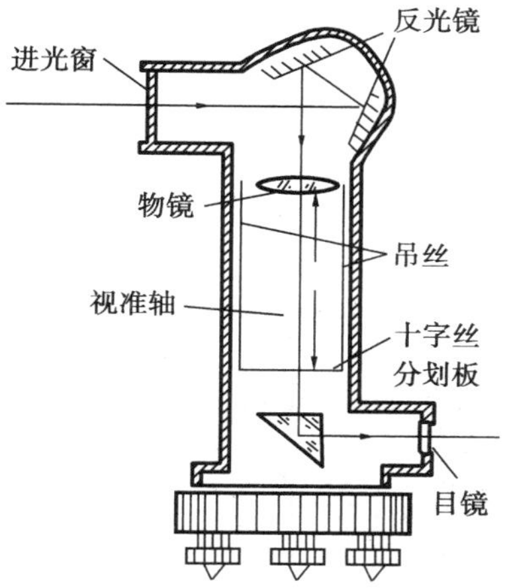

另一种补偿器如图 2.31 所示,它是采用移动十字丝的补偿装置。该补偿器的主要特点是用金属吊丝将十字丝分划板吊挂在镜筒内,望远镜视准轴成竖直状态。当仪器倾斜时,十字丝分划板受重力作用而摆动,最终相对于仪器倾斜方向作相反的偏转。只要吊丝的悬挂位置恰当,就能使通过十字丝交点的铅垂线始终通过物镜的光心,即视准轴始终处于铅垂位置。由于镜筒顶部两个反光镜构成 45° 角,视准轴经两次反射后射向望远镜的光线必是水平光线,因此,在十字丝中心交点上始终得到的是水平光线的读数。

图 2.31　自动安平水准仪结构

2.8.2　精密水准仪

精密水准仪不同于普通水准仪,不仅它具有更好的光学和结构性能——望远镜孔径大于 40 mm,放大倍数达 40 倍,水准管分划值为 $6'' \sim 10''/2$ mm,而且还设有光学测微器与精密水准尺配合使用,读数可到 0.1 mm(或 0.05 mm),具有较高的测量精度。精密水准仪主要用于国家一、二等高精度水准测量和精密工程测量,如高层建筑物的沉降观测、大型桥梁工程以及大型机械安装的精密水准测量等。

图 2.32 是我国生产的 DS_1 型精密水准仪的外貌,望远镜放大率为 40 倍,水准管分划值为 $10''/2$ mm,转动测微螺旋可使水平视线在 5 mm 范围内平移,测微器分划尺刻有 100 个分格,故测微器分划尺最小格值为 0.05 mm。图 2.33 为光学测微器构造图。

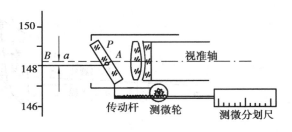

图 2.32 DS₁ 型精密水准仪

图 2.33 光学测微器构造

作业时,先转动微倾螺旋使符合水准管气泡两端的影像精确符合,这时视线水平。再转动测微器上螺旋使横丝一侧的楔形丝精确地夹住整分划(图 2.34 中为 1.98 m),然后在测微器分划尺上读得数为 1.51 mm(图右下角孔内),因此,全部读数为 1.981 51 m。而实际读数为 1.981 51 ÷ 2 = 0.990 76 m(因尺面分划间隔实长为 5 mm,由尺底向上每 10 格注以 m、dm 的数字,因此尺上注字比实际大一倍,故读得读数必须除以 2,才得到实际读数)。

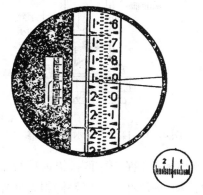

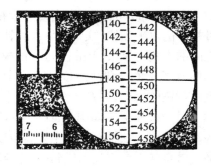

图 2.34 精密水准仪读数图

图 2.35 威特 N₃ 读数图

德国生产的蔡司 Ni004 精密水准仪,其构造和使用方法基本上与 DS₁ 型精密水准仪相同。瑞士生产的威特 N₃ 精密水准仪,除了望远镜放大率为 42 倍和测微器分划尺最小分划为 0.1 mm 外,其他的参数基本上也与 DS₁ 精密水准仪相同。

图 2.35 为威特 N₃ 型精密水准仪精平后,在望远镜目镜和左边上下两个观察小窗中所见到的影像。图中楔形丝夹住整数 1.48 m,左下角测微器读数为 650(即 6.50 mm),故水平视线在水准尺上的全部读数为 1.486 50 m。由于水准尺分划值为 1 cm,故读数即为实际读数,不需除以 2。

图 2.36 为威特 N₃ 型精密水准仪配套用的精密水准尺,尺右侧一排注字,从 0 ~ 300 cm 为基本分划,左侧从 300 ~ 600 cm 为辅助分划,基、辅分划之差(或称尺常数)为 301.55 cm。

2.8.3 电子水准仪简介

电子数字水准仪是能进行几何水准测量的数据采集与处理的新一代水准仪,这类仪器采用条纹编码标尺和电子影像处理原理,用 CCD 行阵代替人的肉眼,将望远镜像面上的标尺成像转换成数字信息,可自动进行读数记录、各项限差的计算,实现了作业的一体化、自动化和数字化。

水准仪的自动化先是从光学微倾发展到自动安平水准仪,但依然没有摆脱人工读数。随着数字电子学的发展,1990 年以来,瑞士徕卡、德国蔡司和日本拓普康等公司相继推出不同类型的电子水准仪。它们都以具有补偿装置的光学自动安平水准仪为基础,视准光束一部分通过一般光路,仍可进行光学读数;另一部分经过分光镜转折到 CCD 行阵传感器的像平面上,通过图像处理,实现电子读数。因此,电子水准仪可视为 CCD 相机、自动安平补偿式水准仪、微处理器和条形码标尺集成的地面水准测量系统。图 2.37 为电子水准仪外貌。

（1）Zeiss（蔡司）DINI 10/20 电子水准仪

Zeiss DINI 标尺以 2 cm 为一测量间隔（称一个比特）,叫做基本码,标尺上都具有码信息。仪器可在 1.5 m 到 100 m 的范围内用 30 cm 的最小不变视场间隔进行测量。也就是说,当视场中有 30 cm 的最小标尺截距时就可确定测量值。蔡司电子准仪采用粗测和精测两个工作步骤。它的伪随机码在每个码元都可进行读数（粗测）,由于各条码的宽度分布很不均匀,必须而且可以用精测求出基本码的边界值,因为每个基本码及其与其他码条的相互位置是已知的,伪随机码被双相位码叠加,使每一比特即间隔的中点除取 1 或 0 值外,还有一个附加的亮度变化。这时双相位码在视场中的分

图 2.36　精密水准尺

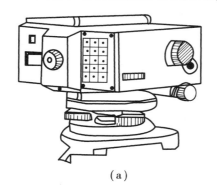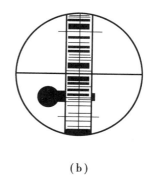

（a）　　　　　　　　　　　　　（b）

图 2.37　电子水准仪外貌

布是最佳的,在几何上可采用集到 15 个明暗过渡（边界）值,通过取均值提高精度。

在标尺上还有 1～2 mm 宽的黑色或白色线条,这些只是在近距离测量时才用到。

（2）Topcon DL 101/102 电子水准仪

该仪器采用三种独立信息互相嵌套在一起的编码尺,即参考码 R 和信息码 A 和 B。R 码为三道等宽的黑色码条,以中间码条的中线为准,每隔 3 cm 就有一组 R 码。信息码 A 和 B 位于 R 码的上、下两边,下边 10 mm 处为 B 码,上边 10 mm 处为 A 码。A 和 B 的码条宽度按正弦规律改变,其信号波长分别为 30 cm 和 33 cm,最窄的码条宽度不到 1 mm。上述三种信号的

频率和相位可以通过快速付里叶变换（FFT）获得,由此可求得视距和视线高度。

根据国内有关测量专家对电子水准仪的试验,基本达成下面一些有益的结论和建议:①DL102和 DINI 20 的实测精度与标称精度基本相符。它们完全适用于三、四等水准测量,若使用铟钢标尺,则在一定条件下可用于二等水准测量。②等间隔编码标尺用标准尺测定其每分米间隔的实际值,对观测高差施加改正是有效的。③测量时,要使气泡精密居中,并注意存在时间延迟。④作业前应认真对水准尺圆水准气泡进行检校,使标尺能按标尺上圆水准器准确地位于垂直位置,司尺员应迅速准确地立直标尺。⑤标尺局部遮挡的影响与仪器至标尺的距离有关。对于 DINI 20 而言,仅在遮挡中丝或 2/3 竖丝时,可能中断测量,而在其他情况下,均可正常读数。总之,在标尺部分遮挡的情况下,电子读数不但仍可实现,且读数误差很小。对于水准测量而言,这一特性具有重要的实际意义。

思考题与习题

1. 水准仪由哪几个部分组成? 各有什么作用?
2. 微倾式水准仪上圆水准器和管水准器各有何作用?
3. 何谓视准轴、水准管轴? 它们之间应满足什么关系?
4. 何谓视差? 产生视差的原因是什么? 如何消除视差?
5. 水准仪的使用包括哪些基本操作? 简述其操作要点。
6. 转点在水准测量中起什么作用? 在测量过程中能不能碰动? 碰动了怎么办?
7. 在水准测量中,保持前后视距基本相等,可消除哪些误差?
8. 设 A 点为后视点,B 点为前视点,当后视读数为 1.358 m,前视读数为 2.077 m 时,问 A,B 两点的高差是多少?哪一点位置高?若 A 点的高程为 63.360 m,试计算 B 点的高程,并绘图说明。

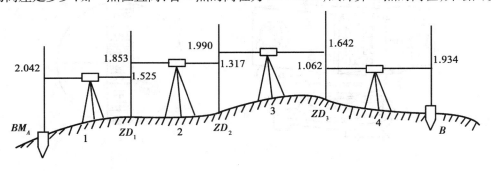

$H_{BM_A} = 78.625$ m

图 2.38　习题 9 图

9. 图 2.38 为某段水准测量示意图,按表 2.1 的格式将已知数据、观测数据填入表内,并计算各站的高差和 B 点的高程。

10. 图 2.39 为一条闭合水准路线,以普通水准测量观测的数据,试按表 2.2 进行成果处理,求出各待定点的高程。

11. 图 2.40 为某一附合水准路线,以普通水准测量观测的数据,试按表 2.2 进行成果处理,并计算出各待定点的高程。

12. 水准仪有哪些主要轴线？各轴线之间应满足什么条件？其中哪一个是主要条件？为什么？

13. 如图 2.24 所示,在地面上选择相距 80 m 的 A、B 两点,将水准仪安置在中点 C,测得 A 点尺上读数 $a_1 = 1.553$,B 点尺上读数 $b_1 = 1.822$;在中点变动仪器高后测得 A 点尺上读数 $a_1' = 1.436$,B 点尺上读数 $b_1' = 1.703$。仪器搬至 B 点附近,测得 B 尺读数 $b_2 = 1.659$,A 尺读数 $a_2 = 1.373$。试问:

① 水准管轴是否平行于视准轴?

② 如不平行,视准轴倾斜方向如何?

③ 如何校正?

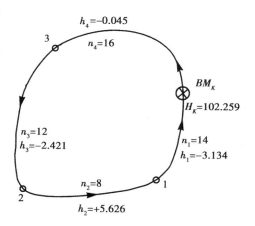

图 2.39　习题 10 图

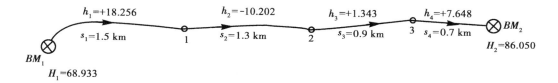

图 2.40　习题 11 图

第3章

角度测量

3.1 角度测量原理

角度测量是确定地面点位的基本工作之一,它包括水平角测量和竖直角测量。

3.1.1 水平角测量原理

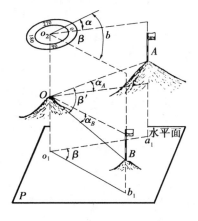

图 3.1 角度测量原理

水平角是指一点到两个目标点的方向线竖直投影到水平面上的夹角。如图 3.1 所示,设地面上 A,O,B 三点沿铅垂线方向投影到同一水平面 P 上,得 a_1,o_1,b_1 三点,o_1 为角的顶点,则 o_1a_1,o_1b_1 之间的夹角 β,就是地面上 OA,OB 两方向线之间的水平角,角值范围为 $0° \sim 360°$。

由图 3.1 可以看出,地面上 A,O,B 三点构成的水平角 β,就是通过 OA 与 OB 的两个竖直面所形成的两面角。此两面角在竖直面交线 o_1o_2 上任一点均可进行测量。设想在铅垂线 o_1o_2 上的 o_2 点水平放置一个有刻度的圆盘,并使其中心正好在 o_1o_2 的铅垂线上,若圆盘为顺时针方向注记时,过 OA、OB 竖面与圆盘的交线上可分别截取读数 a 和 b,则 b 减 a 就是 $\angle AOB$ 的水平角 β,即

$$\beta = b - a \tag{3.1}$$

3.1.2 竖直角测量原理

竖直角是指观测目标的方向线与同一铅垂面内的水平线之间的夹角,用 α 表示,角值范围为 $0° \sim \pm 90°$。如图 3.1 中的 α_A,α_B 分别为 OA,OB 的竖直角。视线在水平线之上,称为仰角,角值为"+",视线在水平线之下,称为俯角,角值为"−"。若在 o_2 点设置一个竖直的刻度圆盘,也可以测量不同高度目标的竖直角。

用来量测角度的仪器,必须具备一个能安置成水平状态和一个能安置成竖直状态的刻度

圆盘,并能使水平度盘中心位于所测角顶的铅垂线上。还要一个能照准不同方向、不同高度目标的瞄准设备,它不仅能上、下转动而形成一个竖直面,也可绕竖轴在水平方向内转动。此外还要具备照准不同方向时能截取度盘读数的读数设备。经纬仪就是依据上述要求设计的一种测角仪器,所以经纬仪能测量水平角和竖直角。

经纬仪因度盘不同,分为光学经纬仪和电子经纬仪。

3.2　光学经纬仪

光学经纬仪系列产品,按精度划分有 DJ_{07},DJ_1,DJ_2,DJ_6 等级别。代号中的 D,J 分别表示"大地测量"和"经纬仪"的汉语拼音第一个字母,后面的数字是仪器所能达到的精度指标,例如 DJ_6 表示水平方向测量一测回的方向中误差为 ±6″。每个等级的经纬仪由于生产厂家不同,仪器部件和结构又不一样。但各种经纬仪的主要部分的构造则大致相同,现将工程测量中常用的光学经纬仪的构造和读数设备分述如下。

3.2.1　光学经纬仪的基本构造

图 3.2 为 DJ_6 级光学经纬仪的外形,其基本构造主要由基座、水平度盘、照准部 3 部分组成,如图 3.3 所示。

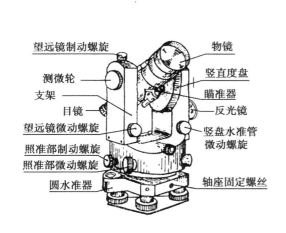

图 3.2　DJ_6 经纬仪各部件名称

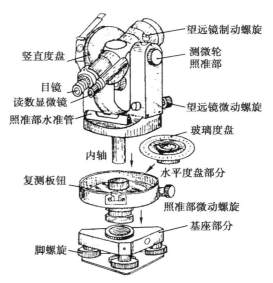

1 图 3.3　光学经纬仪构造

1)基座　主要由轴座、脚螺旋与连接板组成。基座上还有一轴座固定螺旋,拧紧轴座固定螺旋可以将照准部固定在基座上。使用仪器时,切勿松开轴座固定螺旋。基座主要用来支承仪器上部,并通过中心螺旋将经纬仪与三脚架连接,基座上的三个脚螺旋用来整平仪器。基座底板中央有螺孔,将三脚架头上的连接螺旋旋进螺孔内,以将仪器连接在三脚架上。

2)水平度盘　水平度盘用光学玻璃制成,装在空心的度盘旋转轴上,并套在轴套外面,可自由转动。度盘旋转轴的几何中心线应通过水平度盘的中心,度盘边缘通常按顺时针方向刻有 0°~360°的等角距分划线。DJ₆级的光学经纬仪相邻分划线之间格值为 1°或 30′,每度有注记。DJ₂级光学经纬仪每隔 20′有一分划,每度有注记。照准部转动时,水平度盘一般是不动的,水平度盘的转动是通过设置的度盘变换器来实现。在观测水平角时,若需要改变度盘的读数位置,可转动设置在照准部底座上的度盘变换手轮,使盘转到所需读数的位置上。

3)照准部 主要由望远镜、读数显微镜、竖直度盘、支架、照准部水准管、照准部旋转轴和光学对中器等组成。竖直度盘与横轴一端固连在一起,安放在支架上,转动望远镜时,竖直度盘随之转动。望远镜旋转的几何中心线称为横轴,为了控制望远镜旋转,设有望远镜制动螺旋和微动螺旋。与竖直度盘配套的还有竖盘指标水准管和指标水准管微动螺旋,有些光学经纬仪采用竖盘指标自动安平装置。照准部的内轴插入水平度盘的轴套内,整个照准部借助滚珠可在水平度盘上方旋转。为了控制照准部的转动,设有水平方向制动螺旋和微动螺旋,照准部旋转轴的几何中心线称为竖轴,照准部上的水准管用来整平仪器。

光学经纬仪在照准部上一般均安装有光学对中器,它是一个小型的外调焦望远镜。当照准部水平时,对中的视线经棱镜折射后的一段成铅垂线方向,且与竖轴重合。若地面标志中心与光学对中器分划板中心重合,说明已对中。

3.2.2　读数设备和读数方法

光学经纬仪的读数设备是由一系列棱镜和透镜组成的读数显微镜。为了提高读数精度,不同级别的光学经纬仪设计了不同类型的读数装置和设备,从而其读数方法也不一样。下面介绍几种常用的光学经纬仪读数装置及读数方法。

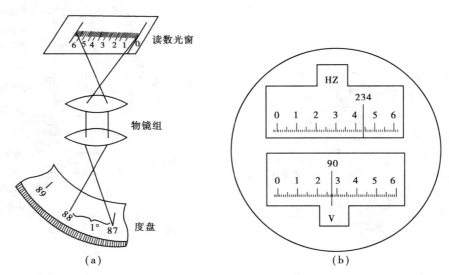

图 3.4　分微尺读数方法

(1)测微尺读数装置和读数方法

分微尺测微器结构简单,读数方便,J₆光学经纬仪大都采用这种测微器。采用这种装置的经纬仪,其度盘分划值为 1°,由此,如果照准目标后,指标线不是正好落在度盘分划线上,而是落在度盘分划值之间,这样就得估读指标线与度盘分划线之间的读数,按估读精度为 0.1°计算,其值只能达到 6′的精度。为了提高指标线与度盘分划线之间的读数精度,设置了分微尺,分微尺长度恰好为度盘相邻分划值间的长度 1°,并等分 60 个小格,每一小格值为 1′,其中的 0 分划线为指标线,每 10 小格有一注记为 10′,如图 3.4(a)所示,度盘的影像被放大后折射在读数窗平面上,读数窗有两组读数,注有"－"、"HZ"或"水平"字样的为水平度盘;注有"⊥"、"V"或"竖直"字样的为竖直度盘。读数时,先读截取分微尺上度盘分划线上的度数,后读度盘分划线与 0 分划线间的分数,最后估读度盘分划线与分微尺相切不足一格的秒,按 0.1′计,如图 3.4(b)水平度盘读数为 234°44′.1(234°44′06″),竖直度盘读数为 90°27′.8(90°27′48″)。

(2)对径分划影像符合读数装置

对径符合读数设备是通过一系列棱镜和透镜的作用,将度盘直径两端分划线的影像同时成像在度盘读数窗内,并被一横线分成主、副像,如图 3.5(a)所示,上方的正像称为主像,下方的倒像称为副像,侧边小的读数窗是测微尺,读数窗中间的横线为测微尺读数的指标线,测微尺长度为 10′,每一小格为 1″,可估读 0.1″。

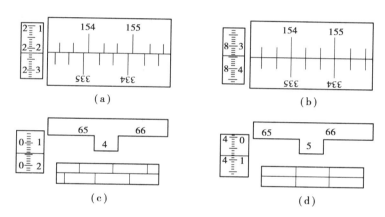

图 3.5 DJ₂ 级光学经纬仪读数方法

J₂ 级经纬仪的度盘分划值为 20′,采用双光楔测微器或双平板玻璃测微器。转动测微轮时,由于两套光楔作等量同向移动或同时使两块平板玻璃作等量反向旋转,度盘读数窗中的主像和副像将作相对移动,当测微尺由 0′转到 10′时,度盘的主、副像各向相反的方向移动半格,其相对移动量为一格。

读数时,先转动测微轮,使度盘读数窗中的主、副像分划线重合如图 3.5(b),然后选定一个主像的注记,若在它的右边能找到一个相差 180° 的倒像注记,则取该主像的注记为度的读数。将该主、副像之间的分划格数乘以 10′(即度盘分划格值的一半),即得出整 10′数。最后在测微尺读数窗中,用指标线读取不足 10′的分和秒数,三者相加即为度盘的全部读数。图 3.5(b)中所示读数为:154° + 3 × 10′ + 8′34.5″ = 154°38′34.5″。

近年生产的 J₂ 级光学经纬仪采用了数字化读数装置,读数窗中用数字显示整 10′数如图 3.5(c)。读数时,先转动测微轮,使度盘的主、副像分划线重合如图 3.5(d),然后读数。图 3.5(d)的读数为 65°54′08.0″。

在 J₂ 级光学经纬仪的读数显微镜中,只能看到水平度盘刻划的影像或竖直度盘刻划的影像,须通过转动换向手轮选择所需要的度盘影像。

3.3 电子经纬仪

3.3.1 电子经纬仪的特点

电子经纬仪是近代发展起来的一种新型的测角仪器,它不仅具有光学经纬仪的多种性能,与光学经纬仪比较,它具有以下特点:

①由于电子经纬仪是采用扫描技术,因而消除了光学经纬仪在结构上的度盘偏心差、度盘刻划误差。

②电子经纬仪具有三轴自动补偿功能,即能自动测定仪器的横轴误差、竖轴误差和视准轴误差,并对角度观测值自动进行改正。

③电子经纬仪可将观测结果自动存储至数据记录器,并用数字方式直接显示在显示器上,实现角度测量自动化和数字化。

④将电子经纬仪与光电测距仪及微型电脑组成一体,就是全站型电子速测仪,可直接测定点的三维坐标。全站型电子速测仪与绘图仪相结合,可实现测量、计算、成图的一体化。这就是下面要介绍的野外数字化测图。

电子经纬仪从外观和结构上与光学经纬仪基本相同,如图 3.6 为 T2000 型电子经纬仪外型,其安置步骤和使用方法与光学经纬仪完全相同。

图 3.6　T2000 型电子经纬仪

电子经纬仪与光学经纬仪主要区别在于读数系统,电子经纬仪是采用电子测角系统。电子测角是从度盘上取得电信号,根据电信号再转换成角度。电子测角度盘根据取得电信号的方式不同,可分为编码度盘测角、光栅度盘测角和动态测角系统。下面主要介绍动态测角原理。

3.3.2 动态测角系统基本原理

动态测角系统主要由度盘、微型马达、光栅与光电转换器件组成。T2000 型电子经纬仪的度盘用光学玻璃圆环制成,上面刻有 1 024 个黑白相间的条纹分划,如图 3.7 所示,两条分划条纹的角距为 φ_0,$\varphi_0 = \dfrac{360°}{1\ 024} = 21'05.625''$。$\varphi_0$ 即为光栅盘的单位角度。

度盘上安装了两对光栅,每对由一个固定光栅 L_S 和一个活动光栅 L_R 组成。其中固定光栅 L_S 安装在度盘外缘,其位置固定,相当于光学度盘的零分划。活动光栅 L_R 安装在度盘内沿,随照准部一起转动,相当于光学度盘的指标。为消除度盘偏心差,同名光栅按对径位置安置。测角时,由微型马达带动度盘旋转,两个光栅对度盘分划扫描,计取通过两个光栅间的栅线数,并经过电信号处理即得角值。φ 表示望远镜照准某方向后 L_S 和 L_R 之间的角度。由图可以看出角 φ 值可用下式求得:

$$\varphi = n\varphi_0 + \Delta\varphi \tag{3.2}$$

式中　n——φ 角内所包含的整分划值数;

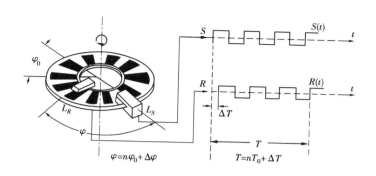

图 3.7　动态测角系统测角原理

$\Delta\varphi$ —— 不足一个分划值 φ_0 的余数。

n 和 $\Delta\varphi$ 是通过粗测和精测获得的。

（1）粗测

为了确定 n，在度盘同一径向的外内缘上设有两个标记 a 和 b，度盘旋转时，从标记 a 通过 L_S 时起计数器开始记取整间隔 φ_0 的个数，当另一标记 b 通过 L_R 时计数器停止记数，此时计数器所得到的数值即为 φ_0 的个数 n。

（2）精测

精测就是测定 $\Delta\varphi$，在光栅上装置的发光二级管和光电二极管分别位于度盘的上、下侧，发光二极管发射红外光线，通过光栅孔隙照到度盘上。当微型马达带动度盘旋转时，透光量因度盘上的明暗条纹而不断变化，形成光信号，信号被设置在度盘另一侧的光电二极管接收，转换成正弦波的电信号。由 L_R 和 L_S 各自输出的正弦波电信号，经过整形成为方波，然后运用测相技术测出相位差，即得 $\Delta\varphi$。

将上述两部分数据送至角度处理器处理并衔接成完整的方向值，并由显示器显示或记录至数据记录器。

3.4　水平角观测

3.4.1　经纬仪的使用

经纬仪使用包括仪器安置、瞄准目标和读数三个步骤。

（1）经纬仪的安置

在测站上安置经纬仪，包括对中和整平两项工作，对中的目的是使仪器中心与测站点中心位于同一铅垂线上。整平的目的是使水平度盘水平，仪器竖轴处于铅垂状态。仪器安置方法根据对中的设备不同有垂球对中和光学对中器对中。

1）垂球对中及整平方法

对中：张开脚架，调节架腿使高低适中，并目估使架头中心对准测站点标志，同时使架头大致水平，此时观察仪器的圆水准器气泡。然后踩紧三脚架，装上仪器，拧紧中心螺旋并挂上垂球，如果垂球尖偏离测站点，就稍松中心螺旋，在架头上移动仪器，使垂球尖对准测站点，再拧紧中心螺旋。垂球对中误差一般不得大于 3 mm。

整平:先转动照准部,使水准管平行于任意两个脚螺旋,再按气泡移动方向与左手拇指转动方向一致的规律,两手同时对向或反向旋转这两个脚螺旋使气泡居中;然后将照准部旋转90°,使水准管垂直于原来两个脚螺旋的连线,再转动第三个脚螺旋使气泡居中。如此反复进行,直至照准部旋转至任何位置气泡均居中为止。

2)光学对中器对中及整平方法

利用光学对中器安置经纬仪时,首先要对仪器的对中器进行对光(其中旋转对中器的目镜为目镜对光,拉出或推进对中器为物镜对光),使对中器分划板上的小圆圈与地面的成像清晰。再踩紧三脚架的一条架腿,两手分握另外两条架腿,眼睛观察对中器的同时,前、后或左、右移动两条架腿,使对中器的分划中心与测站标志重合,这一步称为初步对中;其次是调节架腿的伸缩连接处,升高或降低架腿使圆水准器气泡居中,这一步称为初步整平;第三步是精确对中,先松开中心螺旋,一边观察对中器一边在架头上前、后或左、右平移仪器使对中器的小圆圈精确圈住测站标志,然后将中心螺旋上紧;最后精确整平,即用脚螺旋整平的方法使水准管在任何位置气泡均居中。

精确对中和精确整平两项工作应反复进行,直至对中误差小于 2 mm,整平误差小于一格为止,即安置好仪器,这样使仪器既对中又达到整平的目的。

(2)瞄准目标

先将望远镜对准明亮的背景,旋转目镜对光螺旋使十字丝清晰;再松开制动螺旋,转动照准部,利用望远镜上的照门和准星(或瞄准器)对准目标,拧紧制动螺旋,转动物镜对光螺旋,使目标影像清晰,并消除视差;最后转动照准部和望远镜上的微动螺旋,使十字丝的双纵丝夹住目标底部或用单丝与目标底部重合。

(3)读数

光学经纬仪,瞄准目标后,应先打开并调整反光镜的位置,使读数窗进光明亮均匀。然后转动显微镜目镜,使读数窗内的分微尺分划和度盘分划影像同时清晰,再按 3.2 节所介绍的读数方法读数。

3.4.2　水平角观测方法

水平角观测方法,根据观测目标的多少,一般可采用测回法和方向观测法。在一个测站上每次只观测两个目标的单角时,可采用测回法。若一个测站上要观测相邻两个以上的水平角时,应采用方向观测法。为了防止错误以及消减仪器本身的系统误差,无论哪一种测角法,都要以盘左、盘右观测,并取平均值作为所求角值。所谓盘左,是指观测者面对望远镜的目镜,竖盘位于望远镜的左侧称为盘左或称为正镜,竖盘位于右侧称为盘右或称为倒镜。

(1)测回法

如图 3.8 所示,欲测水平角 $\angle AOB$,先在测站 O 上安置经纬仪,对中、整平后将仪器置于盘左位置,瞄准左方目标 A,读取水平度盘读数 $a_左$,记入手簿相应栏。然后顺时针方向转动照准部,瞄准右方目标 B,读取水平度盘读数 $b_左$,并记入手簿相应栏内。以上称为上半测回,上半测回角值为:

$$\beta_左 = b_左 - a_左$$

纵转望远镜,以盘右位置瞄准右方目标 B,读记 $b_右$,再逆时针方向瞄准左方目标 A,读记

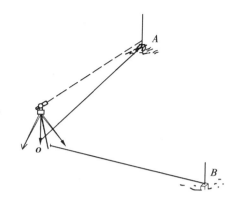

图 3.8　测回法观测水平角　　　　　　　图 3.9　方向观测法

$a_{右}$，这一步称为下半测回，下半测回角值为

$$\beta_{右} = b_{右} - a_{右}$$

上、下半测回合起来称为一个测回，若其较差在容许范围之内，则取两个半测回角值的平均值为一测回角值，即

$$\beta = \frac{1}{2}(\beta_{左} + \beta_{右}) \tag{3.3}$$

表 3.1　测回法水平角观测手簿

测站 （测回数）	竖盘 位置	目标	水平度盘读数 / ° ′ ″	半测回角值 / ° ′ ″	一测回角值 / ° ′ ″	各测回平均值 / ° ′ ″	备注
O （1）	左	A	0　03　54	96　48　06	96　48　00		
		B	96　52　00				
	右	A	180　03　30	96　47　54		96　48　04	
		B	276　51　24				
O （2）	左	A	90　02　30	96　48　12	96　48　09		
		B	186　50　42				
	右	A	270　02　12	96　48　06			
		B	6　50　18				

测回法手簿记录格式见表 3.1。当水平角需要观测几个测回时，为了减弱水平度盘分划误差，应根据测回数 n，将盘左时瞄准左侧目标的水平度盘读数按 $\frac{180°}{n}$ 进行盘位配置。例如某水平角要求观测 4 个测回，则各测回盘左时瞄准左侧目标 A 的读数应分别配置为：$0°,45°,90°$，$135°$ 稍大处。

测回法测角的精度，根据使用的仪器精度和点位等级有不同的限差要求，DJ$_6$ 经纬仪要求上、下两个半测回角值之差不超过 $±40″$，各测回角值互差不超过 $±24″$。对 DJ$_2$ 经纬仪，两个"半测回"角值之差不超过 $±18″$，各测回角值互差不超过 $±12″$，否则应检查原因或重测。

（2）方向观测法

在一个测站上需观测 3 个以上方向时，通常采用方向观测法。

如图 3.9 所示,在测站 O 上安置经纬仪,用方向观测法观测 O 至 A,B,C,D 各方向之间的水平角,其操作步骤如下:

盘左位置选定并瞄准起始方向(又称零方向)A,将水平度盘读数配置为 0° 稍大处,重新精确瞄准后,读记水平度盘读数。然后,松开照准部制动螺旋,按顺时针方向依次观测 B,C,D 各方向,每观测一个方向均应读记水平度盘读数。最后应重新瞄准起始方向 A,并读记水平度盘读数,这一步工作称为"归零",以上工作称为上半测回。

表 3.2 方向观测法观测手簿

| 测站测回数 | 站点 | 水平度盘读数 | | $2C$ /″ | 平均读数 /° ′ ″ | 一测回归零方向值 /° ′ ″ | 各测回平均方向值 /° ′ ″ | 备注 |
		盘 左 /° ′ ″	盘 右 /° ′ ″					
					(0 00 34)			
O (1)	A	0 00 54	180 00 24	+30	0 00 39	0 00 00	0 00 00	
	B	79 27 48	259 27 30	+18	79 27 39	79 27 05	79 26 59	
	C	142 31 18	322 31 00	+18	142 31 09	142 30 35	142 30 29	
	D	288 46 30	108 46 06	+24	288 46 18	288 45 44	288 45 47	
	A	0 00 42	180 00 18	+24	0 00 30			
	Δ	−12	−6					
					(90 00 52)			
O (2)	A	90 01 06	270 00 48	+18	90 00 57	0 00 00		
	B	169 27 54	349 27 36	+18	169 27 45	79 26 53		
	C	232 31 30	52 31 00	+30	232 31 15	142 30 23		
	D	18 46 48	198 46 36	+12	18 46 42	288 45 50		
	A	90 01 00	270 00 36	+24	90 00 48			
	Δ	−6	−12					

纵转望远镜,以盘右位置按逆时针方向依次观测 A,D,C,B,A 各方向,每观测一个方向均应读记水平度盘读数,此为下半测回。

上、下半测回合起来称为一个测回,表 3.2 为观测两个测回的方向观测手簿的记录和算例。记录时,盘左各目标的读数由上而下记录,盘右各目标读数按从下往上的顺序记录。手簿的计算步骤如下:

1)计算半测回归零差 半测回归零差是指盘左或盘右半测回中两次瞄准起始目标的读数差,用 Δ 表示,求出后记入表格最后一行内。若归零差超限,应及时重测。

2)计算两倍视准轴误差 $2C$ 两倍视准轴误差是指一测回中同一方向盘左、盘右的读数差,即

$$2C = 盘左读数 - (盘右读数 \pm 180°) \tag{3.4}$$

各目标的 $2C$ 值分别记入表 3.2 中的 $2C$ 栏内。对于同一台仪器,在同一测回中各方向的 $2C$ 值大致是一个常数,若有变化,不得超过表 3.3 规定的范围。

表 3.3 方向观测法测站限差

仪器型号	测微器两次重合读数差 /″	半测回归零差 /″	一测回内 2C 互差 /″	同一方向各测回互差 /″
DJ$_6$		18		24
DJ$_2$	3	12	18	12

3)计算各方向平均读数

$$各方向平均读数 = \frac{1}{2}\big[盘左读数 + (盘右读数 \pm 180°)\big] \tag{3.5}$$

计算平均读数时,度数部分以盘左读数为准,将盘右读数加或减 180°后再与盘左读数取平均,并将计算结果填入表 3.1 中的平均读数栏内。

4)计算归零方向值 将一测回中起始方向的两个平均读数取中数,记入第一行内并加上圆括号,此中数即为归零值,然后把起始方向值改化为 0°00′00″,其他各方向的平均读数减去归零值后即得各方向归零后方向值,并填入归零方向值栏内。

5)计算各测回平均方向值 当一个测站观测两个以上测回时,应检查同一测点各测回方向值的互差,如不超过表 3.3 的规定,即取其平均值作为各测回平均方向值,并填入表 3.2 中各测回平均方向值栏内。

方向观测法测站限差见表 3.3,任何一项超限均应重测。

3.5 竖直角观测

3.5.1 竖盘的构造

光学经纬仪竖盘部分主要由竖直度盘、光具组的透镜和棱镜、光具组光轴(读数指标)、指标水准管以及指标水准管微动螺旋等组成,如图 3.10 所示。竖盘垂直于望远镜横轴,并固定在横轴的一端,当望远镜绕横轴做竖直面上下转动时,竖盘随着一起转动。光具组的透镜、棱镜与指标水准管固定在一个微动框架上,不随望远镜转动,但调节框架上的微动螺旋时,水准管与光具组透镜一起做微小转动。当指标水准管气泡居中时,指标水准管轴水平,指标处于正确位置。观测竖直角时,指标必须处于正确位置才能读数。

竖盘的注记形式很多,国产的光学经纬仪见注记形式有全圆顺时针方向递增注记和全圆逆时针递增注记两类。任何形式注记

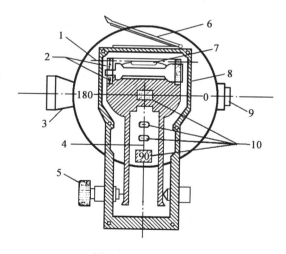

图 3.10 竖盘构造

1—竖盘指标水准管轴;2—竖盘指标水准管校正螺丝;
3—望远镜;4—光具组光轴;5—竖盘指标水准管微动螺旋;
6—竖盘指标水准管反光镜;7—竖盘指标水准管;8—竖盘;
9—目镜;10—光具组的透镜棱镜

的竖盘,其构造上应满足的条件是:当望远镜视线水平,指标水准管气泡居中时,无论是盘左还是盘右,指标所指的读数应为一固定值,一般是90°或270°,称为始读数。

3.5.2 竖直角计算公式

角度计算与度盘刻划注记方向有关,水平度盘的刻划是顺时针方向注记的,故水平角角值是右目标读数减左目标读数。而竖直度盘的刻划注记有顺时针和逆时针两种,所以其角值计算也不相同,如图3.11所示,同时由于竖直角仰角为正,俯角为负,故度盘刻划顺时针注记的竖直角计算公式为

$$\left.\begin{aligned}\alpha_左 &= 90° - L \\ \alpha_右 &= R - 270°\end{aligned}\right\} \tag{3.6}$$

度盘刻划逆时针注记竖直角计算公式为

$$\left.\begin{aligned}\alpha_左 &= L - 90° \\ \alpha_右 &= 270° - R\end{aligned}\right\} \tag{3.7}$$

式中　　L——竖盘盘左读数;

　　　　R——竖盘盘右读数。

在实际中,要判断竖直度盘刻划是顺时针注记还是逆时针注记,首先置经纬仪盘左位置,视线大致水平,观察读数窗竖盘读数约为90°(始读数),然后将物镜慢慢向上仰,如果竖盘读数比90°小,竖直度盘刻划为顺时针注记。应用式(3.6)计算竖直角,若读数比90°大,则竖直度盘刻划为逆时针注记,则应用式(3.7)计算竖直角。

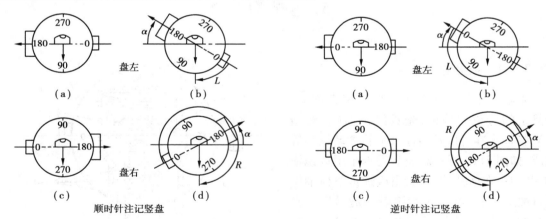

图3.11　竖盘刻划注记与竖直角

3.5.3 竖盘指标差

竖直角计算公式(3.6)和(3.7)为当视线水平、竖盘水准管气泡居中时竖盘指标读数恰好为90°或270°。但事实上,读数指标却偏移正确位置,与正确位置偏移一个小角,这个小角称为竖盘指标差,常用x表示。如图3.12所示,当指标偏移方向与竖盘注记方向一致时,使读数增大了一个x值。图3.12(a)为盘左位置,当视线水平气泡居中时,读数比90°大了一个x值,显然视线倾斜时读数中也增大了一个x,此时正确的竖直角为$\alpha = 90 - (L - x) = \alpha_左 + x$。盘右位置见图3.12(b)所示,以同样的方法得$\alpha = (R - x) - 270° = \alpha_右 - x$。两式相加并取中数,可

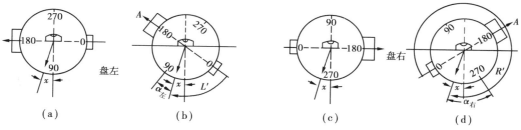

图 3.12 竖盘指标差

得:

$$\alpha = \frac{1}{2}(R - L - 180°)$$

这式与式(3.6)实际上是相同的,说明取盘左、盘右测得的竖直角之平均值,可以消除指标差的影响。若将这两式相减,则有

$$0 = \alpha_左 - \alpha_右 + 2x$$

即

$$x = \frac{1}{2}(\alpha_右 - \alpha_左)$$

或

$$x = \frac{1}{2}(L + R - 360°) \tag{3.8}$$

这就是指标差计算公式。

对同一台仪器在同一时间段内,指标差应是一个固定值。因此,指标差互差可以反映观测成果的质量。对 DJ$_6$ 光学经纬仪,同一测站上各方向的指标差互差或同一方向各测回间指标差互差不得超过 ±25″。

为了简化作业程序,提高作业效率,目前各厂家生产的光学经纬仪大都采用了竖盘指标自动归零装置。使用这种仪器观测竖直角时,瞄准目标后即可读取竖盘读数。

3.5.4 竖直角观测

竖直角观测的作业步骤如下:

表 3.4 竖直角观测手簿

测站	目标	测回	盘位	竖盘读数 /° ′ ″	半测回竖直角 /° ′ ″	指标差 /′ ″	一测回竖直角 /° ′ ″	各测回平均竖直角 /° ′ ″	备注
O	A	1	左	81 38 12	+8 21 48	−0 12	+8 21 36		
			右	278 21 24	+8 21 24			+8 21 45	
		2	左	81 38 00	+8 22 00	−0 06	+8 21 54		
			右	278 21 48	+8 21 48				竖盘为全圆顺时针注记
	B	1	左	96 12 36	−6 12 36	−0 09	−6 12 45		
			右	263 47 06	−6 12 54			−6 12 44	
		2	左	96 12 42	−6 12 42	0 00	−6 12 42		
			右	263 47 18	−6 12 42				

①在测站上安置经纬仪,在测点上竖立测标,仪器对中整平后量取仪器高 i,并判定所用仪器的竖直角计算公式。

② 盘左位置用十字丝横丝切目标顶部,调节指标水准管微动螺旋,气泡居中后读取竖盘读数 L。

③盘右位置用十字丝横丝切目标顶部,调节指标水准微动螺旋,气泡居中后读取盘右读数 R。

以上盘左、盘右观测称为一个测回,取盘左、盘右两个半测回竖直角的平均值为一测回竖直角。表3.4为仪器在测站 O 上观测 A、B 两目标竖直角的手簿记录及算例。

3.6 经纬仪的检验与校正

3.6.1 经纬仪的主要轴系及应满足的条件

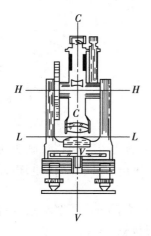

图 3.13 经纬仪主要轴线

如图 3.13 所示,经纬仪的主要轴线有:望远镜的视准轴(CC)、望远镜的旋转轴,也称横轴(HH)、照准部水准管轴(LL)、仪器旋转轴,也称竖轴(VV)。角度测量原理要求经纬仪轴系间应满足如下几何条件:

①照准部水准管轴应垂直于竖轴,即 LL⊥VV;

②望远镜十字丝竖丝应垂直于仪器横轴 HH;

③望远镜视准轴应垂直于横轴,即 CC⊥HH;

④仪器横轴应垂直于竖轴,即 HH⊥VV;

⑤竖盘指标水准管轴应垂直于竖盘光路系统中的光具组光轴,即竖盘指标差为零。

第一条件是保证测角时度盘水平;第3、4条件是保证测角时望远镜绕横轴旋转扫出的视准面是一个铅垂的竖直面;第5个条件则是在观测竖直角时,不考虑指标差的影响,用半个测回就能方便计算出竖直角。

经纬仪是根据测角原理设计制造的,各轴线应满足上述的几何条件。仪器出厂时,各轴线之间的关系都能满足,但由于运输和长时间的使用和震动,各项条件会发生变化,因此为了保证测角精度,所以在观测前必须对仪器进行检验与校正。

3.6.2 经纬仪的检验与校正

(1)LL⊥VV 的检验与校正

1)检验

检验时先整平仪器,再转动照准部使水准管平行于两个脚螺旋,转动这两个脚螺旋,使气泡严格居中,然后将照准部旋转180°,若气泡仍居中,说明条件满足,否则要校正。

2)校正

如图 3.14(a)所示,竖轴与水准管轴不垂直,偏离了 α 角,当仪器绕竖轴旋转180°后,竖轴位置不变,水准管轴与水平方向的夹角为 2α,如图 3.14(b)所示,2α 角的大小由气泡偏离零点的格数显示出来。

校正时,用校正针拨动水准管一端的校正螺丝,使气泡返回偏离格数的一半,则水准管轴竖直于竖轴,如图 3.14(c)所示。再转动脚螺旋,使气泡居中,如图 3.14(d)所示。

上述检校需反复进行,直至气泡偏离零点不超过半格为止。

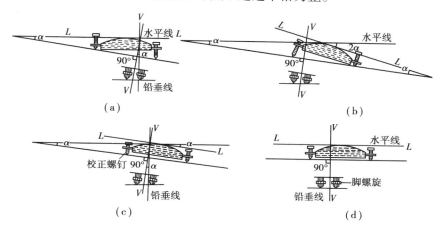

图 3.14 水准管轴垂直于竖轴的检验与校正

(2)竖丝⊥HH 的检验与校正

1)检验

整平仪器后,用竖丝的上端或下端瞄准远处一清晰小点,拧紧照准部制动螺旋及望远镜制动螺旋,转动望远镜微动螺旋,观察小点在竖丝上相对运动的轨迹,如果小点始终在竖丝上移动,说明条件满足,否则要校正。

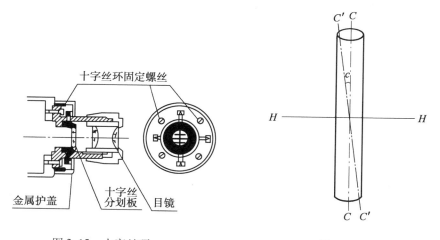

图 3.15 十字丝环   图 3.16 视准轴

2)校正

校正时,先旋下目镜护盖,用小螺丝刀拧松十字丝环上的 4 个固定螺丝,如图 3.15 所示,再转动十字丝环,直至望远镜上下俯仰时小点始终在竖丝上移动,最后上紧松开的 4 个固定螺丝,并旋上护盖。

（3）CC⊥HH 的检验与校正

视准轴是十字丝交点与物镜光心的连线。十字丝交点位置正确,视准轴与横轴成正交,即 CC⊥HH,此时望远镜绕横轴扫出的视准面为竖直平面。若十字丝分划板产生位移,如图 3.16 所示,十字丝交点由 C 移至 C′ 位置,此时的视准轴 C′C′ 与横轴 HH 将不成正交,偏离的视准轴 C′C′ 与正确位置的视准轴 CC 之间所夹的小角 c 称之为视准轴误差。视准轴存在 c 角时,望远镜绕横轴旋转扫出的视准面是一个圆锥面,对水平方向读数必然会产生影响。

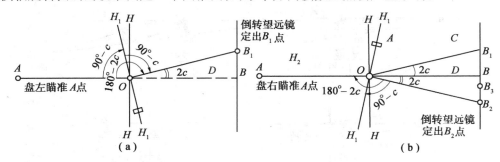

图 3.17 视准轴检验

1）检验

视准轴误差检验通常采用四分之一法,如图 3.17（a）所示。检验时先在平坦的地面上选定相距 40 ~ 60 m 的直线 AB ,丈量 AB 定出中点 O。经纬仪安置于 O 上,在 A 点设置瞄准标志,在 B 点横置一根有毫米分划的小尺（或标尺）,并使标志和尺子与仪器同高。以盘左位置瞄准 A,固定照准部,纵转望远镜读取小尺上的读数 B_1。盘右位置瞄准 A,纵转望远镜在小尺上读取读数 $B_2(B_2 > B_1)$。由图 3.17（a）、（b）可知,若 B_1、B_2 重合,说明条件满足,否则 $B_2 - B_1$ 为 4 倍 c 角。视准轴误差 c 可按式（3.9）求出:

$$c'' = \frac{1}{4D}(B_2 - B_1)\rho''$$ (3.9)

式中　D—— 仪器至 B 点的距离, $\rho'' = 206\ 265''$ 。

2）校正

校正时先求出视准轴正确位置时尺子的读数 B_3 , 即

$$B_3 = B_2 - \frac{3}{4}(B_2 - B_1)$$ (3.10)

然后用校正针调节如图 3.15 中十字丝环上的左、右校正螺丝,使十字丝交点对准 B_3,此项检校也应反复一至两次,直到条件满足。

（4）HH⊥VV 的检验与校正

若横轴不垂直于竖轴,当竖轴铅垂时,横轴将会倾斜一个小角,称该小角为横轴误差,常用 i 表示。横轴倾斜了一个 i 角,望远镜绕横轴旋转扫出的视准面不是铅垂面,而是一个倾斜面,对水平方向读数将产生影响。横轴误差的产生是由于支撑横轴两端的左、右支架不水平引起的。

1）检验

横轴误差检验与校正见图 3.18,检验时选择在离高墙 20 ~ 30 m 处安置经纬仪,整平后以盘左位置瞄准墙壁高处明显的小点 M（竖直角 α 应大于 30°）,固定照准部,放平望远镜,通过

十字丝交点在墙上定出一小点 m_1。纵转望远镜以盘右位置瞄准 M，固定照准部，放平望远镜，通过十字丝交点在墙上定出另一小点 m_2，若 m_1、m_2 重合，说明条件满足，否则要校正。

2）校正

校正时先瞄准 m_1、m_2 的中点 m（见图 3.18），固定照准部，向上抬高望远镜，十字丝交点将不对准 M，而是在 M' 的位置。此时可通过转动横轴一端的偏心板，升高或降低横轴的一端，使十字丝交点对准 M。由于经纬仪的横轴均密封于金属壳内，故使用仪器时一般只做检验，如 i 值超过规定范围，应送修理部门进行调整。

检验时，设量得 m_1m_2 的长度为 L，瞄准 M 点的竖直角为 α，仪器至 m 点的距离为 D，则 i 角可按式（3.11）求出，即

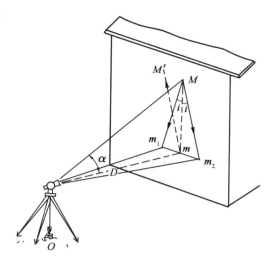

图 3.18　横轴检验

$$i'' = \frac{L}{2D}\cot\alpha \cdot \rho'' \tag{3.11}$$

（5）竖盘指标差的检验与校正

1）检验

检验时先在地面上安置经纬仪，整平仪器后分别以盘左、盘右两个盘位瞄准一明显目标 A，读取盘左、盘右竖盘读数 L 和 R，然后按式（3.8）计算指标差 x。若 x 的绝对值超过 $1'$ 时，应进行校正。

2）校正

校正时，原盘右照准 A 目标不动，计算正确读数 $R_正 = R - x$。转动指标水准管微动螺旋，使盘右的竖盘读数为 $R_正$，此时指标水准管气泡已不居中，用校正针调节水准管一端的校正螺钉，使气泡居中。再观测另一个明显目标，重新计算指标差 x，若在 $1'$ 围内，可以不校；若 x 绝对值还大于 $1'$，则按上述方法继续校正。

若是指标自动归零装置的经纬仪，校正时，先调节望远镜微动螺旋，使竖盘读数由 R 变为 $R_正$，再用校正针调节十字丝环的上、下校正螺钉，使十字丝交点对准目标 A。

（6）光学对中器的检验与校正

1）原理

光学对中器由物镜、分划板和目镜组成。分划板刻划中心与物镜光学中心的连线是对中器的视准轴。光学对中器的视准轴由转向棱镜折射 $90°$ 后，应与仪器的竖轴重合，否则，将产生对中误差，影响测角精度。

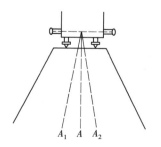

图 3.19　光学对中器的检验与校正

2）检验

如图 3.19 所示，安置仪器于平坦地面，严格整平仪器，在脚架中央的地面上固定一张白纸，标出分划圆圈中心在白纸上的位置 A_1 点，转动照准部 $180°$，标出此时分划圆圈中心在纸上的位置 A_2 点。若 A_1，A_2 点

不重合,应进行校正。

3)校正

定出 A_1A_2 连线的中点,调整转向棱镜的位置,使分划圆圈中心对准 A 点。

3.7 水平角测量的误差及减弱措施

水平角测量的各作业环节都会产生误差,为了提高测量成果的精度,必须分析这些误差的来源、性质及影响规律,采取相应的作业措施,消除或减弱误差的影响。水平角测量的误差主要来自仪器误差、观测误差和外界条件的影响。

3.7.1 仪器误差

仪器误差主有加工工艺和装配不完善而引起的误差,如照准部偏心差、度盘刻划不均匀的误差和校正不完善引起的误差:视准轴不垂直于横轴、横轴不垂直于竖轴、水准管轴不垂直于竖轴等。

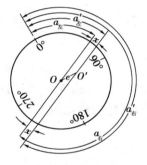

图 3.20 照准部偏心差

(1)照准部偏心差

照准部旋转中心与水平度盘中心不重合所引起水平方向的读数误差称为照准部偏心差。如图 3.20 所示,O 为水平度盘中心,O' 为照准部旋转中心,$e = OO'$ 称为偏心距。对单指标读数的经纬仪而言,有偏心距 e 时瞄准目标 A 的盘左读数 $a'_左$ 比 O,O' 重合时的读数 $a_左$ 大了一个小角 x,盘右位置 $a'_右$ 比 $a_右$ 则小了一个 x,即

$$a_左 = a'_左 - x$$
$$a_右 = a'_右 + x$$

取盘左盘右读数的平均值,则

$$\frac{1}{2}(a_左 + a_右) = \frac{1}{2}(a'_左 + a'_右)$$

这说明对单指标经纬仪,取同一方向盘左、盘右读数的平均值可以消除照准部偏心差的影响,对双指标经纬仪则采取对径分划读数直接消除偏心差的影响。

(2)视准轴误差

如图 3.21 所示,视准轴垂直于横轴时,视准轴正确位置为 OA。若存在视准轴误差 c,则视准轴偏离 OA 在 OA' 位置。设瞄准目标的竖直角为 α,A,A' 投影到水平位置的点为 a,a'。$\angle aOa'$ 就是视准轴误差 c 引起的水平方向读数误差,用 Δc 表示。

在图 3.21 中,由 Rt$\triangle Oaa'$ 得

$$\tan\Delta c = \frac{aa'}{oa} = \frac{AA'}{oa}$$

由 Rt$\triangle OAA'$ 和 Rt$\triangle OaA$ 得

$$AA' = OA \cdot \tan c \qquad oa = \frac{OA}{\sec\alpha}$$

所以
$$\tan\Delta c = \tan c \cdot \sec\alpha$$

由于 Δc 和 c 均为小角，故上式可以写成
$$\Delta c = c \sec\alpha \tag{3.12}$$

由式(3.12)可知，视准轴误差对水平方向的影响与竖直角成正比关系，当 α 越大，Δc 也越大，当 $\alpha = 0$ 时，$\Delta c = c$。若盘左位置 c 角使视准轴偏向左侧，盘右位置视准轴必然偏向于右侧，对同一观测目标盘左盘右竖直角相等，Δc 值绝对值也相等，但符号相反。所以取同一方向盘左盘右读数的平均值可以消除视准轴误差对水平方向读数的影响。

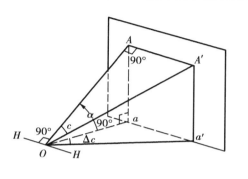

图 3.21　视准轴误差

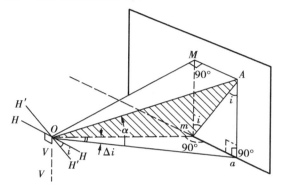

图 3.22　横轴误差

(3)横轴误差

如图 3.22 所示，HH 为垂直于竖轴 VV 的横轴，横轴在这一位置时望远镜扫出的视准面 OMm 为一个竖直面。若横轴不垂直于竖轴倾斜了一个小角 i 至 $H'H'$ 位置，此时视准面也随之倾斜一个小角 i，形成一个斜面，如图 3.22 中斜线所示的 OAm。将 M,A 投影到水平位置即得 m，a 两点，$\angle mOa = \Delta i$ 就是横轴误差对水平方向的影响。

从图 3.22 中的 Rt$\triangle aOm$ 得
$$\sin\Delta i = \frac{am}{oa}$$

又由 Rt$\triangle Aam$ 和 Rt$\triangle oaA$ 得
$$am = aA \cdot \tan i, \qquad oa = \frac{aA}{\tan\alpha}$$

所以
$$\sin\Delta i = \tan i \cdot \tan\alpha$$

由于 Δi 和 i 均为小角，故上式可写成
$$\Delta i = i \cdot \tan\alpha \tag{3.13}$$

由式(3.13)可知，横轴误差对水平方向的影响与观测目标的竖角有关，α 越大 Δi 越大，当竖直角 $\alpha = 0$ 时，$\Delta i = 0$，即观测目标与仪器同高时，横轴误差对水平方向读数没有影响。若盘左位置横轴顺时针倾斜，纵转望远镜盘右位置时必定逆时针倾斜，对同一目标竖直角相等，所以盘左盘右 Δi 数值也相等，但符号相反，为对称观测，故取同一方向盘左盘右读数的平均值可以消除横轴误差对水平方向读数的影响。

(4)竖轴误差

竖轴与照准部水准管轴不垂直，当照准部水准管气泡居中后竖轴并不竖直，从而导致横轴倾斜，使水平方向读数产生误差。由于竖轴不竖直所引起的水平方向读数误差盘左盘右观测

不但数值相等,而且符号也相同,为不对称观测,故不能用盘左盘右的观测方法消除其影响。因此在山区或坡度较大的测区进行测量时,必须进行严格的检验与校正,同时在测量中要仔细进行整平,以减弱竖轴误差。

3.7.2 观测操作误差

(1)对中误差

如图 3.23 所示,设 O 为测站点,O' 为仪器对中的位置,$OO' = e$ 为对中误差引起的偏心距,β 为无对中误差的正确角度,β' 为有对中误差的实测角度。由图 3.23 可知,因对中误差引起的水平角误差为

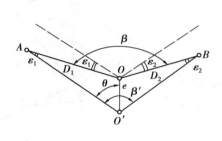

图 3.23 对中误差

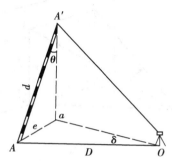

图 3.24 目标偏心差

$$\Delta\beta = \beta - \beta' = \varepsilon_1 + \varepsilon_2$$

其中

$$\varepsilon_1'' = \frac{e}{D_1}\sin\theta \cdot \rho''$$

$$\varepsilon_2'' = \frac{e}{D_2}\sin(\beta' - \theta) \cdot \rho''$$

则

$$\Delta\beta'' = e\rho'' \left[\frac{\sin\theta}{D_1} + \frac{\sin(\beta' - \theta)}{D_2} \right] \tag{3.14}$$

由式(3.14)可知,仪器对中误差对水平角的影响与偏心距 e 成正比关系,而与仪器至两目标的距离成反比关系,即距离越短影响越大。此外,对中误差与所测水平角有关,当 $\beta' = 180°$,$\theta = 90°$ 时 $\Delta\beta$ 的值最大。

设 $e = 3$ mm,$D_1 = D_2 = 100$ m,$\beta' = 180°$,$\theta = 90°$ 时:

$$\Delta\beta'' = \frac{2 \times 0.003 \times 206\ 265''}{100} \approx 12.4''$$

由此可见,对中误差对水平角影响很大,特别是短边测角,其影响尤为明显,因此测角时,要严格对中,以减少对中误差对水平角的影响。

(2)目标偏心差

如图 3.24 所示,O 为测站,A 为观测的目标点。由于目标倾斜,瞄准的目标不是 A 而是 A',A' 投影在水平面上为 a,$Aa = e$ 称为偏心距。设标杆长为 d,倾角为 θ,则目标偏心差对水平方向的影响为

$$\delta'' = \frac{d\sin\theta}{D} \cdot \rho'' \tag{3.15}$$

由式(3.15)可知,目标偏心差对水平角的影响与偏心距 $e(e = d\sin\theta)$ 成正比,与边长 D 成反比,但与角度大小无关。

设 $\qquad\qquad d = 2 \text{ m}, \quad \theta = 0°08', \quad D = 100 \text{ m}$

则有

$$\delta'' = \frac{2\sin0°08'}{100} \times 206\ 265'' \approx 10''$$

所以,测角时标杆要竖直,要尽量瞄准标杆根部,以减少因标杆倾斜引起的误差对水平角的影响。

(3)照准误差与读数误差

照准误差主要与人眼的最小分辨力和望远镜的放大率 V 有关。实验证明,正常人眼睛的最小分辨角为 $60''$,故照准误差一般用下式计算,即

$$m = \pm\frac{60''}{V}$$

DJ_6 光学经纬仪望远镜放大率一般为 26 倍,故照准误差约为 $\pm2.3''$。此外照准误差还与照准目标的形状、亮度、清晰度有关,因此观测水平角时,应尽量选择适宜的测标和有利的气候条件,以减弱照准误差的影响。

读数误差取决于读数设备、亮度和观测者的技术熟练程度。对 DJ_6 级光学经纬仪来说,估读误差一般不超过 $\pm6''$。但照明光线不佳,显微镜调焦不好,观测者经验不足,估读误差则可能大大超过此数。

3.7.3 外界条件的影响

影响水平角观测的自然环境因素较多,如风、雾、雨、阳光、气温、湿度变化等有关。强风会影响仪器的稳定;雾、雨天气会影响照准目标精度;阳光和局部温度的变化不仅会引起仪器轴系变化,而且会使视线产生不规则的折光。因此在有太阳的天气下测量时应打伞,不让阳光直射仪器。选点应避免视线通过冒烟的烟囱上面和近水面的空间通过,以减弱折光差的影响。对精度要求较高的测角作业,要选择有利的观测时间和避开不利的环境因素。

思考题与习题

1. 什么叫水平角?试绘图说明用经纬仪测量水平角的原理。

2. 什么叫竖直角?竖直角为何又分为仰角和俯角?如何判定竖直角计算公式?

3. 光学经纬仪有哪几大部分组成?仪器上有哪些制动、微动螺旋?各制、微动螺旋有何作用?如何正确使用微动螺旋?

4. 观测水平角时,为什么要进行对中和整平?试述具有光学对中器的经纬仪进行对中、整平工作的方法与步骤。

5. 试述如何利用测微尺显微镜读取度盘读数?

6. 观测水平角时,要使某方向水平度盘读数为 $0°00'00''$ 或稍大于 $0°$,应怎样操作?

7. 电子经纬仪与光学经纬仪比较有哪些特点?

8. 试述电子经纬仪动态测角系统原理。采用何种细分技术进行测微?

9. 电子经纬仪的动态测角系统中,度盘上设置的光栏 L_S 和 L_R 有何作用? 仪器是怎样进行粗测和精测?

10. 试述用测回法观测水平角的作业步骤。如何进行记录、计算? 有哪些限差规定?

11. 试述方向观测法观测水平角的作业步骤。如何进行记录、计算? 有哪些限差规定?

12. 整理表 3.5 中测回法观测水平角的记录。

表 3.5 测回法作水平角观测手簿

测站 (测回)	盘位	目标	水平度盘读数 /° ′ ″	半测回角值 /° ′ ″	一测回角值 /° ′ ″	各测回平均角值 /° ′ ″	备注
O (1)	左	A	0 01 12				
		B	200 08 54				
	右	A	180 02 00				
		B	20 09 30				
O (2)	左	A	90 00 36				
		B	290 08 00				
	右	A	270 01 06				
		B	110 08 48				

13. 水平角观在测两个测回以上时,为什么要变换度盘位置? 若某水平角要求观测 6 个测回,各测回的起方向读数应如何变换?

14. 整理表 3.6 中方向观测记录手簿。

15. 光学经纬仪的竖盘和竖盘指标的运动关系与水平度盘和指标的运动关系有何不同?

16. 竖盘指标水准管起什么作用,竖直角观测时,为什么一定要调竖盘指标水准管气泡居中后才能读数?

17. 何谓竖盘指标差? 采用何种观测方法测量竖直角才能消除竖盘指标差?

18. 整理表 3.7 中的竖直角观测手簿。

19. 经纬仪的主要轴系有哪些? 它们之间应满足什么几何关系?

20. 进行照准部水准管轴垂直于竖轴的校正时,为什么用校正螺钉只是将气泡调回偏移中心的一半?

21. 视准轴垂直于横轴检验时,为什么要把视线放置成大放水平,而检验横轴垂直于竖轴的条件则要尽可能使竖直角大于 $30°$?

22. 采用盘右、盘右的观测方法测量水平和竖直角,能消除哪些仪器误差? 能否消除竖轴倾斜误差? 为什么?

23. 对中误差对水平角的影响与哪些因素有关? 目标倾斜对水平角的影响又与哪些因素有关?

表 3.6 方向观测法记录手簿

| 测站 | 站点 | 水平度盘读数 | | 2C /″ | 平均读数 /° ′ ″ | 归零方向值 /° ′ ″ | 各测回平均方向值 /° ′ ″ | 备注 |
		盘 左 /° ′ ″	盘 右 /° ′ ″					
第1测回 O	A	0 00 42	180 01 24					
	B	76 25 36	256 26 30					
	C	128 48 06	308 48 54					
	D	290 56 24	110 57 00					
	A	0 00 54	180 01 30					
	Δ							
第2测回 O	A	90 01 30	270 02 06					
	B	166 26 30	346 27 12					
	C	218 49 00	38 49 42					
	D	20 57 06	200 57 54					
	A	90 01 30	270 02 12					
	Δ							

表 3.7 竖直角观测手簿

测站	目标	盘位	竖盘读数 /° ′ ″	半测回竖直角 /° ′ ″	指标差 /″	一测回竖直角 /° ′ ″	各测回平均竖直角 /° ′ ″	备 注
O	A	左	98 43 18					竖角为顺时针注记
		右	261 15 30					
	B	左	75 36 00					
		右	284 22 36					

第 **4** 章

距离测量与直线定向

确定地面点的位置,除需要测量角度和高程外,还要测定两点间的水平距离和确定两点间直线与标准方向线的夹角。测量两点间的水平距离,根据精度的要求和所使用的仪器、工具不同,方法有:钢尺量距、光学视距法测距和光电测距仪测距等。

4.1 钢尺量距

4.1.1 丈量工具

钢尺,又称钢卷尺,是用薄钢带制成,常用钢尺宽 10～15 mm,尺长有 20 m、30 m、50 m 几种。其基本分划有厘米和毫米两种,厘米分划的钢尺在起始的 10 cm 内有毫米刻划。由于尺上零点位置不同,有端点尺和刻线尺之分,如图 4.1(a)和(b)。

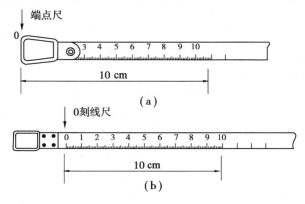

图 4.1 钢尺

用钢尺丈量距离的工具除钢尺外,还有测钎、标杆和垂球,如图 4.2(a)、(b)和(c)。标杆用来标定直线,测钎用来标定每一测段的起讫点和测段数目,垂球用于投点。

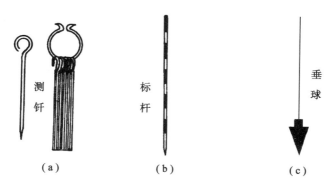

图 4.2　其他丈量工具

4.1.2　钢尺一般量距

(1)直线定线

当地面两点的距离大于整尺长或地面坡度较大,一整尺段不能量完时,可分成若干段进行丈量。把分成若干段的点定在已知两点的直线上的工作称为直线定线,量距精度要求不同,定线方法也不一样,一般量距中采用目测定线。如图 4.3 所示,在 AB 线内定一 C 点,先在 A,B 点立标杆,甲站在 A 点适当位置后,乙持标杆在 C 点附近,甲指挥乙左右移动标杆,直到 A,C,B 在一直线上,并在 C 点插上标杆或测钎。同法可定出 AB 线内或线外其他各点。

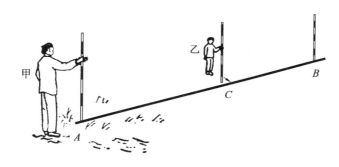

图 4.3　目估直线定线

(2)量距方法

根据地形情况,一般量距分为平量和斜量两种。

1)平地量距

定线结束后,可由两人按以下方法进行距离丈量,如图 4.4 所示。后尺手将钢尺零点对准 A 点,前尺手持钢尺的末端并带一束测钎,沿直线方向前进至一整尺段处停下,按标定的直线方向,将钢尺拉紧,发出"预备"口令,后尺手将钢尺零点准确对准 A 点,回答"好",前尺手随即将测钎对准钢尺末端分划并插入地下,这样就完成了第一尺段 A-1 的丈量工作。两人举尺前进,同法继续量至端点,最后一段不是一整尺段时,称为余数值。

设钢尺长度为 l,n 为整尺段数,q 为余数,则 AB 的距离为

$$D_{AB} = nl + q \tag{4.1}$$

为了检核和提高量距精度,除由 A 量至 B(称往测)外,还应由 B 同前法返量至 A(称返

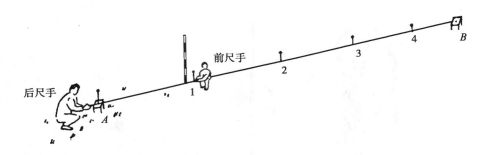

图 4.4 平地量距

测)。以往、返两次丈量结果之差 ΔD 的绝对值与平均值 $D_平$ 的比值化为分子为 1 的分式形式,作为衡量丈量结果的精度,以 K 表示,称为相对误差。即

$$K = \frac{|D_往 - D_返|}{\dfrac{D_往 + D_返}{2}} = \frac{1}{\dfrac{D_平}{|\Delta D|}} \tag{4.2}$$

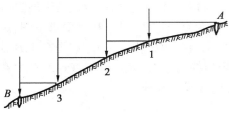

图 4.5 倾斜地面平量

K 的大小反映测量距离的精度。K 越小,精度越高;反之,精度越低。一般情况下,平坦地区钢尺量距的相对误差不应大于 1/3 000;困难地区,其相对误差也不应大于 1/1 000。当量距的相对误差 K 符合上述要求时,则取往、返测距的平均值 $D_平$ 作为最后结果。

2)倾斜地面量距

若地面倾斜,可沿斜坡由高向低分段丈量。按以上方法把钢尺拉平由 A 量至 B,每一测段用垂球绳紧靠钢尺上某一分划,用测钎插在垂球尖所指的地面点 1 处,如图 4.5 所示。同法量取其他各段至终点 B,AB 的距离为各段丈量值之和。为方便起见,返测时仍可由高向低进行丈量,AB 的最后测量结果与平地量距的计算要求相同。

在地面坡度均匀或坡度特别大的地方,如图 4.6 所示,除上述方法,还可直接量取倾斜距离,再根据两点间高差 h,或测出地面倾斜角 α,分别按式(4.3)和式(4.4)计算出水平距离 D。

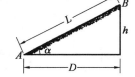

图 4.6 倾斜地面斜量

$$D = \sqrt{L^2 - h^2} \tag{4.3}$$

$$D = L\cos\alpha \tag{4.4}$$

4.1.3 钢尺精密量距

钢尺一般量距方法,其精度只能达到 1/1 000 ~ 1/5 000,当量距精度要求达到 1/5 000 以上时,需采用精密量距方法。此法与一般量距方法大致相同,但由于精度要求较高,所以在定线、丈量方法和成果处理上有所不同。

(1)钢尺精密量距方法

1)直线定线

图 4.7 中 AB 为需要丈量的直线,定线前,应清除沿线障碍物,再用经纬仪进行定线。首先安置经纬仪于 A 点,照准 B 点,沿 AB 方向用钢尺概略丈量,在每隔稍短于一尺段长的位置打下

木桩,桩顶高出地面,并在桩顶上钉一金属片,再用经纬仪纵丝将 AB 方向精确投置到金属片上,同时在片上与 AB 线垂直的方向划一短线,其交点即为分段丈量的起、讫点。

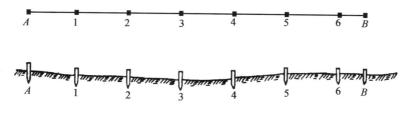

图 4.7 钢尺精密量距

2)量距方法

丈量时,用检定过的钢尺丈量相邻两木桩间的距离。丈量时施加 10 kg 的拉力,使钢尺一端的某整分划刻线对准木桩上的"+"点,此时两人分别读取钢尺两端读数并记录。为了提高精度,前后移动钢尺,该尺段丈量 3 次,若各次丈量结果相互较差不超过 3 mm 时,则取其平均值作为每测段的长度,每量完一测段都要读记温度,读至 0.5 ℃,同法量至终点,往测完后同样进行返测。每条直线丈量的次数,参照控制测量一章的要求而定。

3)测量相邻桩顶高差

按上述方法量得相邻桩间的倾斜距离,为了换算成水平距离,须测量相邻桩顶间的高差,以便进行倾斜改正。测定桩顶高差,采用水准测量往、返进行,往、返测量高差较差在 10 mm 以内,则取平均值作为最后观测值。

4)尺段距离计算

在进行精密量距时,是使用在 20 ℃、10 kg 拉力条件下检定过的钢尺进行的。由于钢尺的名义长度与实际长度不一致,丈量时的温度与检定时的温度有变化,相邻桩顶间有高差,所以需要施加三项改正,即尺长改正、温度改正和倾斜改正,才能得到水平距离。

①尺长改正

设名义长度为 l_0,实际长度为 $l_实$,丈量距离为 l,则改正数为

$$\Delta l_d = \frac{l_实 - l_0}{l_0} \times l \tag{4.5}$$

②温度改正

设钢尺检定时的温度 t_0 ℃,丈量时的温度为 t ℃,钢尺的膨胀系数为 1.25×10^{-5},则丈量尺段 l 时改正数为

$$\Delta l_t = 0.000\ 012\ 5(t - t_0) \times l \tag{4.6}$$

③倾斜改正

如图 4.6 所示,设量得 A,B 两点间的倾斜距离为 l,测得高差为 h,则水平距离为

$$d = (l^2 - h^2)^{\frac{1}{2}}$$

改正数 Δl_h 为

$$\Delta l_h = d - l = (l^2 - h^2)^{\frac{1}{2}} - l = l\left[\left(1 - \frac{h^2}{l^2}\right)^{\frac{1}{2}} - 1\right]$$

将 $\left(1 - \dfrac{h^2}{l^2}\right)^{\frac{1}{2}}$ 用级数展开并取第一项,即

$$\Delta l_h = -\frac{h^2}{2l} \tag{4.7}$$

④改正后水平距离

$$d = l + \Delta l_d + \Delta l_t + \Delta l_h \tag{4.8}$$

例 设某尺段长度为 29.865 0 m,测得温度 $t = 26.5$ ℃,高差 $h_{A1} = -0.15$ m,钢尺检定长度为 30.002 5 m,求改正后尺段的水平距离。

$$\Delta l_d = \frac{(30.002\ 5 - 30)}{30} \times 29.865\ 0 = +0.002\ 5\ \text{m}$$

$$\Delta l_t = 0.000\ 012\ 5 \times (26.5 - 20) \times 29.865\ 0 = 0.002\ 4\ \text{m}$$

$$\Delta l_h = -(-0.15)^2 / (2 \times 29.865\ 0) = -0.000\ 4\ \text{m}$$

改正后尺段的水平距离为

$$d = 29.865\ 0 + 0.002\ 5 + 0.002\ 4 - 0.000\ 4 = 29.869\ 5\ \text{m}$$

精密量距记录、计算见表 4.1。

表 4.1　精密量距记录、计算手薄

尺 段（起讫点号）	次数	前尺读数 /m	后尺读数 /m	尺段长度 /m	温度 改正数 /mm	高差/m 改正数 /mm	尺长改正数 /m	改正后尺段长度 /m	备 注
A-1	1	29.936 5	0.070 5	29.866 0	+26.5 ℃	-0.15	+2.5	29.869 5	
	2	405	760	645					
	3	505	860	645	+2.4	-0.4			
	平均			29.865 0					
1-2	1	29.923 5	0.018 5	29.905 0	+27.5 ℃	-0.17	+2.5	29.910 8	所用钢尺为 30 m,当温度 +20 ℃,拉力 10 kg 时,实际长度为 30.002 5 m。
	2	305	255	050					
	3	380	310	070	+2.8	-0.5			
	平均			29.906 0					
⋮						⋮			
4-B	1	18.975 5	0.076 5	18.899 0	+27.5 ℃	+0.07	+1.6	18.902 3	
	2	540	555	985					
	3	805	810	995	+1.8	-0.1			
	平均			18.899 0					
总 和				138.488 0	+11.2	-1.7	+11.6	138.504 1	

（2）钢尺检定

钢尺由于制造误差以及长期使用而产生的变形致使钢尺名义长度与标准长度不相符,因此,在精密量距时,必须将钢尺送到专门的钢尺检定部门进行检定。钢尺一般是在恒温室内用平台法进行检定,将钢尺放在 30 m（或 50 m）的平台上,量测被检定钢尺在标准拉力（100 N）下的实际长度,并取多次量测结果的平均值作为最后值。从而求得尺长方程式:

$$l_t = l_0 + \Delta l_d + \alpha \times l_0 (t - t_0) \tag{4.9}$$

式中　l_t——钢尺温度为 t ℃ 时的实际长度;

　　　l_0——钢尺名义长度;

　　　Δl_d——尺长改正数,即钢尺在温度 t_0 时的全长改正数;

　　　α——钢尺膨胀系数;

　　　t_0——钢尺检定时的温度;

　　　t——钢尺量距时的温度。

4.1.4　钢尺量距的误差及注意事项

影响钢尺量距精度的因素很多,主要有定线、尺长、温度、拉力以及尺子不水平、对点、读数等误差的影响。

(1)定线误差

如图 4.8,AB 为直线的正确位置,由于定线误差,P 点偏离直线,使得量距结果偏大。设定线误差为 ε,由此而引起的量距误差 $\Delta \varepsilon$ 为

$$\Delta \varepsilon = 2\left(\sqrt{\left(\frac{l}{2}\right)^2 - \varepsilon^2} - \frac{l}{2}\right) = -\frac{2\varepsilon^2}{l} \tag{4.10}$$

当 l 为 30 m 时,若要求 $\dfrac{\Delta \varepsilon}{l} \leqslant \dfrac{1}{3\ 000}$,则应使定线误差 ε 小于 0.39 m,这时采用目估定线是容易达到的。

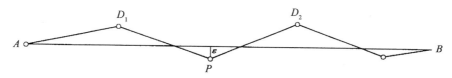

图 4.8　定线误差

(2)尺长误差

钢尺的名义长度与实际长度不等,需求得其尺长改正数。尺长误差具有系统累积性,它随着距离增加而增加。因此,在精密量距时,应加尺长改正,并要求钢尺尺长检定误差小于 1 mm,而一般量距时可不做尺长改正。

(3)温度误差

由于钢尺检定时的温度与野外温度不同,所以应按式(4.6)加温度改正。在野外用温度计测定温度,但由于测定的是空气温度,不是尺子本身的温度,在夏季阳光曝晒下,两者温度之差可大于 5 ℃。因此,量距宜在阴天进行,并要设法测定接近钢尺本身的温度。

(4)拉力误差

拉力的大小会影响到钢尺的长度,量距时,如果拉力不等于标准拉力,钢尺的长度就会产生相应的变化。根据虎克定律,钢尺的拉力误差 ΔP 引起的钢尺长度误差 Δl_p 为

$$\Delta l_p = (\Delta P \times l)/(E \times A) \tag{4.11}$$

设为 30 米,ΔP 为拉力误差,E 为钢尺的弹性模量,通常取 2×10^6 kg/cm²,A 为钢尺的截面积,设为 0.04 cm²,则 $\Delta l_p = 0.38\Delta P$ mm。欲使 Δl_p 不大于 1 mm,拉力误差不得大于 2.6 kg。精密量距时,用弹簧秤控制标准拉力,ΔP 很小,Δl_p 可忽略不计,一般量距时拉力要均匀,不要或大

或小。

(5)钢尺不水平的误差

钢尺不水平量距,其值总是比水平距离偏大。使用30 m的钢尺,在一般量距时,用目估持平钢尺,将产生50′的倾角(相当于0.44 mm的高差误差),对量距约产生3 mm的误差。

精密量距时,须进行倾斜改正,若测定高差的误差为Δh,则由此而产生的距离误差为$-h \times \Delta h / l$。要使距离误差小于1 mm,当$l = 30$ m,$h = 1$ m时,Δh为30 mm,用普通水准测量的方法测定高差是容易达到的。

(6)钢尺对点及读数误差

钢尺量距时,用钢尺的刻划对点、插测钎以及读数都会产生误差,这些误差具有偶然性。所以,测量时,要仔细认真,对点要准,测钎要插直,一般量距返测时,为避免印象误差,最好重新定线。

4.2 视距测量

视距测量是利用装在经纬仪或水准仪望远镜内十字丝分划板上的视距丝装置(图4.9),配合视距标尺,根据几何光学与三角学原理,同时测定两点间的距离和高差的一种方法。这种方法具有操作简便、速度快、不受地面高低起伏影响等特点。虽然测量精度不高(一般相对误差为1/200~1/300),但能满足地形图测绘中测定碎部点的精度要求,从而广泛应用于碎部测量中。

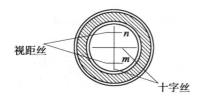

图4.9 视距丝装置

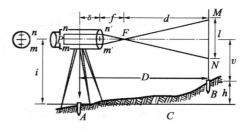

图4.10 视线水平时视距测量

4.2.1 视距测量原理

(1)视线水平时的视距测量公式

如图4.10所示,要测定A,B两点间的水平距离D及高差h,可在A点安置经纬仪,B点竖立视距标尺。当望远镜视线水平时,瞄准B点视距尺,此时,十字丝分划板上的视距丝m,n在标尺上的读数为M,N,二者之差称为视距间隔,设为l,p为十字丝分划板上、下视距丝的间距,f为物镜焦距,δ为物镜至仪器中心的距离。

由$\triangle m'n'F \backsim \triangle MNF$可得

$$\frac{d}{f} = \frac{l}{p}, d = \frac{f}{p}l$$

则A、B两点间的水平距离为

$$D = d + f + \delta = \frac{f}{p}l + f + \delta$$

令 $\frac{f}{p} = k, f + \delta = C$

$$D = kl + C \tag{4.12}$$

式中　k——视距乘常数；

　　　C——视距加常数。

对内对光望远镜的视距常数，设计时使 $k = 100, C$ 接近于零，因此，公式（4.12）为

$$D = kl \tag{4.13}$$

同时，由图 4.11 可以看出，视线水平时 A, B 两点间的高差为

$$h = i + v \tag{4.14}$$

式中　i——仪器高，即桩顶到仪器横轴中心的高度；

　　　v——目标高，即十字丝中丝在尺上的读数。

（2）视线倾斜时的视距测量公式

当地面起伏较大时，望远镜视准轴必须倾斜才能读取标尺视距间隔，如图 4.11，此时视线不垂直于视距尺，故不能直接应用视线水平时的计算公式。如果能将视距间隔 MN 换算为与视线垂直的视距间隔 $M'N'$，这样就可按公式（4.13）计算倾斜距离 L，再根据 L 和竖直角 α 计算水平距离 D 及高差 h。所以，问题的关键在于求出 MN 与 $M'N'$ 之间的关系。

由于过视距丝的两条光线的夹角 φ 很小，约为 34′，故可把 $\angle GM'M$ 和 $\angle GN'N$ 近似地视为直角，而 $\angle M'GM = \angle N'GN = \alpha$（竖直角），由图 4.11 可知：

$$M'N' = M'G + GN' = MG\cos\alpha + GN\cos\alpha =$$
$$(MG + GN)\cos\alpha = MN\cos\alpha$$

而 $M'N' = l', MN = l$，则

$$l' = l\cos\alpha$$

由式（4.13）得倾斜距离：

$$L = kl' = kl\cos\alpha$$

从而得视线倾斜时，计算水平距离公式为

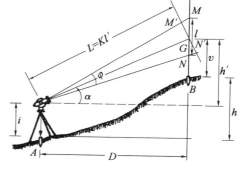

图 4.11　视线倾斜时的视距测量

$$D = L\cos\alpha = kl\cos^2\alpha \tag{4.15}$$

由图 4.11 知，A, B 间的高差 h 为

$$h = h' + i - v$$

式中　h'——初算高差，可按下式计算。

$$h' = L\sin\alpha = kl\cos\alpha\sin\alpha = \frac{1}{2}kl\sin 2\alpha \tag{4.16}$$

故

$$h = \frac{1}{2}kl\sin 2\alpha + i - v \tag{4.17}$$

根据式（4.15）计算出 A, B 间的水平距离 D 后，高差 h 也可按下式计算：

$$h = D\tan\alpha + i - v \tag{4.18}$$

在观测中，若照准目标高 $v = i$，上两式末项等于零，这样简化了高差 h 的计算。

4.2.2 视距测量的观测与计算

仪器安置于 A 点,量出仪器高 i,转动照准部瞄准 B 点视距尺,使中丝读数大致等于仪器高,将上丝或下丝对准标尺整刻划数,读取另一根视距丝读数,得视距间隔 l。若考虑到系数 k,则尺上 1 cm 对应的视距为 1 m,从而直接读出视距 kl。然后,使中丝读数 $v = i$,并调节竖盘指标水准管气泡居中,读取竖盘读数,计算竖直角 α。最后,根据以上公式计算水平距离和高差。

4.2.3 视距测量的误差来源及注意事项

(1)读数误差

用视距丝读取尺间隔的误差,将直接影响到视距测量的精度。它与标尺的刻划大小、望远镜的放大倍数、距离的远近有关,所以,在进行视距测量时,要注意消除视差,距离的远近视要求而定。

(2)视距尺倾斜误差

视距尺倾斜误差不仅与尺的倾斜角有关,而且与视距边的坡度有关,其影响随地面倾斜度的增大而增大。此外,扶尺不稳产生抖动也影响所测距离的精度。所以,必要时,视距尺可装上圆水准器,以控制尺的垂直度。

(3)外界影响

主要是垂直折光和湍流,由于通过上、下丝的光线,经过不同密度的空气时,产生垂直折光差。尤其是空气的湍流、水气蒸发将影响到影像不稳定,越接近地面,影响越大。为了减少垂直折光和空气湍流的影响,观测时应尽可能使视线离地面 1 m 以上。

(4)视距乘常数 k 不准确的误差

一般情况下,视距乘常数 $k = 100$,但由于存在视距丝间隔误差和视距尺刻划误差,k 不严格为 100。若 k 值在 100 ± 0.1 时,便可当做 100,否则,应测定 k 值。

4.3 光电测距

钢尺量距(特别是长距测量),劳动强度大,工作效率较低,视距测量速度虽然快,但精度低。随着激光技术的发展,20 世纪 60 年代初,各种类型的激光测距仪相继问世,20 世纪 90 年代,出现了测距仪与电子经纬仪组合成一体的电子全站仪,在一个测站上,既能测角、测距、测高差,又能进行各种运算,如配合电子记录手簿,可以自动记录、存储、传输,使测量工作不仅减轻了劳动强度,而且测量精度得到了极大的提高。

光电测距仪具有测程远、精度高、不受地形限制以及作业效率高等优点。光电测距仪是以光波作为载波,而微波测距仪则用微波作为载波,微波测距仪与光电测距仪统称为电磁波测距仪。电磁波测距仪按其测程可分为短程(<3 km)、中程($3 \sim 15$ km)和远程(>15 km)3 种类型。按测距精度来分,有 Ⅰ 级($|m_0| \leqslant 5$ mm)、Ⅱ 级(5 mm $< |m_0| \leqslant 10$ mm)和 Ⅲ 级($|m_0| > 10$ mm), m_0 为 1 km 的测距精度。短程测距仪一般以红外线作为载波,故称红外测距仪。目前,随着电子计算机和集成电路的飞速发展,已使得测距仪逐步向轻便化、自动化和多用途化方向发展。

4.3.1　光电测距的基本原理

光电测距是通过测定光波在待测距离上往返传播的时间 t，再根据时间和光波的传播速度计算待测距离。如图 4.12 所示，由安置在 A 点的仪器发出光波，经待测距离 D 至 B 点的反光镜，再由反光镜返回至仪器，设光波往、返传播的时间为 t，则 A、B 两点间的距离：

$$D = \frac{1}{2}ct \qquad\qquad (4.19)$$

式中，C 为光波在大气中的传播速度，其值约为 3×10^8 米／秒，由式 (4.19) 可知距离的精度主要取决于测定时间 t 的精度，若要求测定距离精度为 1 cm，则要求测定时间要准确到 6.7×10^{-11} s，要达到这样高的精度是难以做到的，即使是用电子脉冲计数直接测定时间，也只能达到 10^{-8} s 的精度。因此，在测距精度要求较高时，常用相位法测距，它是将测量时间变成在测线中往返传播的载波相位移动来测定距离。与钢尺量距相比，相位式测距仪就好像是用调制光波作尺子来量距离。光电测距仪所使用的光源有激光光源和红外光源，采用红外线波段作为载波的称为红外测距仪。由于红外测距仪是以砷化镓 (GaAs) 发光二极管作为载波源，发出的红外线强度能随注入电信号的强度而变化。发光管发射的光强随注入电流的大小发生变化，这种光称为调制光。同时，由于 GaAs 发光二极管体积小、效率高、能直接调制、结构简单、寿命长。所以，红外测距仪在工程中得到广泛应用，下面讨论红外光电测距仪采用相位式测距的原理。

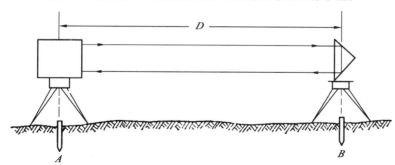

图 4.12　光电测距基本原理

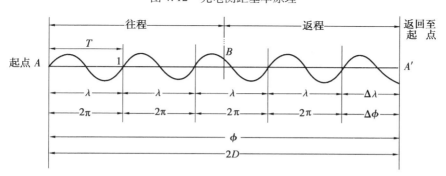

图 4.13　相位法测距

如图 4.13 所示，仪器安置在 A 点上，仪器发出的调制光波在待测距离上传播，经反射镜 B 反射后被接收器接收，然后用相位计将发射信号与接受信号进行相位比较，由显示器显示出调制光波在待测距离上往、返传播引起的相位移 ϕ。为便于说明，将反射镜 B 反射回的光波沿测线方向展开，则光波往、返经过的距离为 $2D$。设调制光的频率为 f，角频率为 ω，波长为 λ，光波

一周期相位移为 2π。由物理学可知, $f = c/\lambda$, 则 A、B 两点间的距离为

$$D = \frac{1}{2}(N\lambda + \Delta\lambda) = \frac{\lambda}{2}\left(N + \frac{\Delta\lambda}{\lambda}\right) = \frac{\lambda}{2}(N + \Delta N) \tag{4.20}$$

若用相位表示相应的距离, 则

$$\phi = \frac{1}{2}(N \times 2\pi + \Delta\phi) = \pi\left(N + \frac{\Delta\phi}{2\pi}\right) =$$
$$\pi(N + \Delta N) \tag{4.21}$$

式中　N ——2π 整周期数;

　　　$\Delta\phi$ —— 不足整周期相位移尾数;

　　　ΔN —— 不足整周期的比例数。

与钢尺量距相比较, 可把调制光的半波长 $\lambda/2$ 作为"测尺"。则由式(4.20)可知, 只要知道"测尺"的长度($\lambda/2$)、整尺段数(N) 和零尺段数(ΔN), 即可算出距离。然而, 相位计只能测定相位移的尾数 $\Delta\phi$(或 ΔN), 却无法测定周期数 N, 按照式(4.20)仍然无法算出距离, 因此, 需作进一步的研究。

令　　　　　　　　　　　　　$\mu = \frac{\lambda}{2}$

则式(4.20)变成

$$D = \mu(N + \Delta N) \tag{4.22}$$

若 $D < \mu$, 则 $N = 0$, 上式变为 $D = \mu \times \Delta N$。由此可见, 只有当测尺长度大于待测距离时, 才能根据测距仪测定的相位移尾数 $\Delta\phi$ 计算出相应的距离。为了扩大测程范围, 就必须采用较长的测尺 μ, 即采用较低的测尺频率 f(或称调制频率), 顾及 $\lambda = c/f$, 得

$$\mu = c/2f \tag{4.23}$$

由于仪器存在测相误差, 其大小与测尺长度成正比, 一般约为测尺长度的 1/1 000。若取 $c = 3 \times 10^8$ 米/秒。这样根据不同的测尺频率, 按式(4.23)及 1/1 000 的比例, 可计算出表 4.2 中相应的测尺长度及测距精度。从表中清楚地看出, 扩大了测程, 就降低了测距精度, 为兼顾两者可选用两把或多把不同长度的测尺, 即所谓的"精测尺"和"粗测尺"。若选定粗测尺长 1 000 米, 精测尺长 10 米, 1 000 米以内的距离由粗测尺测出, 10 米以内的距离由精测尺测出。这样一组尺子配合使用, 既保证了测程, 又保证了精度。例如, 用测距仪测量 AB 线段时,

精测显示　　　　　　　　5.78 米

粗测显示　　　　　　　　385.　米

则仪器显示距离为　　　　　　　　385.78 米。

表 4.2　测尺频率与测尺长度对照表

测尺频率(f)	15 兆赫	1.5 兆赫	150 千赫	15 千赫	1.5 千赫
测尺长度(μ)	10 m	100 m	1 km	10 km	100 km
精度($\mu \times 10^3$)	1 cm	10 cm	1 m	10 m	100 m

若实测距离超过 1 km, 则可根据显示距离加 1 000 米求出, 这要按照实际情况加以判定。

4.3.2　红外测距仪

红外测距仪类型虽多, 但它们的主要部件基本相同, 主要由测距头、电池盒、反射镜及经纬

仪组成。

现以 WildDI1000 型红外测距仪为例简要说明红外测距仪的操作方法。

WildDI1000 型红外测距仪的主要特点是小而轻,能安置在 Wild 厂生产的所有光学经纬仪或电子经纬仪上配合使用。当配以数据终端 GRE4(电子手簿)再连接到 WildT1000 等电子经纬仪上,就组成了全站型速测仪,可自动完成测量和计算工作,所以它最适合于工程测量。

(1)DI1000 的主要技术参数

测程:单棱镜　800 米

　　　三棱镜　1 200 米

精度:±5 mm ±5 ppm

跟踪测量时精度:±10 mm ±5 ppm

测量时间:常规测量 5 秒;跟踪测量时,首次 3 秒,以后每 0.3 秒显示一次。

显示:8 位液晶数码显示,单位有米或英尺,最小显示单位为 1 mm 或 0.01 ff。

比例系数改正(ppm):比例系数可存储在固定存储器中,范围为 −150 ppm ~ +150 ppm,级差为 1 ppm。

棱镜常数(mm):可存储在固定存储器中,范围为 −99 ppm ~ +99 ppm,级差为 1 mm。

光强自动控制,若测量过程中光束暂时中断,不影响测量结果。

(2)DI1000 的附件

1)GTSS 键盘计算器

如图 4.14,输入竖盘读数时,最小输入单位为 1″。输入放样的距离时,采用公制单位,最小输入值为 1 mm。

2)电池

它有 3 种可充电的 Nicd 电池,微型电池充满一次电可测 500 次;中型电池充满一次电可测 2 000 次;大型电池充满一次电可测 7 000 次。

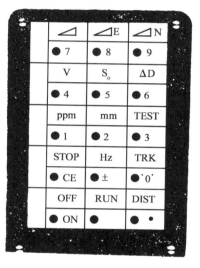

图 4.14　GTSS 键盘计算器

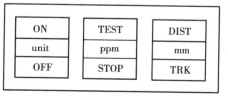

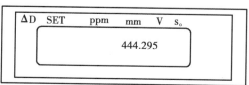

图 4.15　DI1000 的面板

3)DI1000 的面板(图 4.15)

如图 4.15,DI1000 面板上只设三个控制镜,一个指令式液晶编码显示器。

DI1000 的显示窗可显示斜距、水平距离和高差,显示高差时还标以适当的符号。在测试模式时,显示电池电压、信号强度等。显示窗中有一组线条展示观测过程的顺序,便于操作者使用。此外,还设有照明灯,以便在黑暗中工作。

(3)DI1000 的操作

ON　开机,等一会儿显示已存储的 mm 和 ppm 值,按 2 秒不放,显示照明。

67

OFF　关机,关闭照明,存储参数。

DIST　正常测量,显示斜距。

TRK　在 2 秒内连按两次,实现跟踪测量。

STOP　停止正常测量或跟踪测量,关闭检查状态下的音响。

TEST　按键 4 秒后进入检查状态,释放后可显示信号返回强度和电池电压。

mm　按住棱镜常数键不放约 5 秒,直至显示窗无显示。释放后可显示存储的 mm 值。按住该键不放可引起 10 mm 的步长变化,每按一次引起 1 mm 的步长变化,安置到需要的值后用 OFF 键储存。

ppm　该比例改正键的使用与 mm 键相同。

Unit　单位键,按下 5 秒显示器显示,释放后按 DIST 改变单位,其中显示 nn360 s 为米和 360°的六十进制,按 OFF 键存储。

4.4　直线定向

4.4.1　直线定向的概念

确定地面上两点的相对位置,除知道两点间的水平距离外,还必须确定该直线与标准方向的夹角。确定直线与标准方向的角度关系,称为直线定向。测量工作中常用的标准方向有 3 种:

(1)真子午线方向

真子午线方向是通过地面某点的真子午线的切线方向。真子午线方向是用天文方法或用陀螺经纬仪测定。

(2)磁子午线方向

磁子午线方向是在地球磁场的作用下,磁针自由静止时其轴线所指的方向。磁子午线方向可用罗盘仪测定。

由于地磁两极与地球两极不重合(磁北极约在北纬 74°、西经 110°附近;磁南极约在南纬 69°、东经 114°附近),致使磁北线与真子午线间不一致而形成夹角 δ,称为磁偏角,如图 4.16 所示。磁子午线北端在真子午线以东为东偏,角值为正,以西为西偏,角值为负。磁偏角的大小因地而异,我国磁偏角的变化大约在 +6° ~ −10°之间。

(3)坐标纵轴方向

坐标纵轴方向在测量工作中是由平面直角坐标系确定的基本方向。故坐标纵轴(X 轴)是作为直线定向

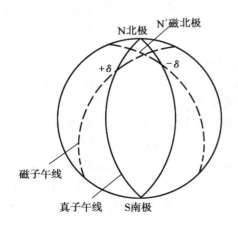

图 4.16　真子午线与磁子午线

的基本方向。

地面上不同经度的子午线,彼此都不平行,均收敛于两极。地面上两点子午线方向间的夹

角称为子午线收敛角,用 γ 表示,如图 4.17 所示。地面上两点在经差不变的情况下,子午线收敛角的大小随纬度高低而变化。纬度愈低,子午线收敛角愈小,在赤道上为零,纬度愈高,收敛角愈大。

4.4.2　直线定向方法

测量工作中,常用方位角和象限角来表示直线的方向。

(1)真方位角和磁方位角

从过某点标准方向的北端起,按顺时针方向量至某方向线的水平夹角,称为方位角,如图 4.18 所示,角值从 $0° \sim 360°$。若标准方向为真子午线,则称为真方位角,用 A 表示。若标准方向为磁子午线方向,则称为磁方位角,用 A_m 表示。真方位角与磁方位角的关系为

$$A = A_m + \delta \tag{4.24}$$

一条直线在不同端点量测,其方位角也不同。如图 4.20 所示,以 A 点为起点,其真方位角为 A_{ab},以 B 点为起点,其真方位角为 A_{ba}。测量中常以直线前进方向称为正方位角,如 A_{ab},则 A_{ba} 称为反方位角。由图 4.19 得

$$A_{ab} = A_{ba} \pm 180° + \gamma \tag{4.25}$$

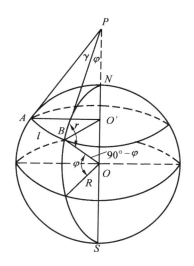

图 4.17　子午线收敛角

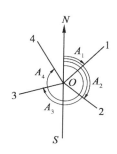

图 4.18　方位角

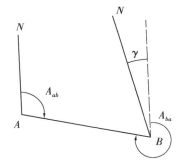

图 4.19　正、反方位角

式中,γ 称为子午线收敛角,直线位于中央子午线以东为正,以西为负。

(2)坐标方位角

在测量工作中常采用高斯-克吕格坐标纵轴为基本方向,从过某点纵坐标轴的北端起,按顺时针方向量至某方向的水平夹角为该直线的坐标方位角,或称方位角,用 α 表示,如图 4.20 所示,由图中可以看出:一条直线 AB 的正、反方位角相差 $180°$,即

$$\alpha_{反} = \alpha_{正} \pm 180° \tag{4.26}$$

(3)象限角

从过某点的标准方向的北端或南端起,按顺、逆时针方向量至某方向所夹的锐角,称为象限角,以 R 表示,角值为 $0° \sim 90°$。在使用象限角时,不但要说明角值大小,而且还要指出直线所在的象限。如图 4.21 所示,直线 OC 在第 3 象限,记为 $R_{\text{Ⅲ}}$。已知象限角,求方位角时,按下列

公式计算：

第 Ⅰ 象限 $\alpha_1 = R_{\text{I}}$ 第 Ⅱ 象限 $\alpha_2 = 180° - R_{\text{II}}$

第 Ⅲ 象限 $\alpha_3 = 180° + R_{\text{III}}$ 第 Ⅳ 象限 $\alpha_4 = 360° - R_{\text{IV}}$

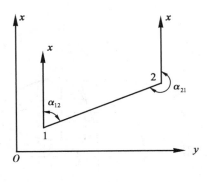   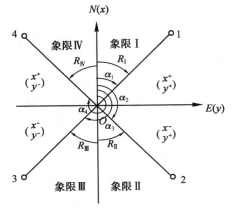

图 4.20　坐标方位角   图 4.21　象限角

思考题与习题

1. 距离测量常用的方法有哪些？试比较各种方法的优缺点。

2. 用钢尺往、返丈量了一段距离，其平均值为 150.336 m，若要求的量距相对误差为 1/5 000，问往、返丈量距离之差不能超过多少？

3. 某钢尺名义长度为 30 m，经检定实际长度为 30.004 m，检定时的温度为 20 ℃，拉力为 100 N，若用此钢尺丈量了一段距离，长度为 28.254 m，温度为 29.5 ℃，拉力为 100 N，两端点的高差为 −1.42 m，试计算两点间的水平距离。

4. 简述用视距测量法测定地面上两点间的水平距离和高差的步骤。

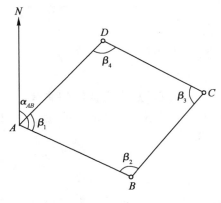

图 4.22　习题 9 图

5. 若将经纬仪在地面点 A，视距尺立在 B 点，量得仪器高为 1.50 m，读得下、上、中三丝的读数分别为 1.236 m，0.544 m，0.890 m，竖直角为 $-3°25'42''$，已知 A 点的高程为 70.243 m，试计算 AB 间的水平距离及 B 点的高程。

6. 影响视距测量精度的因素有哪些？如何提高视距测量的精度？

7. 简述光电测距的基本原理。

8. 光电测距仪为什么要配"粗测尺"和"精测尺"？

9. 在图 4.22 中，若 $\beta_1 = 83°$，$\beta_2 = 100°$，$\beta_3 = 80°$，$\beta_4 = 97°$，AB 边的坐标方位角 $\alpha_{AB} = 133°$，计算其余各边的坐标方位角。

第 5 章
测量误差的基本知识

5.1 测量误差概述

测量工作是由观测者使用测量仪器和工具,采用一定的测量方法和程序,在一定的观测条件下进行的。在测量过程中,无论测量仪器多么精密,观测多么仔细,测量结果总是存在着差异。例如,对某段距离进行多次丈量,或反复观测同一角度,发现每次观测结果不一致。又如观测三角形的三个内角,其和并不等于理论值180°。这种观测值之间或观测值与理论值之间存在差异的现象,说明观测结果存在着各种测量误差。测量误差的产生是不可避免的。学习测量误差的目的在于:分析测量误差产生的原因、性质和积累的规律;正确处理观测结果,求最可靠值;评定测量结果精度;通过研究误差发生的规律,选择更合理的观测方法,减少误差影响,以提高测量成果精度。

5.1.1 测量误差产生的原因

测量误差产生的原因概括起来有下列几个方面:

1)仪器及工具 由于测量仪器制造和仪器校正不完善,都会使测量结果产生测量误差。例如使用刻划至厘米的标尺就不能保证厘米以下尾数估读的准确性;使用视准轴不平行于水准管轴的水准仪进行水准测量就会给观测读数带来误差。

2)观测者 由于观测者的技术水平和感觉器官鉴别能力的限制,使得在安置仪器、瞄准目标及读数等方面都会产生误差。

3)外界条件 观测过程所处的外界条件,如温度、湿度、风力、阳光照射等因素会给观测结果造成影响,而且这些因素随时发生变化,必然会给观测值带来误差。

测量仪器、观测者、外界条件是引起观测误差的主要因素,这三个因素的综合起来称为观测条件。观测条件好测量结果的精度就高,观测条件差测量结果的精度就低。观测条件相同的一系列观测称为等精度观测,观测条件不相同的各次观测称为非等精度观测。

5.1.2 测量误差的分类

测量误差按其性质可分为系统误差和偶然误差两类。

(1)系统误差

在相同的观测条件下对某量进行一系列观测,如果观测误差的大小和符号呈现出一致性倾向,即按一定规律变化或保持为常数,这种误差称为系统误差。例如用一把名义长度为30 m而实际长度为29.997 m的钢尺量距时,每丈量一尺段就比实际长度大了0.003 m,其误差数值大小与符号是固定的,所以丈量距离越长,误差就愈大。系统误差对观测成果的影响具有累积性,对测量成果有明显的影响。因此,在测量工作中,必须采取加改正数或采用适当的方法消除或减弱其影响,例如,在用钢尺丈量距离当中,用加改正数的方法消除其影响;在水准测量中,采用前后视距相等方法消除视准轴不平行水准管轴、地球曲率和大气折光差的影响;在水平角观测中,用盘左、盘右观测消除视准轴误差、横轴误差以及度盘偏心差对角度测量的影响。

(2)偶然误差

在相同的观测条件下对某量进行一系列的观测,如果观测误差的大小和符号都具有不确定性,但又服从于一定的统计规律性,这种误差称为偶然误差,也叫随机误差。例如,读数的估读误差;瞄准目标的照准误差等都属于偶然误差。偶然误差随各种偶然因素综合影响而不断变化,其数值大小和正、负符号呈现出偶然性,因此任何观测结果都不可避免地存在偶然误差。

一般来说,在测量工作中偶然误差和系统误差是同时发生。由于系统误差对测量结果的危害性很大,所以总是设法消除或减弱其影响,使其处于次要地位,这样在观测结果中可以认为主要是存在偶然误差。研究偶然误差占主导地位的一系列观测值中求未知量的最或然值以及评定观测值的精度是误差理论要解决的主要问题。

在测量工作中,除上述两种性质误差外,有时还可能发生读错数、记错或算错等。错误不是误差。这些错误是由于观测者操作不正确或疏忽大意造成的,观测结果不允许错误,因此,观测者必须加强责任心,并采取适当的校核方法,以确保观测结果不存在错误。

(3)偶然误差的统计特性

由于观测结果主要存在着偶然误差,因此,为了评定观测结果的质量,必须对偶然误差的性质作进一步分析。从单个偶然误差来看,其误差的出现在数值大小和符号上没有规律性,但观察大量的偶然误差就会发现其存在着一定的统计规律性,并且误差的个数越多这种规律性就越明显。下面以一个测量实例来分析偶然误差的特性。

某测区在相同的观测条件下观测了358个三角形的内角,由于观测值存在误差,故三角形内角之和不等于理论值180°(也称真值)。观测值与理论值之差称为真误差,用 Δ 表示。设三角形内角和的观测值为 l_i,真值为 X,则三角形的真误差可由下式求得

$$\Delta_i = l_i - X \qquad (i = 1,2,3,\cdots,358) \tag{5.1}$$

用式(5.1)算得358个三角形内角和的真误差,现将358个真误差按3″为一区间,并按绝对值大小进行排列,按误差的正负号分别统计出在各区间的误差个数 k,并将 k 除以总个数 n(本例 $n = 358$),求得各区间的相对个数(k/n 称为误差出现的频率),其结果列于表5.1。

从表5.1中可以看出,该组误差的分布表现出如下规律:小误差比大误差出现的机会多,绝对值相等的正、负误差出现的个数相近;最大的误差不超过一定的限值(本例为24″),其他

测量结果也表现出同样的规律。通过大量的实验统计结果表明,偶然误差具有如下的特性:

① 在一定的观测条件下的有限次观测中,偶然误差的绝对值不超过一定的限值(有界性);

表 5.1　偶然误差区间分布

误差区间 d∆	负 误 差		正 误 差		合　计	
	个数 k	频率 k/n	个数 k	频率 k/n	个数 k	频率 k/n
$0 \sim 3''$	45	0.126	46	0.128	91	0.254
$3 \sim 6$	40	0.112	41	0.115	81	0.227
$6 \sim 9$	33	0.092	33	0.092	66	0.184
$9 \sim 12$	23	0.064	21	0.059	44	0.123
$12 \sim 15$	17	0.047	16	0.045	33	0.092
$15 \sim 18$	13	0.036	13	0.036	26	0.072
$18 \sim 21$	6	0.017	5	0.014	11	0.031
$21 \sim 24$	4	0.011	2	0.006	6	0.107
$24''$以上	0	0	0	0	0	0
$\sum$	181	0.505	177	0.495	358	1.000

②绝对值较小的误差出现的概率大,绝对值大的误差出现的概率小(单峰性);

③绝对值相等的正、负误差出现的概率大致相等(对称性);

④当观测次数无限增加时,偶然误差算术平均值的极限为零(补偿性)。即

$$\lim_{n\to\infty}\frac{\Delta_1+\Delta_2+\cdots+\Delta_n}{n}=\lim_{n\to\infty}\frac{[\Delta]}{n}=0 \tag{5.2}$$

式中,"[ ]"为总和号,即 $[\Delta]=\Delta_1+\Delta_2+\cdots+\Delta_n$。

为了更直观地表达偶然误差的分布情况,还可以用图示形式描述误差分布,图 5.1 就是按表 5.1 的数据绘制的。其中以横坐标表示误差正负与大小,纵坐标表示误差出现于各区间的频率(k/n)除以区间的间隔值(d∆)。这样,每一区间按纵坐标做成矩形小条的面积就代表误差出现在该区间的频率。如图 5.1 中斜线的长方形面积就代表误差出现在 $+6 \sim +9''$区间的频率 0.092,这种图称为频率直方图。

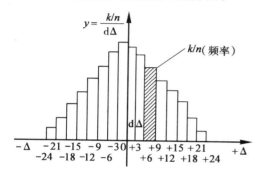

图 5.1　频率直方图

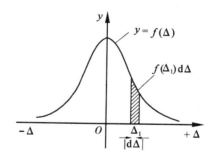

图 5.2　正态分布曲线

当观测次数足够多时,误差出现在各区间的频率就趋向于稳定。可以想像,当 $n \to \infty$ 时,如果把区间 dΔ 无限缩小,图 5.1 中各小长方形的顶边折线就会变成图 5.2 所示的一条光滑的曲线,该曲线称为误差分布曲线,是正态分布曲线。描绘这种分布曲线的函数式为

$$y = f(\Delta) = \frac{1}{\sqrt{2\pi}\sigma}e^{-\frac{\Delta^2}{2\sigma^2}} \tag{5.3}$$

式中参数

$$\sigma^2 = \lim_{n \to \infty} \frac{[\Delta^2]}{n} \tag{5.4}$$

式中 π——圆周率;

       e——自然对数的底;

       σ—— 观测误差的标准差或均方差;

       σ^2——方差。

图 5.1 中各小长方形的面积为

$$\frac{k/n}{d\Delta}d\Delta = \frac{k}{n}$$

由概率统计定义可知,频率 (k/n) 就是真误差出现在区间 dΔ 上的概率 $P(\Delta)$,记为

$$P(\Delta) = \frac{k/n}{d\Delta}d\Delta = f(\Delta)d\Delta \tag{5.5}$$

式(5.5)为概率元素。由式(5.5)可知,当函数 $f(\Delta)$ 较大时,则误差出现于小区间 dΔ 上概率也大,反之则较小,因此称函数 $f(\Delta)$ 为误差分布的概率密度函数,简称密度函数。

5.2   衡量测量精度的指标

评定观测成果的质量,就是衡量测量成果的精度。这里先说明精度的含义,然后介绍几种常用的衡量精度的指标。

5.2.1   精度的含义

在一定的的观测条件下进行的一组观测,它对应着一定的误差分布。观测条件好,误差分布就密集,则表示观测结果的质量就高;反之观测条件差,误差分布就松散,观测成果的质量低。因此,精度就是指一组误差分布的密集与离散的程度,即离散度的大小。显然,为了衡量观测值的精度高低,可以通过绘出误差频率直方图或画出误差分布曲线的方法进行比较。如图 5.3(a)所示为两组不同观测条件下的误差分布曲线 Ⅰ,Ⅱ,观测条件好的一组其误差分布曲线 Ⅰ 较陡峭,说明该组误差更加密集在 $\Delta = 0$ 附近,即绝对值小的误差出现较多,表示该组观测值的质量较高;另一组观测条件差,误差分布曲线较平缓,说明该组观测误差分布离散,表示该组观测值的质量较低。但在实际工作中,采用绘误差分布曲线的方法来比较观测结果的质量好坏很不方便,而且缺乏一个简单的关于精度的数值概念。下面引入精度的数值概念,这种能反映误差分布密集或离散程度的数值称之为精度指标。

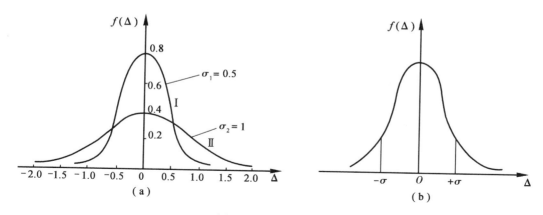

图 5.3　误差分布曲线

5.2.2　衡量精度的指标

衡量精度的指标有多种,这里介绍几种常用的精度指标。

(1)中误差

由误差分布的密度函数式(5.3)可知,Δ 愈小,$f(\Delta)$ 愈大。当 $\Delta = 0$ 时,函数 $f(\Delta)$ 达到最大值 $\dfrac{1}{\sqrt{2\pi}\sigma}$;反之,$\Delta$ 愈大,$f(\Delta)$ 愈小。当 $\Delta \rightarrow \pm \infty$ 时,$f(\Delta) \rightarrow 0$。所以,横轴是曲线的渐近线。如图 5.3(b)所示,误差分布曲线在纵轴两边各有一个转向点称为拐点。如果对函数 $f(\Delta)$ 求二阶导数等于零,可得曲线拐点的横坐标为:$\Delta_{拐} = \pm \sigma$。由于曲线 $f(\Delta)$ 横轴和直线 $\Delta = -\sigma, \Delta = +\sigma$ 之间的曲边梯形面积为误差个数的总和与全部观测个数之比,是个定值,即恒等于 1。所以 σ 愈小曲线愈陡峭,即误差分布愈密集;而 σ 愈大时曲线愈平缓,即误差分布愈离散。由此可见,误差分布曲线形态充分反映了观测质量的好坏,而误差分布曲线又可以用具体的数值 σ 予以表达。也就是说,标准差 σ 的大小,反映了观测精度的高低,所以标准差 σ 是描述观测值精度的数值指标。由式(5.4)得观测值的标准差定义式为

$$\sigma = \lim_{n \to \infty} \sqrt{\frac{[\Delta\Delta]}{n}} \tag{5.6}$$

由定义式(5.6)可知,标准差是在 $n \rightarrow \infty$ 时的理论精度指标。在测量工作中,观测次数 n 总是有限的,为了评定精度,只能用有限个真误差求取标准差的估值,测量中通常称标准差的估值为中误差,用 m 表示,即

$$m^2 = \frac{[\Delta\Delta]}{n} \tag{5.7}$$

或

$$m = \pm \sqrt{\frac{[\Delta\Delta]}{n}} \tag{5.8}$$

式中 Δ 可以是同一个量观测值的真误差,也可以是不同量观测值的真误差,但必须都是等精度的同类观测值的真误差,n 为 Δ 的个数。在计算 m 值时只需取 2 ~ 3 位有效数字,其值前冠以“±”号,数值后注明单位。

由中误差公式可知,中误差是代表一组等精度真误差的某种平均值,其值愈小,即表示该

组观测中绝对值较小的误差愈多,则该组观测值的精度愈高。

【例5.1】 设某段距离使用50 m钢尺丈量了6次,其测量结果列于表5.2中,该段距离用高精度铟钢基线尺丈量的结果为49.982 m,可视为真值。试求钢尺丈量一次的中误差。

解: 在表5.2中进行计算。

表5.2 中误差计算

序号	观测值/mm	Δ/mm	Δ^2/mm	中 误 差 计 算
1	49.988	+6	36	
2	49.975	−7	49	
3	49.981	−1	1	$m = \pm\sqrt{\dfrac{131}{6}} = \pm 4.7$ mm
4	49.978	−4	16	
5	49.987	+5	25	
6	49.984	+2	4	
$\sum$			131	

由上表计算可以看出,该组等精度观测值的中误差为 $m = \pm 4.7$ mm。中误差与真误差不同,它只是表示上述的一组观测值的精度指标,并不等于任何观测值的真误差。由于等精度观测,每个观测值的精度皆为 $m = \pm 4.7$ mm。

(2)极限误差

偶然误差的第一特性表明,在一定的观测条件下偶然误差的绝对值不会超过一定的限值,这个限值就是极限误差。由概率论可知,在等精度观测的一组偶然误差中,误差出现在 $[-\sigma, +\sigma]$,$[-2\sigma, +2\sigma]$,$[-3\sigma, +3\sigma]$ 区间内的概率分别为:

$$P(-\sigma < \Delta < \sigma) = \frac{1}{\sqrt{2\pi}\sigma}\int_{-\sigma}^{\sigma} e^{-\frac{\Delta^2}{2\sigma^2}}d\Delta \approx 0.683$$

$$P(-2\sigma < \Delta < 2\sigma) = \frac{1}{\sqrt{2\pi}\sigma}\int_{-2\sigma}^{2\sigma} e^{-\frac{\Delta^2}{2\sigma^2}}d\Delta \approx 0.955$$

$$P(-3\sigma < \Delta < 3\sigma) = \frac{1}{\sqrt{2\pi}\sigma}\int_{-3\sigma}^{3\sigma} e^{-\frac{\Delta^2}{2\sigma^2}}d\Delta \approx 0.997$$

即是说,绝对值大于两倍标准差的偶然误差出现的概率约为4.5%;而绝对值大于3倍标准差的偶然误差出现的概率仅约为0.3%,这实际上是接近于零的小概率事件,在有限次观测中不太可能发生。因此,在测量工作中通常规定2倍或3倍中误差作为偶然误差的限值,称为极限误差或容许误差。

$$\Delta_{容} = 2\sigma \approx 2 \text{ m} \tag{5.9}$$

或

$$\Delta_{容} = 3\sigma \approx 3 \text{ m} \tag{5.10}$$

前者要求较严,后者要求较宽,如果观测值中出现大于容许误差的偶然误差,则认为该观测值不可靠,应舍去并重测。

(3)相对中误差

对评定精度来说,有时只用中误差还不能完全表达测量结果的精度高低。如距离测量中,分别测量了 500 m 和 80 m 的两段距离,中误差均为 ± 2 cm。显然不能认为两者的测量精度是相同,为了能客观反映实际精度,必须引入相对误差的概念。相对中误差 K 就是观测值中误差的绝对值与观测值的比值,并将其化成分子为 1 的分数,即

$$K = \frac{|m|}{D} = \frac{1}{\dfrac{D}{|m|}} \tag{5.11}$$

上述两段距离的相对中误差为

$$K_1 = \frac{1}{\dfrac{D_1}{|m_1|}} = \frac{1}{25\ 000}$$

$$K_2 = \frac{1}{\dfrac{D_2}{|m_2|}} = \frac{1}{4\ 000}$$

相对中误差愈小,精度愈高,因为 $K_1 < K_2$,所以 D_1 比 D_2 的测量精度高。

有时,求得真误差和容许误差后,也用相对误差表示。例如图根导线测量中就规定导线全长相对闭合差不得超过 1/2 000,这就是相对容许误差。还应指出的是,不能用相对误差来评定角度测量的精度,因为角度观测的误差与角度大小无关。

5.3　误差传播定律及其应用

前面介绍了相同观测条件下的观测量,即同精度观测量,以真误差来评定观测值的精度的问题。但在实际工作中,有一些量往往不能直接测量,而是由其他观测值间接计算出来的,它与直接观测量构成函数关系。例如,水准测量中,每站的高差 h 就是直接观测的后视读数 a 与前视读数 b 之差求出的,即:

$$h = a - b$$

显然,高差 h 是观测值 a 和 b 的函数。阐述观测值的中误差与函数的中误差之间关系的定律,称为误差传播定律。

设有函数

$$z = F(x_1, x_2, \cdots, x_n)$$

式中已知独立观测值 $x_i (i = 1, 2, \cdots, n)$ 的中误差为 $m_i (i = 1, 2, \cdots, n)$,求观测值函数 z 的中误差 m_z。

对上式取全微分,得

$$\mathrm{d}z = \frac{\partial F}{\partial x_1}\mathrm{d}x_1 + \frac{\partial F}{\partial x_2}\mathrm{d}x_2 + \cdots + \frac{\partial F}{\partial x_n}\mathrm{d}x_n$$

设观测值的 $x_1, x_2, \cdots, x_n$ 的真误差为 $\Delta_1, \Delta_2, \cdots, \Delta_n$,由真误差引起的函数 z 的真误差为 Δz。因真误差 Δx_i 及 Δz 一般均很小,故用 Δz、Δx_i 代替微分量 $\mathrm{d}z$、$\mathrm{d}x_i$,于是有

$$\Delta z = \frac{\partial F}{\partial x_1}\Delta x_1 + \frac{\partial F}{\partial x_2}\Delta x_2 + \cdots + \frac{\partial F}{\partial x_n}\Delta x_n$$

上式中 $\dfrac{\partial F}{\partial x_i}$ 是函数对各变量 x_i 的偏导数,将 $x_i = l_i$ 代入各偏导数中可以得出其数值,它们都是

常数,令

$$\left(\frac{\partial F}{\partial x_i}\right)_{x_i = l_i} = f_i$$

则有

$$\Delta z = f_1 \Delta x_1 + f_2 \Delta x_2 + \cdots + f_n \Delta x_n$$

为了求得观测值中误差与函数中误差之间的关系,设想对 x_i 进行 k 次观测,则可写出 k 个类似的真误差关系式

$$\Delta z_{(1)} = f_1 \Delta x_{1_{(1)}} + f_2 \Delta x_{2_{(1)}} + \cdots + f_n \Delta x_{n_{(1)}}$$

$$\Delta z_{(2)} = f_1 \Delta x_{1_{(2)}} + f_2 \Delta x_{2_{(2)}} + \cdots + f_n \Delta x_{n_{(2)}}$$

$$\cdots$$

$$\Delta z_{(k)} = f_1 \Delta x_{1_{(k)}} + f_2 \Delta x_{2_{(k)}} + \cdots + f_n \Delta x_{n_{(k)}}$$

将上列等式两边平方后再相加,得

$$[\Delta z^2] = f_1^2 [\Delta x_1^2] + f_2^2 [\Delta x_2^2] + \cdots + f_n^2 [\Delta x_n^2] + \sum_{i,j=1, i \neq j}^{n} 2 f_i f_j [\Delta x_i \Delta x_j]$$

上式等号两边除以 k 得:

$$\frac{[\Delta z^2]}{k} = f_1^2 \frac{[\Delta x_1^2]}{k} + f_2^2 \frac{[\Delta x_2^2]}{k} + \cdots + f_n^2 \frac{[\Delta x_n^2]}{k} + \sum_{i,j=1, i \neq j}^{n} 2 f_i f_j \frac{[\Delta x_i \Delta x_j]}{k} \qquad (5.12)$$

各 x_i 的观测值 l_i 为彼此独立的观测值,由于偶然误差有正负补偿的特性,所以当 $k \to \infty$ 时,上式的最后一项趋近于零,即

$$\lim_{k \to \infty} \frac{[\Delta x_i \Delta x_j]}{k} = 0$$

故式(5.12)可以写成

$$\lim_{k \to \infty} \frac{[\Delta z^2]}{k} = \lim_{k \to \infty} \left\{ f_1^2 \frac{[\Delta x_1^2]}{k} + f_2^2 \frac{[\Delta x_2^2]}{k} + \cdots + f_n^2 \frac{[\Delta x_n^2]}{k} \right\}$$

对照方差定义式得

$$\sigma_z^2 = f_1^2 \sigma_1^2 + f_2^2 \sigma_2^2 + \cdots + f_n^2 \sigma_n^2$$

当 k 为有限值时,可写成

$$m_z^2 = f_1^2 m_1^2 + f_2^2 m_2^2 + \cdots + f_n^2 m_n^2 \qquad (5.13)$$

即

$$m_z = \pm \sqrt{f_1^2 m_1^2 + f_2^2 m_2^2 + \cdots + f_n^2 m_n^2} \qquad (5.14)$$

公式(5.14)就是由观测值中误差计算观测值函数中误差的一般形式,称为误差传播定律,按照这一定律可导出表5.3所列的简单函数的误差传播关系式。

表5.3 几个简单函数的中误差传播公式

函数名称	函 数 式	函数的中误差
倍乘函数	$z = kx$	$m_z = \pm km$
和差函数	$z = x_1 \pm x_2 \pm \cdots \pm x_n$	$m_z = \pm \sqrt{m_1^2 + m_2^2 + \cdots + m_n^2}$
线性函数	$z = k_1 x_1 \pm k_2 x_2 \pm \cdots \pm k_n x_n$	$m_z = \pm \sqrt{k_1^2 m_1^2 + k_2^2 m_2^2 + \cdots + k_n^2 m_n^2}$

应用误差传播定律求观测值函数的中误差时,可按下述步骤进行。

①按问题的性质列出函数式

$$z = F(x_1, x_2, \cdots, x_n)$$

②对函数式求全微分,得出函数真误差与观测值真误差之间的关系式

$$\Delta z = \left(\frac{\partial F}{\partial x_1}\right)\Delta x_1 + \left(\frac{\partial F}{\partial x_2}\right)\Delta x_2 + \cdots + \left(\frac{\partial F}{\partial x_n}\right)\Delta x_n$$

③代入误差传播定律公式,求出函数的中误差

$$m_z = \pm\sqrt{\left(\frac{\partial F}{\partial x_1}\right)^2 m_1^2 + \left(\frac{\partial F}{\partial x_2}\right)^2 m_2^2 + \cdots + \left(\frac{\partial F}{\partial x_n}\right)^2 m_n^2}$$

值得注意的是,在应用误差传播定律公式时,要求各观测值误差必须是独立的,如果观测值误差不独立,则要合并同类项,使误差独立后再应用误差传播定律。

【例5.2】　已知矩形的宽 $x = 40$ m,其中误差 $m_x = \pm 0.010$ m,长为 $y = 50$ m,其中误差 $m_y = \pm 0.012$ m,试计算面积 A 及其中误差。

解:按应用误差传播定律的步骤

①列出计算矩形面积的函数式为

$$A = xy = 40 \times 50 = 2\ 000 \text{ m}^2$$

②求各观测值的偏导数值

$$\frac{\partial F}{\partial x} = y = 50 \text{ m}; \qquad \frac{\partial F}{\partial y} = x = 40 \text{ m}$$

③代入误差传播定律公式,得中误差为

$$m_A = \pm\sqrt{\left(\frac{\partial F}{\partial x}\right)^2 m_x^2 + \left(\frac{\partial F}{\partial y}\right)^2 m_y^2} = \pm 0.7 \text{ m}^2$$

所以

$$A = 2\ 000 \text{ m}^2 \pm 0.7 \text{ m}^2$$

【例5.3】　在1:1 000比例尺图上量得某线段长度为 $d = 168.5$ mm,其中误差为 $m_d = \pm 0.2$ mm,试求相应的水平距离 D 及其中误差 m_D。

解:

$$D = 1\ 000d = 168.5 \text{ m}$$

$$m_D = 1\ 000m_d = 0.2 \text{ m}$$

所以

$$D = 168.5 \text{ m} \pm 0.2 \text{ m}$$

【例5.4】　设函数

$$z = \frac{1}{2}x_1 + \frac{1}{3}x_2 - \frac{1}{4}x_3$$

x_1, x_2, x_3 的中误差分别为 m_1, m_2, m_3,求 z 的中误差 m_z。

解:根据线性函数中误差的公式得:

$$m_z = \pm\sqrt{\frac{1}{4}m_1^2 + \frac{1}{9}m_2^2 + \frac{1}{16}m_3^2}$$

【例5.5】　普通水准测量中,视距100 m时读取标尺的读数中误差 $m_{读} \approx \pm 3$ mm(包括照准误差、气泡居中误差)。若以3倍中误差作为极限误差,试求普通水准测量高差闭合差的容许误差。

解:普通水准测量每站的高差为

$$h_i = a_i - b_i \qquad (i = 1, 2, \cdots, n)$$

则每站的高差中误差为

$$m_{站} = \pm \sqrt{m_{读}^2 + m_{读}^2} = \pm m_{读} \sqrt{2} \approx \pm 4 \text{ mm}$$

$$f_h = h_1 + h_2 + \cdots + h_n - (H_{终} - H_{始})$$

起、讫点为已知高级点,设高程无误差,若每站高差观测中误差均相等,即 $m_1 = m_2 = \cdots = m_n = m_{站}$,则高差闭合差的中误差为

$$m_{f_h} = \pm m_{站} \sqrt{n} = \pm 4 \sqrt{n} \text{ mm}$$

取 3 倍中误差作为极限误差,则普通水准测量高差闭合差的容许误差为

$$f_{h容} = \pm 3 \times 4 \sqrt{n} = \pm 12 \sqrt{n} \text{ mm}$$

5.4 等精度观测直接平差

为了较精确地确定某一个未知量的大小,往往对未知量进行多余观测。所谓多余观测,就是观测的个数多于确定未知量所必须的个数。有了多余观测,观测值之间就存在矛盾,需要按最小二乘法原理进行平差计算,从若干个观测值中求得该未知量的最可靠值,称为未知量的最或然值。以及评定观测值的精度,对一个未知量的平差称为直接观测平差,或称直接平差。它分为等精度直接平差和不等精度直接平差两种。

5.4.1 平差原则

最小二乘法原理是平差遵循的原则,下面举一个例子,大体说明其含义。

设某三角形的 3 个内角观测值为:$a = 46°32'15''$,$b = 69°18'45''$,$c = 64°08'42''$,其闭合差为 $f = a + b + c - 180° = -18''$。为了消除闭合差,需在各观测值上加一个改正数,设 a,b,c 3 个内角的改正数分别为 v_a, v_b, v_c,加上改正数后应使得 3 个内角和等于理论值 180°,即:

$$(a + v_a) + (b + v_b) + (c + v_c) - 180° = 0$$

其中:

$$v_a + v_b + v_c = +18''$$

显然,从表 5.4 中任选一组均能达到这一目的,那么,用哪一组改正数最合理呢?

表 5.4 满足三角形内角和等于理论值的改正数

角号	第 1 组		第 2 组		第 3 组		第 4 组		第 5 组		…
	v	vv	v	vv	v	vv	v	vv	v	vv	…
a	+6	36	+6	36	+3	9	−4	16	+4	16	…
b	+6	36	+5	25	−1	1	+6	36	+20	400	…
c	+6	36	+7	49	+16	256	+16	256	−6	36	…
$\sum$	+18	108	+18	110	+18	266	+18	308	+18	452	…

根据最小二乘法理论,应当选择改正数 v 的平方和最小,即 $[vv]$ = 最小的那一组,表 5.4 中的第 1 组具有

$$v_a^2 + v_b^2 + v_c^2 = 108 = 最小$$

由这一组改正数求得各内角的平差值称为最或然值,这一组改正数也称为最或然误差。平差后三角形内角之和为

$$A = a + v_a = 49°32'15'' + 6'' = 46°32'21''$$
$$B = b + v_b = 69°18'45'' + 6'' = 69°18'51''$$
$$C = c + v_c = 64°08'42'' + 6'' = 64°08'48''$$

由此可见,用最小二乘法原理求观测值最或然值的原则是:用一组改正数 v 来消除不符值,在等精度观测的情况下,这组改正数应满足

$$[vv] = v_1^2 + v_2^2 + \cdots + v_n^2 = 最小$$

在不等精度观测情况下应满足

$$[pvv] = p_1 v_1^2 + p_2 v_2^2 + \cdots + p_n v_n^2 = 最小$$

5.4.2　等精度观测直接平差

(1)观测值的最或然值

设对某一量进行了 n 次等精度观测,观测值为 $l_1, l_2, \cdots, l_n$,观测值的改正数为 v_i,未知量的最或然值为 x,则有

$$v_i = x - l_i \qquad (i = 1, 2, \cdots, n) \tag{5.15}$$

根据最小二乘法原理:

$$[vv] = v_1^2 + v_2^2 + \cdots + v_n^2 = (x - l_1)^2 + (x - l_2)^2 + \cdots + (x - l_n)^2 = 最小$$

应用函数求极值的方法,对上式取一阶导数等于零

$$\frac{\mathrm{d}[vv]}{\mathrm{d}x} = 2(x - l_1) + 2(x - l_2) + \cdots + 2(x - l_n) = 0$$

整理后得

$$nx - [l] = 0$$

所以

$$x = \frac{[l]}{n} = \frac{1}{n}(l_1 + l_2 + \cdots + l_n) \tag{5.16}$$

即在等精度条件下,对某未知量进行一组观测,其算术平均值就是该未知量的最或然值。

(2)精度评定

1)观测值的精度

前面已介绍了用真误差求观测值的中误差的公式,即

$$m = \pm\sqrt{\frac{[\Delta^2]}{n}}$$

式中　　　　　　　　　$\Delta_i = l_i - X \qquad (i = 1, 2, \cdots, n)$　　　　　　　　　(a)

一般情况下未知量的真值 X 是不知道的,因此,真误差 Δ_i 也无法求得,此时就不能直接应用式(a)来求观测值的中误差。但未知量的最或然值 x 与观测值 l_i 之差是可以求得的,即

$$v_i = x - l_i \qquad (i = 1, 2, \cdots, n)$$　　　　　　　　　(b)

只要找出真误差与改正数的关系,就可以导出用改正数求中误差的公式。为此,将(a)、(b)两

式相加得

$$- \Delta_i = v_i + (X - x) \qquad (i = 1, 2, \cdots, n)$$

上式两边平方并求和,得

$$[\Delta\Delta] = [vv] + 2[v](X - x) + n(X - x)^2$$

等式两边除以 n,并顾及 $[v] = 0$,则有

$$\frac{[\Delta\Delta]}{n} = \frac{[vv]}{n} + (X - x)^2 \qquad\qquad (c)$$

式中

$$(X - x)^2 = \left(X - \frac{[l]}{n}\right)^2 = \frac{1}{n^2}(nX - [l])^2 =$$

$$\frac{1}{n^2}(X - l_1 + X - l_2 + \cdots + X - l_n)^2 =$$

$$\frac{1}{n^2}(\Delta_1 + \Delta_2 + \cdots + \Delta_n)^2 =$$

$$\frac{1}{n^2}(\Delta_1^2 + \Delta_2^2 + \cdots + \Delta_n^2 + 2\Delta_1\Delta_2 + 2\Delta_1\Delta_3 + \cdots) =$$

$$\frac{[\Delta\Delta]}{n^2} + \frac{2(\Delta_1\Delta_2 + \Delta_1\Delta_3 + \cdots)}{n^2}$$

根据偶然误差的特性,当 $n \to \infty$ 时,上式等号右边的第二项趋近于零,故

$$(X - x)^2 = \frac{[\Delta\Delta]}{n^2}$$

把上式代入式(c)得

$$\frac{[\Delta\Delta]}{n} = \frac{[vv]}{n} + \frac{[\Delta\Delta]}{n^2}$$

对照中误差定义式(5.7)得

$$m^2 = \frac{[vv]}{n} + \frac{1}{n}m^2$$

移项并整理后得

$$m = \pm\sqrt{\frac{[vv]}{n - 1}} \qquad\qquad (5.17)$$

式(5.17)即为用改正数求等精度观测值中误差的公式。

2)算术平均值的中误差

设对某量进行 n 次等精度观测,其观测值为 $l_1, l_2, \cdots, l_n$,各观测值的中误差均为 m,算术平均值的中误差公式推导如下

因为

$$x = \frac{[l]}{n} = \frac{1}{n}l_1 + \frac{1}{n}l_2 + \cdots + \frac{1}{n}l_n$$

式中,$\frac{1}{n}$ 为常数,各独立观测值的中误差均为 m_x,按误差传播定律得

$$m_x = \pm\sqrt{\left(\frac{1}{n}\right)^2 m^2 + \left(\frac{1}{n}\right)^2 m^2 + \cdots + \left(\frac{1}{n}\right)^2 m^2}$$

所以
$$m_x = \frac{m}{\sqrt{n}} = \pm\sqrt{\frac{[vv]}{n(n-1)}}$$
(5.18)

式(5.18)即为算术平均值中误差的计算公式。

由式(5.18)可知,算术平均值的中误差与观测次数的平方根成反比关系,这说明增加观测次数可以提高算术平均值的精度。但是算术平均值的中误差 m_x 与观测次数 n 并不是线性关系,图5.4是设 $m = 1$ 时,用不同的观测次数代入式(5.18)求出算术平均值的中误差后,以中误差为纵坐标,以观测次数为横坐标绘制出的算术平均值中误差 m_x 与观测次数 n 的关系图。由图5.4可知,当观测次数达到一定的数值后(如 $n = 10$),算术平均值中误差减小则很慢。由此可见,要提高最或然值的精度,单靠增加观测次数是不经济的,因

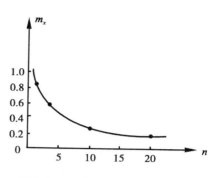

图5.4　m_x 与观测次数 n 的关系

此,应设法提高观测本身的精度。例如,选用精度较高的仪器或改进操作方法,选择有利的外界环境以及提高观测人员的技能等来改善观测条件。

【例5.6】　设某一水平角以等精度观测了5个测回,其观测值列于表5.5中第二栏内。试计算该角的算术平均值、观测值的中误差以及算术平均值的中误差。

解:计算按表5.5的格式进行

表5.5　等精度直接平差算例

测回	观测值(l) /° ′ ″	改正数(v) /″	vv /″	精　度　评　定
1	85　42　49	−4	16	观测值中误差:
2	85　42　40	+5	25	
3	85　42　42	+3	9	$m = \pm\sqrt{\dfrac{[vv]}{n-1}} = \pm 3''.9$
4	85　42　46	−1	1	算术平均值中误差:
5	85　42　48	−3	9	
$\sum$	x = 85　42　45	0	60	$m_x = \dfrac{m}{\sqrt{n}} = \pm 1''.7$

算术平均值

$$x = \frac{[l]}{n} = 85°42'45'' \pm 1''.7$$

【例5.7】　已知 DJ$_6$ 光学经纬仪观测单角的精度为 $\pm 8.5''$,现要使某角的观测精度达到 $\pm 4.0''$,需要观测几个测回?

解:根据 $m_x = \dfrac{m}{\sqrt{n}}$ 得

$$n = \left(\frac{m}{m_x}\right)^2 = \left(\frac{\pm 8.5}{\pm 4.0}\right)^2 = 4.5$$

要观测5个测回才能使某角的观测精度达到 $\pm 4.0''$。

5.5　不等精度观测直接平差

5.4 节介绍了从 n 个等精度观测值中求未知量的最或然值,以及评定其精度。在测量工作中,除等精度观测外,还经常遇到不等精度观测。例如,对同一距离分组进行丈量,但各组丈量次数不等,这就是不等精度观测问题。如何从一组不等精度的观测值中求未知量的最或然值,以及评定它们的精度呢? 处理这种问题就要用到"权"。

5.5.1　权与单位权

所谓"权",就是不等精度观测值在计算未知量的最或然值时所占的"比重"。

设对同一距离分两组进行丈量,在等精度观测的情况下,第一组丈量了 3 次,观测值为 l_1,l_2,l_3,第二组丈量了 4 次,观测值为 l_4,l_5,l_6,l_7,将两组观测值分别求算术平均值,并以 L_1,L_2 表示,则

$$L_1 = \frac{1}{3}(l_1 + l_2 + l_3)$$

$$L_2 = \frac{1}{4}(l_4 + l_5 + l_6 + l_7)$$

设每次丈量的中误差为 m,根据误差传播定律得 L_1,L_2 的中误差为

$$m_1 = \pm \frac{m}{\sqrt{3}}$$

$$m_2 = \pm \frac{m}{\sqrt{4}}$$

显然 $m_1 > m_2$,所以 L_1 与 L_2 是不等精度的观测值。

在测量工作中,当某量的观测中误差愈小,说明其精度愈高,其值愈可靠,权也愈大;反之,中误差愈大,则精度愈低,权就愈小,其值可靠性也愈差。因此定义:观测值或观测值函数的权(常用 p 表示)与其中误差 m 的平方成反比,即

$$p_i = \frac{c}{m_i^2} \qquad (i = 1,2,\cdots,n) \tag{5.19}$$

(5.19)式中 c 为任意常数。对上述例子,两组观测值的权为

$$p_1 = \frac{c}{m_1^2} = \frac{3c}{m^2}, \qquad p_2 = \frac{c}{m_2^2} = \frac{4c}{m^2}$$

若取 $c = m^2$,则

$$p_1 = 3, \qquad p_2 = 4$$

对于每一次丈量,设其权为 p_0,则

$$P_0 = \frac{m^2}{m^2} = 1$$

等于 1 的权称为单位权,权等于 1 的中误差称为单位权中误差,通常用 μ 表示,习惯上取一次观测、一测回、一千米观测路线的观测误差为单位权中误差。这样(5.19)式的另一种表示方式为

$$p_i = \frac{\mu^2}{m_i^2} \qquad (i = 1, 2, \cdots, n) \tag{5.20}$$

由式(5.20)得观测值或观测值函数的中误差的另一种表示方式为

$$m_i = \mu \sqrt{\frac{1}{p_i}} \tag{5.21}$$

5.5.2　定权的常用方法

用权的定义式来确定观测值的权,首先必须知道观测值的中误差。但是在平差计算工作中,往往在观测值的中误差尚未求得之前,就要确定各观测值的权,以便求出最或然值。根据式(5.20)可以写出一组观测值的权的比例关系

$$p_1 : p_2 : \cdots : p_n = \frac{\mu^2}{m_1^2} : \frac{\mu^2}{m_2^2} : \cdots : \frac{\mu^2}{m_n^2} = \frac{1}{m_1^2} : \frac{1}{m_2^2} : \cdots \frac{1}{m_n^2} \tag{5.22}$$

由此可知,一组观测值的权之比等于各观测值的中误差平方的倒数之比。无论 μ 为何值,其比例关系不变。因此,对于计算一组观测值的权,其意义不在乎其本身数值的大小,而重要的是它们之间的比例关系,我们从这一基本思路出发,导出测量工作中的几种常用的定权公式。

（1）水准测量的权

如图 5.5 所示的水准网,A, B, C 为已知水准点,通过施测三条水准路线来确定 P 点高程,各条路线的观测高差为 h_1, h_2, h_3,各路线的测站数分别为 N_1, N_2, N_3。设每站观测高差的中误差为 $m_{\text{站}}$,根据误差传播定律得各路线的观测高差中误差为

$$m_i = m_{\text{站}} \sqrt{N_i} \qquad (i = 1, 2, 3)$$

若令

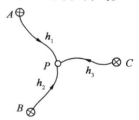

图 5.5　水准网

$$\mu = m_{\text{站}} \sqrt{c}$$

按式(5.22)可以写出各路线观测高差的权之间的比例为

$$p_1 : p_2 : p_3 = \frac{cm_{\text{站}}^2}{N_1 m_{\text{站}}^2} : \frac{cm_{\text{站}}^2}{N_2 m_{\text{站}}^2} : \frac{cm_{\text{站}}^2}{N_3 m_{\text{站}}^2} = \frac{c}{N_1} : \frac{c}{N_2} : \frac{c}{N_3}$$

即

$$p_i = \frac{c}{N_i} \qquad (i = 1, 2, \cdots, n) \tag{5.23}$$

式(5.23)就是水准测量用测站数定权的公式,式中 c 为任意常数。该式表明,水准测量中,若每站观测高差的精度相等时,则水准路线观测高差的权与测站数成反比。

如果每公里的观测高差中误差均为 m_{km},各水准路线的长度为 $S_1, S_2, \cdots, S_n$。按上述方法令 $\mu = m_{km} \sqrt{S_i}$,同理可导出按水准路线长度定权的公式为

$$p_i = \frac{c}{S_i} \qquad (i = 1, 2, \cdots, n) \tag{5.24}$$

即,当每公里观测高差为等精度时,水准测量各路线观测高差的权与路线长度成反比。

（2）距离丈量的权

距离丈量时,若单位距离的丈量中误差均为 m,由误差传播定律可得距离 D_i 的中误差为

$$m_i = m \sqrt{D_i}$$

若令

$$\mu = m\sqrt{c}$$

按水准测量定权公式的导法,可得距离丈量的权为

$$p_i = \frac{c}{D_i} \qquad (i = 1,2,\cdots,n) \qquad (5.25)$$

即距离丈量的权与丈量的距离长度成反比。

(3)等精度观测值的算术平均值的权

设 $L_1, L_2, \cdots, L_n$ 分别是 $N_1, N_2, \cdots, N_n$ 次同精度观测值的算术平均值,若每次观测的中误差均为 m,由式(5.18)可得各算术平均值 L_i 的中误差为

$$m_i = \frac{m}{\sqrt{N_i}} \qquad (i = 1,2,\cdots,n)$$

令

$$\mu = \frac{m}{\sqrt{K}}$$

根据权定义式可得

$$p_i = \frac{N_i}{K} \qquad (i = 1,2,\cdots,n) \qquad (5.26)$$

式(5.26)中 K 为任意常数,即同精度观测值的算术平均值的权与观测次数成正比。

上述几种常用的定权公式都是在不需要知道观测值中误差的情况下,根据测站数、距离的公里数及重复测回数来确定权的大小,因此这些定权公式具有重要实用价值。

【例5.8】 设一组非等精度独立观测值 $L_1, L_2, \cdots, L_n$ 的权分别为 $p_1, p_2, \cdots, p_n$,试求加权平均值的权 p_x。

解:设该组观测值的中误差为 $m_i(i = 1,2,\cdots,n)$

$$x = \frac{[pL]}{[P]} = \frac{1}{[p]}(p_1 L_1 + p_2 L_2 + \cdots + p_n L_n)$$

按误差传播定律,可得

$$m_x^2 = \frac{1}{[p]^2}(p_1^2 m_1^2 + p_2^2 m_2^2 + \cdots + p_n^2 m_n^2)$$

顾及权的定义 $p_i = \dfrac{\mu^2}{m_i^2}$,则有

$$m_x^2 = \frac{1}{[p]^2}(p_1 \mu^2 + p_2 \mu^2 + \cdots + p_n \mu^2)$$

根据权的定义式得

$$m_x^2 = \frac{\mu^2}{p_x}$$

代入上式得

$$\frac{\mu^2}{p_x} = \frac{[p]}{[p]^2}\mu^2$$

整理后得

$$p_x = [p] \qquad (5.27)$$

即是说,加权平均值的权等于各观测值的权之和。

如果该组观测值为等精度观测,因为各观测值的权均为 p ,所以算术平均值的权为

$$p_x = np \tag{5.28}$$

5.5.3　不等精度观测值的最或然值及其中误差

(1)不等精度观测值的最或然值

设对某一未知量所进行的一组直接观测值为 $l_1, l_2, \cdots, l_n$,各观测值 l_i 的精度不等,它们的权分别为 $p_1, p_2, \cdots, p_n$,设未知量的最或然值为 x ,观测值改正数为 $v_1, v_2, \cdots, v_n$,则改正数为

$$\left.\begin{aligned} v_1 &= x - l_1 \qquad &权\ p_1 \\ v_2 &= x - l_2 \qquad &权\ p_2 \\ &\ \vdots \qquad &\vdots \\ v_n &= x - l_n \qquad &权\ p_n \end{aligned}\right\} \tag{5.29}$$

为了求得未知量的最或然值,则按最小二乘法原理,改正数必须满足

$$[pvv] = p_1(x - l_1)^2 + p_2(x - l_2)^2 + \cdots + p_n(x - l_n)^2 = 最小$$

对未知量 x 取一阶导数,并令其为零,即

$$\frac{\mathrm{d}[pvv]}{\mathrm{d}x} = 2p_1(x - l_1) + 2p_2(x - l_2) + \cdots + 2p_n(x - l_n) =$$

$$2\sum_{i=1}^{n} p_i(x - l_i) = 0$$

由上式解得未知量的最或然值为

$$x = \frac{\sum pl}{\sum p} = \frac{[pl]}{[p]} \tag{5.30}$$

此外,不等精度观测值的改正数还应满足下列条件,即

$$[pv] = [p(x - l)] = [p]x - [pl] = 0 \tag{5.31}$$

(2)精度评定

1)不等精度观测值最或然值的中误差

将式(5.30)写成线性形式为

$$x = \frac{[pl]}{p} = \frac{1}{[p]}p_1 l_1 + \frac{1}{[p]}p_2 l_2 + \cdots + \frac{1}{[p]}p_n l_n$$

按误差传播定律,则

$$m_x^2 = \frac{1}{[p]^2}(p_1^2 m_1^2 + p_2^2 m_2^2 + \cdots + p_n^2 m_n^2)$$

将 $m_i^2 = \dfrac{\mu^2}{p_i}$ 代入上式,得

$$m_x^2 = \frac{1}{[p]^2}\left(p_1^2 \frac{\mu^2}{p_1} + p_2^2 \frac{\mu^2}{p_2} + \cdots + p_n^2 \frac{\mu^2}{p_n}\right) =$$

$$\frac{\mu^2}{[p]^2}(p_1 + p_2 + \cdots + p_n) = \frac{\mu^2}{[p]}$$

所以

$$m_x = \pm \frac{\mu}{\sqrt{[p]}} \qquad (5.32)$$

2）单位权中误差的计算公式

由式（5.32）可知，评定不等精度观测值的最或然值的精度时，应先求出单位权中误差 μ，下面导出计算单位权中误差的公式。

根据权的定义式得

$$\mu^2 = p_i m_i^2$$

设对同一量有 n 个不等精度观测值，对照上式相应地可写出

$$\mu^2 = p_1 m_1^2$$
$$\mu^2 = p_2 m_2^2$$
$$\vdots$$
$$\mu^2 = p_n m_n^2$$

对上列各式求和得

$$n\mu^2 = [pm^2]$$

即

$$\mu^2 = \frac{[pmm]}{n}$$

式中 $[pmm]$ 可近似地用 $[p\Delta\Delta]$ 代替，于是得

$$\mu = \pm\sqrt{\frac{[p\Delta\Delta]}{n}} \qquad (5.33)$$

式中的真误差为

$$\Delta_i = l_i - X$$

上式即为用观测值的真误差求单位权中误差的公式。在许多测量计算中，真误差是求不出来的，但观测值与最或然值之差可以求得，即

$$v_i = x - l_i$$

仿照式（5.17）的推导方法，即可导出用改正数计算单位权中误差的公式，即

$$\mu = \pm\sqrt{\frac{[pvv]}{n-1}} \qquad (5.34)$$

【例5.9】 某角用同精度的仪器分别进行三组观测：第一组观测 2 个测回，第二组观测 4 个测回，第三组观测 6 个测回，各组观测的平均值列于表5.6中，试求该角的最或然值。若以 2 测回的观测值作为单位权观测值，试求最或然值的中误差。

解：取 $K = 2$，按公式 $p_i = N_i/K$ 得各组观测的平均值的权分别为：$p_1 = 1, p_2 = 2, p_3 = 3$，其他计算在表5.6内进行。

最或然值

$$\beta = \frac{[pl]}{[p]} = 40°20'15''.7$$

单位权中误差

$$\mu = \pm\sqrt{\frac{[pvv]}{n-1}} = \pm\sqrt{\frac{13.34}{3-1}} = \pm 2''.6$$

表5.6　不等精度观测直接平差算例

组号	测回数 (n)	观测值 (l) /° ′ ″	权 (p)	改正数 (v) ″	pv ″	pvv ″
1	2	40　20　13	1	+2.7	+2.7	7.29
2	4	40　20　15	2	+0.7	+1.4	0.98
3	6	40　20　17	3	−1.3	−3.9	5.07
		$\sum$	6		+0.2	13.34

最或然值中误差

$$m_x = \pm \frac{\mu}{\sqrt{[p]}} = \pm \frac{2.6}{\sqrt{6}} = \pm 1''.1$$

最后结果为

$$\beta = 40°20'15''.7 \pm 1''.1$$

思考题与习题

1. 什么叫观测误差？观测误差给观测结果带来什么影响？

2. 观测条件由哪几种因素构成？它与观测结果的质量有何联系？

3. 系统误差有何特点？测量工作中如何处理系统误差？

4. 为什么在观测结果中一定存在偶然误差？能否把它消除？

5. 在相同的观测条件下,偶然误差具有哪些统计规律性？

6. 表5.7中为钢尺量距与水准测量中有下列几种情况,使得测量结果产生误差,试分别判定误差的性质及符号。

表5.7

钢　尺　量　距			水　准　测　量		
误差产生原因	误差性质	误差符号	误差产生原因	误差性质	误差符号
尺长不准确 尺子不水平 估读毫米不准 定线不准			视准轴与水准轴不平行 仪器下沉 估读毫米不准 水准尺下沉		

7. 精度的含义是什么？为什么选用参数标准差 σ 作为评定精度的指标？

8. 中误差是怎样定义的？它与标准差有何区别？

9. 在相同的条件下进行一系列观测,这些观测值的精度是否相同？能否理解为误差小的观测值精度高,而误差大的精度低？

10. 何谓容许误差？它有什么作用？

11. 相对中误差与中误差有何区别？角度测量能否用相对中误差来评定精度？

12. 权的含义是什么？观测值的权与中误差有何关系？

13. 何谓观测值的"最或然值"？求最或然值应依据哪些原则？

14. 坐标增量 $\Delta x = D\cos\alpha$，$\Delta y = D\sin\alpha$，已知距离测量的中误差为 m_D，方位角的中误差为 m_α，试求 Δx，Δy 的中误差 $m_{\Delta x}$，$m_{\Delta y}$。

15. 图根导线每个水平角都观测一个测回，每个测回的角度测量中误差为 $\pm 20''$，若以两倍中误差作为容许闭合差，试求图根闭合导线角度闭合差的容许误差（提示：闭合导线闭合差公式为：$f_\beta = \sum\limits_{i=1}^{n} \beta_i - (n-2)180°$）。

16. 设有函数 $y = 3x + 2z$，现独立观测了 x、y，它们的中误差分别为 $m_y = \pm 2$ mm，$m_x = \pm 4$ mm，求 z 的中误差 m_z。

17. 在三角形 ABC 中，观测得边长 $b = 250.22$ m ± 0.05 m，$\angle A = 57°08'16'' \pm 20''$，$\angle B = 75°28'30'' \pm 30''$，试计算边长 c 及其中误差 m_c。

18. 在水准测量中，每站观测高差的中误差为 ± 1 cm，今要求从已知点推算待定点的高程中误差不大于 ± 5 cm，问可以设多少站？

19. 已知某经纬仪一测回测角中误差为 $m = \pm 6''$，今要求最后结果的测角中误差小于 $\pm 2''$，问至少应测多少测回？

20. 某水平角等精度观测了 5 次，观测结果为：$65°42'12''$，$65°42'00''$，$65°41'58''$，$65°42'04''$，$65°42'06''$，试求该角的最或然值，每一观测值的中误差以及最或然值的中误差。

21. 对某一距离等精度测量了 6 次，观测结果为：346.535 m，346.548 m，346.520 m，346.546 m，346.550 m，346.537 m。试求该段距离的最或然值、观测值中误差、最或然值中误差以及最或然值的相对中误差。

22. 如图 5.5 所示水准网，由 A,B,C 起，以三条路线向 P 点做水准测量，分别测得 P 点的高程为：$H_P^{(1)} = 82.814$ m，$H_P^{(2)} = 82.807$ m，$H_P^{(3)} = 82.816$ m，各水准路线长度分别为：$S_1 = 2.5$ km，$S_2 = 4.0$ km，$S_3 = 1.0$ km。若以每里高差观测值为单位观测，试求结点 P 的最或然值、每公里高差观测中误差以及最或然值的中误差。

第 **6** 章
小地区控制测量

6.1 控制测量概述

为保证地形测图以及工程建设施工放样的精度和防止误差的积累,测量工作必须遵循"从整体到局部,先控制后碎部,由高级到低级"的原则。即先进行整个测区的控制测量,再进行碎(细)部测量。控制测量的实质就是测定控制点的平面位置和高程,所以控制测量分为平面控制测量和高程控制测量。测定控制点平面位置(x,y)的工作称为平面控制测量;测定控制点高程(H)的工作称为高程控制测量。平面控制测量可采用三角测量、导线测量以及全球定位系统(GPS)等方法进行施测,高程控制点主要采用水准测量的方法测定。

6.1.1 平面控制测量

平面控制网有国家控制网和城市控制网及小地区控制网等。在全国范围内建立的控制网称为国家控制网。国家平面控制测量按控制次序和施测精度可分为一、二、三、四等级,一等精度最高,逐级降低。一等三角锁是由沿经纬线方向纵横交叉的三角锁组成,如图 6.1 所示,是国家平面控制的骨干网,主要用于低等级平面控制测量的基础,也为研究地球的形状和大小提供资料。二等三角网是在一等三角锁的环内全面布设的三角网,四周与一等三角锁相连接。一、二等三角网组成了国家平面控制测量的基础。三、四等三角网是以一、二等三角网为基础加密而成。20 世纪 90年代以来,我国采用 GPS 全球定位系统,在全国范围内建立了 A、B 级(相当于国家一、二等三角点精度)控制网点,为国家控制注入了新的血液。

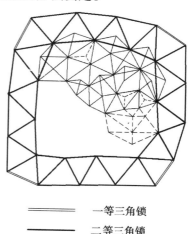

————	一等三角锁
▬▬▬▬	二等三角锁
———	三等三角锁
- - - - -	三、四等插点

图 6.1 三角锁、网

城市平面控制主要在城市地区建立的控制网称为城市控制网。它是国家控制网的发展和延伸,直接为城市大比例尺测图、城市规划、市政建设、工程测量等提供控制点。城市平面控制网的布设方法有城市三角测量、城市导线测量和GPS卫星定位技术等几种。城市平面控制网分为二、三、四等三角网，一、二级图根小三角网或一、二、三级图根导线网。1985年城市测量规范中的相应技术要求参见表6.1至表6.3。

表6.1　城市三角网与图根三角网的主要技术要求

等　级	测角中误差/″	三角形最大中误差/″	平均边长/km	起始边相对中误差	最弱边相对中误差	测回数		
						DJ_1	DJ_2	DJ_6
二等	±1.0	±3.5	9	1/30万	1/12万	12		
三等	±1.8	±7.0	5	首级1/20万	1/8万	6	9	
四等	±2.5	±9.0	2	首级1/12万	1/4.5万	4	6	
一级小三角	±5.0	±15	1	1/4万	1/2万		2	6
二级小三角	±10	±30	0.5	1/2万	1/1万		1	2
图根	±20	±60	不大于测图最大视距1.7倍	1/1万				1

表6.2　城市三边网的主要技术要求

等　级	平均边长/km	测距中误差/mm	测距相对中误差
二等	9	±30	1/30万
三等	5	±30	1/16万
四等	2	±16	1/12万
一级小三边	1	±16	1/6万
二级小三边	0.5	±16	1/3万

表6.3　城市导线的主要技术要求

等　级	测角中误差/″	方向角闭合差/″	附合导线长度/km	平均边长/m	每边测距中误差/mm	导线全长相对闭合差
三等	±1.8	±3.6$\sqrt{n}$	14	3 000	±20	1/5.5万
四等	±2.5	±5$\sqrt{n}$	9	1 500	±18	1/3.5万
一级	±5.0	±10$\sqrt{n}$	4	500	±15	1/1.5万
二级	±8.0	±16$\sqrt{n}$	2.4	250	±15	1/1万
三级	±12.0	±24$\sqrt{n}$	1.2	100	±15	1/5万

注：n为测站数。

　　面积在15 km^{2}以内建立的控制网，称为小地区控制网。小地区控制网一般应与国家控制网相连接，若测区内或附近无高级控制点，也可建立独立控制网。小地区控制应视测区的大小及工程的要求。分级建立测区首级控制及图根控制，在全测区内建立统一的最高精度的控制网，称为首级控制网，根据测区的范围大小一般可布设一、二级小三角，一、二级小三边或一、

二、三级导线作为首级控制;然后再布设图根小三角或图根导线,也可用定点交会法加密控制点。

　　直接用于测图的控制点,称为图根控制点。测图控制点的密度要根据地形条件及测图比例尺来决定,图根点的密度可参考表6.5的规定。

表6.4　图根导线的技术要求

比例尺	附合导线长度/m	平均边长/m	往返丈量较差相对误差	导线全长相对闭合差	测回数 DJ_6	方向角闭合差/″
1/500	500	75	1/3 000	1/2 000	1	$\pm 60″\sqrt{n}$
1/1 000	1 000	110				
1/2 000	2 000	180				

注:n 为测站数。

表6.5　图根点的密度

测图比例尺	1:500	1:1 000	1:2 000	1:5 000
每平方公里图根点数	150	50	15	5

6.1.2　高程控制测量

　　高程控制测量的主要方法是水准测量,国家水准测量按精度也分为(一、二、三、四)四个等级,如图6.2,其中一等水准网是国家最高级的高程控制骨干,测量精度最高;二等水准网为一等水准网的加密,是国家高程控制网的基础,故一、二等水准测量也称为精密水准测量。在国家水准测量控制的基础上,城市水准测量分为二、三、四等和图根水准测量,其主要技术要求见表6.6。

　　图根点高程,一般采用图根水准测量方法测定;当用水准测量困难而基本等高距大于 1 m 时,亦可用三角高程测定。

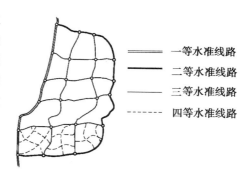

图6.2　高程控制网

　　图例:
　　══ 一等水准线路
　　━━ 二等水准线路
　　── 三等水准线路
　　---- 四等水准线路

表6.6　城市水准测量与图根水准测量的主要技术要求

等级	每千米高差中误差/mm	附合路线长度/km	水准仪型号	水准尺	观测次数(附合或环形)	往返较差或环线闭合差/mm 平地	往返较差或环线闭合差/mm 山地
二等	±2		DS_1	因瓦尺	往返观测	$\pm 4\sqrt{L}$	
三等	±6	45	DS_3	双面尺		$\pm 12\sqrt{L}$	$\pm 4\sqrt{n}$
四等	±10	15	DS_3	双面尺	单程测量	$\pm 20\sqrt{L}$	$\pm 6\sqrt{n}$
图根	±20	5	DS_{10}			$\pm 40\sqrt{L}$	$\pm 12\sqrt{n}$

注:表6.6中 L 为水准路线长度,以 km 为单位;n 为测站个数。

本章主要讨论导线和小三角建立小地区平面控制网的方法,以及用三、四等水准测量和三角高程测量建立小地区高程控制网的方法。

6.2　导线测量

6.2.1　导线测量概述

相邻控制点间的连线构成的连续折线图形,称为导线。转折点称为导线点,各段折线称为导线边,各转折角称为导线角。导线测量就是依次序测定各导线边的长度以及各导线角,并根据起算数据推算各导线边的坐标方位角,从而求得各导线点的坐标。

若用经纬仪测量转折角,用钢尺测定边长的导线,称为经纬仪导线;若用光电测距仪测定导线边长,则称为电磁波测距导线。

导线测量是一种以测角量边逐点推算地面点平面位置的控制测量,只要求相邻导线点间通视,由此布设的折线图形为单一导线形式,适用于地带狭窄,视野不够开阔的地区以及线路通过的带状地区等。

根据不同的测区情况,可从以下闭合导线、附合导线和支导线三种形式中选择:

1)闭合导线　如图6.3所示,导线从已知控制点1出发,经过若干导线点(2、3、4、5),最后又回到起始点1而构成闭合多边形,称为闭合导线,它本身有着严密的几何图形检核条件。

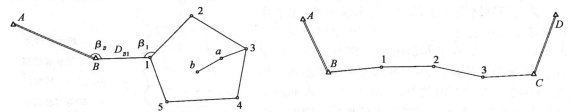

图6.3　闭合导线　　　　　　　　　　　图6.4　附合导线

2)附合导线　如图6.4所示,导线从一已知点（A）和已知方向（BA）出发,经过若干导线点,最后附合到另一已知点（C）和另一已知方向（CD）而构成的图形称为附合导线。它也具有方向角和坐标检核条件,通常用于控制网的加密,线路工程测量等。

3)支导线　如图6.3中的3-a-b,导线从一已知点出发,既不闭合也不附合到另一已知点构成的图形称为支导线。由于支导线缺乏检核条件,故规定其边数不能多于三条,并采取往返测量边长,观测左、右角等检核措施。

用导线方法建立小地区平面控制网,通常分为一级导线、二级导线、三级导线和图根导线等几个等级,其主要技术要求参见表6.3和6.4所示。

6.2.2　导线测量的外业工作

导线测量的外业工作主要包括:踏勘选点、建立标志、量边、测角和连测。

（1）踏勘选点及建立标志

选点前,应尽量搜集测区已有控制点的有关数据资料和地形图,把原有控制点展绘在地形图上,在地形图上拟定导线的布设方案,确定后到野外去踏勘,实地核对、修改、落实点位和建立标志,并将导线点统一编号,同时绘出"点之记"(用略图注明导线点至附近明显地物点的距离等)。选点时,应注意以下几点:

① 相邻导线点间必须通视,便于测角和测边。

② 点应选在视野开阔,土质坚实处,便于测绘周围的地物和地貌。

③ 导线点应有足够的密度(见表 6.5),分布较均匀,便于控制整个测区。

④ 导线边长应大致相等,避免过长或过短,相邻边长之比不应超过三倍,平均边长如表 6.4 所示。

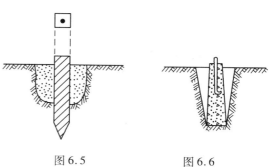

图 6.5　　　　　　　图 6.6

导线点选定后,在选定的每个点位要埋设标志,标志有临时性和永久性两种。若只需临时使用,则在每一点上打一大木桩,其周围灌一圈混凝土,如图 6.5 所示,桩顶钉一小钉,作为临时性标志;若导线点需要保存的时间较长,就需要埋设混凝土桩,如图 6.6 所示,或石桩,桩顶埋设一钢钉或刻"十"字,作为永久性标志。

(2)测边

导线边长的测量可用光电测距仪测定,测量时同时观测竖直角,供倾斜改正之用。也可用全站仪测量平距,或用检定过的钢尺丈量,所有测得的距离应符合规范要求。

(3)测角

采用测回法测量,对于附合导线应统一测量导线左角(位于导线推算方向左侧的转折角)或导线右角(位于导线推算方向右侧的转折角),对于闭合导线,均测内角。不同等级导线有不同的测角技术要求,应符合表 6.3 和表 6.4 的规定。

(4)连测

为了使控制网和国家或城市坐标相统一,还要进行连接角(已知边与导线起始边的夹角,如图 6.3 中的 β_B、β_1)和连接边(如图 6.3 中的 D_{B1})的测量。如果导线附近没有高级控制点或者该导线不需用国家已知坐标,则可用罗盘仪测量导线起始边的磁方位角并假定起始点的坐标作为起算数据,建立独立坐标系统。

外业观测过程中,作好各种观测数据的外业记录并妥善保存。

6.2.3　导线测量的内业计算

导线测量内业计算的目的就是计算各导线点的平面直角坐标 (x,y) 以及评定导线测量的精度。

计算之前,应全面检查外业记录、计算以及外业观测成果的精度是否达到要求,核对起算数据。然后绘制导线略图,把各项数据注于图上相应位置,如图 6.7 所示,最后填表计算。计算步骤如下:

(1)闭合导线坐标计算(以下以图 6.7 所示观测数据为例)

1)将经检查后的外业观测数据及起算数据(下标双线表示)填入"闭合导线坐标计算表"(表 6.7)中。

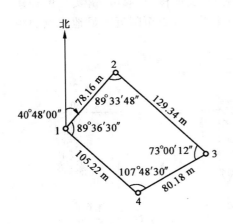

图 6.7 闭合导线观测数据

2）角度闭合差的计算与调整

n 边形闭合导线内角和的理论值为

$$\sum \beta_{理} = (n-2) \times 180°$$

在实际观测中，由于观测角含有误差，致使实测的内角之和 $\sum \beta_{测}$ 与理论值 $\sum \beta_{理}$ 不等，从而产生角度闭合差 f_β，即：

$$f_\beta = \sum \beta_{测} - \sum \beta_{理} \qquad (6.1)$$

图根导线角度闭合差容许值 $f_{\beta容}$，见表6.4。

如果 $f_\beta > f_{\beta容}$，说明所测角度不符合要求，应先检查计算，若计算无误，应到实地重新观测；如果 $f_\beta \leq f_{\beta容}$，则说明角度观测符合要求，可进行角度闭合差的调整。

表6.7 闭合导线坐标计算表

点名	观测角值 /° ′ ″	改正数 /″	改正后角值 /° ′ ″（右）	坐标方位角 /° ′ ″	边长 /m	坐标增量计算值 Δx /m	坐标增量计算值 Δy /m	改正后坐标增量/m Δx /m	改正后坐标增量/m Δy /m	坐标值 x /m	坐标值 y /m	点名
1	2	3	4	5	6	7	8	9	10	11	12	13
1										500.00	500.00	1
2	89 33 48	+15	89 34 03	40 48 00	78.16	+2 +59.17	−1 +51.07	+59.19	+51.06	559.19	551.06	2
3	73 00 12	+15	73 00 27	131 13 57	129.34	+3 −85.25	−2 +97.27	−85.22	+97.25	473.97	648.31	3
4	107 48 30	+15	107 48 45	238 13 30	80.18	+2 −42.22	−2 −68.16	−42.20	−68.18	431.77	580.13	4
1	89 36 30	+15	89 36 45	310 24 45	105.22	+2 +68.21	−2 −80.11	+68.23	−80.13	500.00	500.00	1
2				40 48 00								
∑	359 59 00	+60	360 00 00		392.90	−0.09	+0.07	0.00	0.00			

辅助计算

$\sum \beta_{测} = 359°59'00''$ $f_x = \sum \Delta x_{测} = -0.09$ $f_y = \sum \Delta y_{测} = +0.07$

$-\sum \beta_{理} = 360°00'00''$ 导线全长闭合差 $f_D = \pm\sqrt{f_x^2 + f_y^2} = \pm 0.11 \text{ m}$

$f_\beta = -60''$

导线全长相对闭合差 $K = \dfrac{|f_D|}{\sum D} = \dfrac{0.11}{392.90} \approx \dfrac{1}{3\,500}$

$f_{\beta容} = \pm 60''\sqrt{4} = \pm 120''$ 导线全长相对闭合差容许值 $K_{容} = \dfrac{1}{2\,000}$

导线略图

角度闭合差调整的方法是根据等精度观测分配原则,各角的改正数应为角度闭合差反号的平均值,即 $V_\beta = -\dfrac{f_\beta}{n}$。当 f_β 不能被 n 整除时,将余数均匀分配到若干较短边所求最后角度的改正数中。最后角度改正数应满足 $\sum V_\beta = -f_\beta$,此条件用于计算校核。

将改正数加到各观测角中,改正后各内角和应为 $(n-2) \times 180°$,以作校核。

3)各导线边坐标方位角的计算

根据起始边的坐标方位角和改正后的内角按下式依次计算其他各导线边的坐标方位角。

$$a_{前} = a_{后} + 180° \pm \beta_{右}^{左} \tag{6.2}$$

式(6.2)中,β 为后-前导线边所夹的导线角,左角取" + ",右角取" - "。左右角的区分:面向前进方向(导线推算方向),若导线角在左手侧者为左角,在右手侧者为右角。

以上计算应注意:

①如果推算出的坐标方位角大于 360° 应减去 360°;如小于 0° 则加上 360°,即保证坐标方位角的值在 0°~360° 范围内。

②计算闭合导线各边坐标方位角,最后回到起始边的坐标方位角应与原有的已知值相等,否则应重新检查计算。

4)坐标增量的计算及其闭合差的调整

①坐标增量的计算

如图 6.8 所示,设点 1 的坐标 x_1,y_1 和 1-2 边的坐标方位角 α_{12} 均为已知,边长 D_{12} 已为测量值,则点 2 的坐标为:

$$\left. \begin{aligned} x_2 &= x_1 + \Delta x_{12} \\ y_2 &= y_1 + \Delta y_{12} \end{aligned} \right\} \tag{6.3}$$

式(6.3)中 Δx_{12}、Δy_{12} 称为坐标增量,也就是直线两端点的坐标值之差。

式(6.3)说明,欲求待定点的坐标,必须先求出它的坐标增量。根据图 6.8 的三角函数关系,可写出坐标增量的计算公式

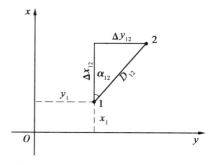

$$\left. \begin{aligned} \Delta x_{12} &= D_{12} \cos\alpha_{12} \\ \Delta y_{12} &= D_{12} \sin\alpha_{12} \end{aligned} \right\} \tag{6.4}$$

式(6.4)中 Δx_{12} 及 Δy_{12} 的正负号,由 $\cos\alpha_{12}$ 及 $\sin\alpha_{12}$ 的正负号决定。

本例按式(6.4)所算得的坐标增量,填入表 6.8 的第 7,8 两栏中。

②坐标增量闭合差的计算与调整

图 6.8　坐标增量

从图 6.9 中可以看出,闭合导线纵、横坐标增量代数和的理论值应为零,即

$$\left. \begin{aligned} \sum \Delta x_{理} &= 0 \\ \sum \Delta y_{理} &= 0 \end{aligned} \right\} \tag{6.5}$$

实际上由于测量边长的误差和角度闭合差调整后的残余误差,往往使 $\sum \Delta x_{测}$,$\sum \Delta y_{测}$ 不等于零,而产生纵坐标增量闭合差 f_x 与横坐标增量闭合差 f_y,即

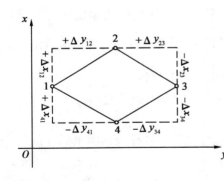

图 6.9　坐标增量闭合差

$$f_x = \sum \Delta x_测 \Big\}$$
$$f_y = \sum \Delta y_测 \Big\} \qquad (6.6)$$

由于 f_x、f_y 的存在,使导线不能闭合而出现相对的差值称为导线全长闭合差 f_D

$$f_D = \pm\sqrt{f_x^2 + f_y^2} \qquad (6.7)$$

仅从 f_D 值的大小还不能反映导线测量的精度,应当将 f_D 与导线全长 $\sum D$ 相比,以分子为 1 的分数来表示导线全长相对闭合差,即

$$K = \frac{f_D}{\sum D} = \frac{1}{\dfrac{\sum D}{f_D}} \qquad (6.8)$$

以导线全长相对闭合差 K 来衡量导线测量的精度,K 的分母越大(即 K 越小)则精度越高。不同等级的导线有不同的导线全长相对闭合差容许值。若 $K > K_容$,则说明成果不合格,首先应检查内业计算有无错误,然后检查外业观测成果,必要时重测边长或角度。若 $K \le K_容$,则说明符合精度要求,可以进行调整,即将 f_x、f_y 反号按与边长成正比例分配到各边的纵、横坐标增量中去。以 v_{x_i}、v_{y_i} 分别表示第 i 边的纵、横坐标增量的改正数,根据下式求得

$$v_{x_i} = -\frac{f_x}{\sum D} \times D_i \Big\}$$
$$v_{y_i} = -\frac{f_y}{\sum D} \times D_i \Big\} \qquad (6.9)$$

纵、横坐标增量改正数之和应满足下式,以作计算校核。

$$\sum v_x = -f_x \Big\}$$
$$\sum v_y = -f_y \Big\} \qquad (6.10)$$

算出的各增量、改正数填入表 6.7 的第 7、8 两栏改正数位于增量计算值的右上方(如表中的 $+2$、-1 等)。

各边增量值加上改正数,得到各边改正后的增量,填入表 6.7 的第 9、10 两栏。改正后纵、横坐标增量的代数和应分别为零,以作校核。

5)计算各导线点的坐标

根据起点的已知坐标(本例为假定值: $X_1 = 500.00$ m,$Y_1 = 500.00$ m)及改正后的增量,用式(6.11)依次推算 2,3,4 各点的坐标。

$$x_前 = x_后 + \Delta x_改 \Big\}$$
$$y_前 = y_后 + \Delta y_改 \Big\} \qquad (6.11)$$

将算得的坐标值填入表 6.7 的第 11、12 两栏。最后还应推算回到起点 1 的坐标,其值应与原有的数值相等,以作计算校核。

以上所介绍的是根据一个已知点的坐标、已知边长和坐标方位角计算待定点坐标的方法,称为坐标正算。如果已知两点的平面直角坐标计算其坐标方位角和边长的方法则称为坐标反

算。例如,已知 1,2 两点的坐标 x_1,y_1 和 x_2,y_2,用式(6.12)计算 1-2 边的坐标方位角 α_{12} 和边长 D_{12}

$$\left.\begin{aligned} \alpha_{12} &= \arctan\frac{y_2 - y_1}{x_2 - x_1} = \arctan\frac{\Delta y_{12}}{\Delta x_{12}} \\ D_{12} &= \frac{\Delta y_{12}}{\sin\alpha_{12}} = \frac{\Delta x_{12}}{\cos\alpha_{12}} = \sqrt{\Delta x_{12}^2 + \Delta y_{12}^2} \end{aligned}\right\} \tag{6.12}$$

(2)附合导线的坐标计算

附合导线的坐标计算步骤与闭合导线基本相同。仅由于两者形式不同,致使角度闭合差与坐标增量闭合差的计算有区别,下面着重介绍其不同之处。

1)角度闭合差的计算

如图 6.10 所示附合导线,用式(6.2)根据起始边已知坐标方位角 α_{AB} 及观测角的左角(包括连接角 β_B 和 β_C)可以算出终边 CD 的坐标方位角 α'_{CD}。

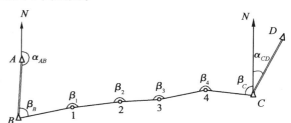

图 6.10　附合导线

$$\begin{aligned} \alpha_{B1} &= \alpha_{AB} + 180° + \beta_B \\ \alpha_{12} &= \alpha_{B1} + 180° + \beta_1 \\ \alpha_{23} &= \alpha_{12} + 180° + \beta_2 \\ \alpha_{34} &= \alpha_{23} + 180° + \beta_3 \\ \alpha_{4c} &= \alpha_{34} + 180° + \beta_4 \\ +)\ \alpha'_{CD} &= \alpha_{4C} + 180° + \beta_c \\ \hline \alpha'_{CD} &= \alpha_{AB} + 6 \times 180° + \sum\beta_{测} \end{aligned}$$

写成一般公式为

$$\alpha'_{终} = \alpha_{起} + n \cdot 180° + \sum\beta_{测} \tag{6.13}$$

式中 n 为观测角的个数。

若观测右角,则按下式计算 $\alpha'_{终}$

$$\alpha'_{终} = \alpha_{起} + n \cdot 180° - \sum\beta_{测} \tag{6.14}$$

角度闭合差的计算

$$\left.\begin{aligned} f_{\beta左} &= \alpha'_{终} - \alpha_{终} \\ &= \sum\beta_{测} + \alpha_{起} - \alpha_{终} + n \cdot 180° \\ f_{\beta右} &= -(\alpha'_{终} - \alpha_{终}) \\ &= \sum\beta_{测} - \alpha_{起} + \alpha_{终} - n \cdot 180° \end{aligned}\right\} \tag{6.15}$$

式中 $f_{\beta左}$ 为观测左角时角度闭合差计算公式,$f_{\beta右}$ 为观测右角时角度闭合差计算公式。

若 f_β 不超过 $f_{\beta容}$ 时,可将闭合差反符号平均分配到各观测角中,各角改正数均为 $v_\beta = -f_\beta/n$。

2)坐标增量闭合差的计算

按附合导线的要求,各边坐标增量代数和的理论值应等于终、始两点的已知坐标值之差,即

$$\left.\begin{array}{l} \sum \Delta x_{\text{理}} = x_{\text{终}} - x_{\text{起}} \\ \sum \Delta y_{\text{理}} = y_{\text{终}} - y_{\text{起}} \end{array}\right\} \tag{6.16}$$

由于测量存在误差,不满足式(6.16),其差值即为坐标增量闭合差

$$\left.\begin{array}{l} f_x = \sum \Delta x_{\text{测}} - (x_{\text{终}} - x_{\text{起}}) \\ f_y = \sum \Delta y_{\text{测}} - (y_{\text{终}} - y_{\text{起}}) \end{array}\right\} \tag{6.17}$$

附合导线的全长闭合差、全长相对闭合差和容许相对闭合差的计算,以及坐标增量闭合差的调整,与闭合导线相同,表 6.8 为附合导线坐标计算的全过程。

表 6.8 附合导线坐标计算表

点名	观测角值(左角)/ ° ′ ″	改正数/″	改正后角值/ ° ′ ″	坐标方位角/ ° ′ ″	边长/m	坐标增量 Δx/m	坐标增量 Δy/m	改正后坐标增量 Δx/m	改正后坐标增量 Δy/m	坐标值 x/m	坐标值 y/m	点名
1	2	3	4	5	6	7	8	9	10	11	12	
A												A
B	138 18 36	−10	138 18 26	112 18 24						500.00	500.00	B
1	150 20 42	−11	150 20 31	70 36 50	118.62	−1 +39.37	+3 +111.89	+39.36	+111.92	539.36	611.92	1
2	173 11 12	−11	173 11 01	40 57 21	122.05	−2 +92.17	+4 +80.00	+92.15	+80.04	631.51	691.96	2
3	204 44 48	−11	204 44 37	34 08 22	120.33	−2 +99.59	+4 +67.53	+99.57	+67.57	731.08	759.53	3
4	108 56 06	−11	108 55 55	58 52 59	116.64	−1 +60.28	+3 +99.86	+60.27	+99.89	791.35	859.42	4
C	138 00 18	−10	138 00 08	347 48 54	128.70	−2 +125.80	+4 −27.16	+125.78	−27.12	917.13	832.30	C
D				305 49 02								D
Σ	913 31 42	−64	913 30 38		606.34	+417.21	+332.12	+417.13	+332.30			

辅助计算	$\sum \beta_{\text{测}} = 913°31'42''$ $\alpha_{\text{起}} - \alpha_{\text{终}} = -193°30'38''$ $\dfrac{+6 \times 180° = 1\,080°}{f_\beta = 1'04''}$ $f_{\beta\text{容}} = \pm 60'' \sqrt{6} = \pm 147''$ 导线全长相对闭合差容许值 $\sum \Delta x_{\text{测}} = 417.21$ $\dfrac{-(x_C - x_B) = 417.13}{f_x = 0.08}$ $\sum \Delta y_{\text{测}} = 332.12$ $\dfrac{-(y_C - y_B) = 332.30}{f_y = -0.18}$ 导线全长闭合差 $f_D = \pm\sqrt{f_x^2 + f_y^2} \approx \pm 0.20 \text{ m}$ 导线全长相对闭合差 $K = \dfrac{0.20}{606.34} \approx \dfrac{1}{3\,000}$ $K_{\text{容}} = \dfrac{1}{2\,000}$	导线略图

注:本例为图根导线,故边长和坐标取到厘米,$f_{\beta\text{容}} = \pm 60'' \sqrt{n}$。

6.2.4　查找导线测量错误的方法

在单一导线的计算中,当角度闭合差或全长闭合差超过其容许范围时,很可能是测角或测边发生了错误,也可能在计算坐标增量时用错了边的坐标方位角或边长,测角错误将首先表现为角度闭合差的超限,而边长错误及用错边的坐标方位角则将表现为全长闭合差的超限。

每当发现闭合差超过容许范围时,应首先检查原始记录手簿及草图数据有无错误,然后再检查全部计算,如均不能发现错误,则到实地检查外业。不论是检查内业或外业,特别是外业,如能最先确定可能发生错误的地方,从这些地方着手检查,有可能立即检查出错误,从而节省人力和时间,下面就是讨论如何寻找最可能发生错误所在的方法。

1)角度闭合差超限,检查角度错误

设欲确定如图 6.10 所示附合导线 $A,B,\cdots,C,D$ 中的测角错误时,可根据未经改正的角度由 B 向 C 计算各边的坐标方位角和各导线点的坐标,并同样由 C 向 B 进行推算。如果只有一点的坐标极为接近,而其他各点均有较大的差异,即表示在坐标很接近的这一点上,其测角有错。若错误较大(如 5° 以上),直接用图解法亦可发现错误所在,即由 B 向 C 用量角器和比例尺按角度和边长画导线,然后再由 C 向 B 画导线,两条导线相交的导线点即测角错误的地方。

对于闭合导线也可采用此法检查,是从一点开始从顺时针方向和逆时针方向按同法做对向检查。

2)全长相对闭合差超限,检查边长或坐标方位角的错误

角度闭合差未超限才进行全长闭合差的计算,所以当全长闭合差超限时,错误可能发生于边长或坐标方位角。为了要确定错误所在,就必须先确定导线全长闭合差的方向。

根据计算可得全长闭合差的坐标方位角为

$$\alpha = \arctan \frac{f_y}{f_x}$$

根据上式计算得 α 之后,则将其与各边的坐标方位角相比较。如有某一导线边的坐标方位角很接近,则该导线边的错误可能性最大。如果从原始记录或计算中检查不出错误,则应到现场检查相应的边长。

6.3　小三角测量

在视野开阔而不便量距的山区或丘陵地区,宜采用小三角测量建立平面控制。所谓小三角测量,就是在小范围内布设边长较短的小三角网,观测所有三角形的内角,丈量 1~2 条边(称为基线边)的长度,应用近似平差方法和正弦定理算出各三角形的边长,根据基线边的坐标方位角和已知点的坐标,按类似导线计算的方法,求出各三角点的坐标。它的主要特点是测角任务较重,而减少了测边工作。小三角主要包括一、二级小三角及图根小三角。小三角测量的主要技术指标见表6.1。

6.3.1　小三角网的形式

根据测区的范围和地形条件以及已有控制点的情况,小三角网可布设成为单三角锁,如图

6.11（a）所示中点多边形（图 6.11（b））、大地四边形（图 6.11（c））和线性三角锁（图 6.11（d））等形式。

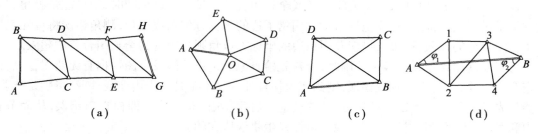

图 6.11 三角网形式

6.3.2 小三角测量的外业

（1）踏勘选点

选点前应搜集测区已有的地形图和控制测量资料,根据已有的控制点和规范要求并经过野外踏勘后确定点的位置。选定小三角点应注意以下几点:

① 三角形内角应以 60° 左右为宜,困难地区三角形内角也不应大于 120° 或小于 30°;

② 三角形的边长应符合规范的规定,见表 6.1;

③ 小三角点应选在地势较高、土质坚实、视野开阔、相互通视、便于保存点位、利于测图和加密的地方;

④ 基线边应选在地面平坦,便于量距的地方。

三角控制点一经选定就应在选定的点位埋设标志,并进行编号。若作为临时性标志,参看图 6.5;若作为永久性标志,参看图 6.6。

（2）基线测量

基线是推算所有三角形边长的依据,精度要求较高。各级小三角测量对基线的精度要求见 6.1 节中各表。若用测距仪观测,应加上气象、加常数和乘常数等的改正,然后化算为平距;若用全站仪观测,可直接测定平距;若用钢尺丈量,必须先检定钢尺,然后采用精密测距的方法施测,丈量中的限差要求见表 6.9。

表 6.9 钢尺丈量基线技术要求

等 级	作业尺数	往测和返测总次数	定线最大偏差/mm	尺段高差较差/mm	读数次数	估读/mm	温度读至/℃	同尺各次或同次各段的较差/mm
一级小三角	2	4	50	5	3	0.5	0.5	2
二级小三角	1~2	2~4	50	10	3	0.5	0.5	2
图根小三角	1~2	2	50	10	2	0.5	0.5	3

（3）角度观测

小三角网中三角形的三个内角都要测定,故测角是小三角测量外业的主要工作,所采用的仪器等级和水平角测回数应根据工程要求决定,具体参见表 6.1 的规定。在小三角点上,当观测方向为 2 个时,通常采用测回法进行观测,当观测方向等于或多于 3 个时,采用方向观测的方法。角度测量时应随时计算各三角形内角和角度闭合差 f_i

$$f_i = (a_i + b_i + c_i) - 180° \tag{6.18}$$

式中　i ——三角形的序列号,对图根三角,最大闭合差不应超过 $\pm 60''$。

在角度闭合差不超限的情况下,按菲列罗公式计算测角中误差,即

$$m_\beta = \pm\sqrt{\frac{[f_i \cdot f_i]}{3n}} \tag{6.19}$$

对图根小三角,m_β 不应超过 $\pm 20''$。

6.3.3　小三角测量的内业计算

小三角测量内业计算的目的是求出各三角形的边长,从而计算三角点的坐标。小三角网的图形中存在各种几何关系,又称为几何条件。由于观测值中均带有观测误差,所以往往不能满足这些几何条件。因此,必须对所测的角度进行改正,使改正后的角度能满足这些几何条件,下面介绍单三角锁的近似平差计算方法。

对单三角锁而言,应满足下列几何条件:即每个三角形的内角和应等于 180°,这个条件称为图形条件。另外,单三角锁在两端都设置有一条基线,所以从一条基线开始经过一系列三角形推算到另一条基线,推算值应和它的已知值相等,这个条件称为基线条件。平差的任务就是改正角度观测值,使满足这两个条件。其内容包括:外业观测成果的整理和检查,角度闭合差的调整,边长和坐标的计算,具体计算的步骤和方法简要介绍如下。

绘制计算略图,根据整理出的观测数据绘出计算略图,并对点位、三角形、角度和基线进行编号,如图 6.11 所示,从起始边 D_0 开始按推算方向对三角形进行编号。三角形三内角的编号分别用 a,b,c 及其相应的三角形作为下标号。a,b 称为传距角,其中 a 角所对的边为推算边,b 角所对的边为已知边,c 称为间隔角,其所对的边称为间隔边。计算略图上应标明点号,三角形号、角度编号、基线号、角度和基线的观测值,并将这些数据填写在计算表 6.10 内。

(1)角度闭合差的计算和调整

各三角形内角之和应等于 180°,如果三角形内角之和不等于 180°,则角度闭合差为 $f_i = a_i + b_i + c_i - 180°$。

若角度闭合差不超过规定的限值,则将闭合差按相反符号平均分配到三个内角上,改正数一般凑整为整秒数。故对角度所做第一次改正后角值为

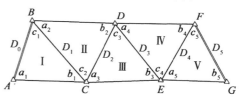

图 6.12　单三角锁

$$\left.\begin{aligned} a'_i &= a_i - \frac{f_i}{3} \\ b'_i &= b_i - \frac{f_i}{3} \\ c'_i &= c_i - \frac{f_i}{3} \end{aligned}\right\} \tag{6.20}$$

第一次改正之后三角形的内角之和应等于 180°。

(2)边长闭合差的计算和调整

由起始边 D_0 及第一次改正后的传距角 a'_i,b'_i,按正弦定律可算出各传距边的边长

$$D'_1 = D_0 \cdot \frac{\sin a'_1}{\sin b'_1}$$

$$D'_2 = D'_1 \cdot \frac{\sin a'_2}{\sin b'_2} = D_0 \cdot \frac{\sin a_1' \cdot \sin a'_2}{\sin b'_1 \cdot \sin b'_2} = D_0 \cdot \frac{\prod\limits_{i=1}^{2} \sin a'_i}{\prod\limits_{i=1}^{2} \sin b'_i}$$

依次推算到第 n 个三角形的基线边,得

$$D'_n = D_0 \frac{\sin a'_1 \sin a'_2 \cdots \sin a'_n}{\sin b_1' \sin b'_2 \cdots \sin b'_n} = D_0 \cdot \frac{\prod\limits_{i=1}^{n} \sin a'_i}{\prod\limits_{i=1}^{n} \sin b'_i}$$

式中 $\prod$ ——连乘符号。

若第一次改正后的角度和测量的边长没有误差,则推算出的 D'_n 应与其实测边长 D_n 相等。即

$$\frac{D_0 \prod\limits_{i=1}^{n} \sin a'_i}{D_n \prod\limits_{i=1}^{n} \sin b'_i} = 1 \tag{6.21}$$

由于经过第一次改正后的三角形内角及测量的边长均有误差,致使式(6.21)不能满足而产生边长闭合差,因基线边测量精度较高,其误差可忽略不计,通常认为闭合差主要由角度引起,故仍需对 a_i, b_i 角进行角度第二次改正,以消除边长闭合差。设 a_i, b_i 角的第二次改正数分别为 v_{a_i}, v_{b_i},经第二次改正后满足式(6.21),即

$$\frac{D_0 \prod\limits_{i=1}^{n} \sin(a'_i + v_{a_i})}{D_n \prod\limits_{i=1}^{n} \sin(b'_i + v_{b_i})} = 1 \tag{6.22}$$

令

$$F = \frac{D_0 \prod\limits_{i=1}^{n} \sin(a'_i + v_{a_i})}{D_n \prod\limits_{i=1}^{n} \sin(b'_i + v_{b_i})}$$

$$F_0 = \frac{D_0 \prod\limits_{i=1}^{n} \sin a'_i}{D_n \prod\limits_{i=1}^{n} \sin b'_i}$$

为求算改正数,把上式线性化,因为 v_{a_i}, v_{b_i} 均为微小值,故按台劳(泰勒)公式将上式展开,并只取其一次项

$$F = F_0 + \frac{\partial F}{\partial a'_1} \cdot \frac{v_{a_1}}{\rho} + \frac{\partial F}{\partial a'_2} \cdot \frac{v_{a_2}}{\rho} + \cdots + \frac{\partial F}{\partial a'_n} \cdot \frac{v_{a_n}}{\rho} + \frac{\partial F}{\partial b'_1} \cdot \frac{v_{b_1}}{\rho} + \frac{\partial F}{\partial b'_2} \cdot \frac{v_{b_2}}{\rho} + \cdots + \frac{\partial F}{\partial b'_n} \cdot \frac{v_{b_n}}{\rho}$$

$$\tag{6.23}$$

式(6.23)中

$$\frac{\partial F}{\partial a'_i} = \frac{D_0 \prod\limits_{i=1}^{n} \sin a'_i}{D_n \prod\limits_{i=1}^{n} \sin b'_i} \cdot \cot a'_i = F_0 \cot a'_i$$

$$\frac{\partial F}{\partial b'_i} = -F_0 \cot b'_i$$

将各偏导数代入式(6.23)并顾及式(6.22),则

$$F_0 \sum_{i=1}^{n} \cot a'_i \cdot \frac{v_{a_i}}{\rho} - F_0 \sum_{i=1}^{n} \cot b'_i \cdot \frac{v_{b_i}}{\rho} + F_0 - 1 = 0$$

将上式各项乘以 $\frac{\rho}{F_0}$,并加以整理,有

$$\sum_{i=1}^{n} \cot a'_i v_{a_i} - \sum_{i=1}^{n} \cot b'_i v_{b_i} + \left(1 - \frac{D_n \prod\limits_{i=1}^{n} \sin b'_i}{D_0 \prod\limits_{i=1}^{n} \sin a'_i}\right) \cdot \rho = 0$$

式中,最后一项即为边长闭合差 w_D,即

$$w_D = \left(1 - \frac{D_n \prod\limits_{i=1}^{n} \sin b'_i}{D_0 \prod\limits_{i=1}^{n} \sin a'_i}\right)\rho \tag{6.24}$$

从而得到起始边条件方程式的最后形式为

$$\sum_{i=1}^{n} \cot a'_i v_{a_i} - \sum_{i=1}^{n} \cot b'_i v_{b_i} + w_D = 0 \tag{6.25}$$

如果 w_D 在容许的限差内,则可进行闭合差的调整,否则应检查原因,必要时重测基线边,w_D 的限差 $w_{D_容}$ 按下式计算

$$w_{D_容} = \pm 2m'' \cdot \frac{D_n \cdot \prod\limits_{i=1}^{n} \sin b'_i}{D_0 \cdot \prod\limits_{i=1}^{n} \sin a'_i} \sqrt{\sum_{i=1}^{n} (\cot^2 a'_i + \cot^2 b'_i)}$$

$$\approx \pm 2m'' \cdot \sqrt{\sum_{i=1}^{n} (\cot^2 a'_i + \cot^2 b'_i)} \tag{6.26}$$

式中　m'' ——相应等级规定的测角中误差。

在小三角测量中,一般采用近似分配误差的方法求解起始边条件方程式(6.25),为了不破坏已经满足的三角形内角和为 $180°$ 的条件,必须使各 a'_i, b'_i 角的第二次改正数 v_{a_i} 和 v_{b_i} 的绝对值相等而符号相反,即

$$\left. \begin{array}{l} v_i = v_{a_i} = -v_{b_i} \\ v_{a_1} = v_{a_2} = \cdots = v_{a_n} \\ v_{b_1} = v_{b_2} = \cdots = v_{b_n} \end{array} \right\} \tag{6.27}$$

将式(6.27)代入式(6.25)可得

表 6.10 三角锁近似计算表

三角形编号	角号	角度观测值 /°′″	第一次改正数	第一次改正后角值 /°′″	sinb'i / sina'i	cotb'i / cota'i	第二次改正数″	第二次改正后角值 /°′″ 9=5+8	改正后角值正弦	边长/m	边名	点号
1	2	3	4	5	6	7	8	9	10	11	12	13
I	b_1	62 34 57	+6	62 35 03	0.887 688	+0.52	-5	62 34 58	0.887 677	345.678	AB	C
	c_1	46 01 00	+6	46 01 06			0	46 01 06	0.719 562	280.211	AC	B
	a_1	71 23 45	+6	71 23 51	0.947 754	+0.34	+5	71 23 56	0.947 762	369.076	BC	A
	∑	179 59 42	+18	180 00 00				180 00 00				
II	b_2	66 54 18	-7	66 54 11	0.919 842	+0.43	-5	66 54 06	0.919 833	369.076	BC	D
	c_2	43 51 10	-6	43 51 04			0	43 51 04	0.692 787	277.976	BD	C
	a_2	69 14 52	-7	69 14 45	0.935 109	+0.38	+5	69 14 50	0.935 118	375.209	CD	B
	∑	180 00 20	-20	180 00 00				180 00 00				
III	b_3	76 54 32	+7	76 54 39	0.974 019	+0.23	-5	76 54 34	0.974 013	375.209	CD	E
	c_3	46 53 37	+7	46 53 44			0	46 53 44	0.730 109	281.252	CE	D
	a_3	56 11 30	+7	56 11 37	0.830 922	+0.67	+5	56 11 42	0.830 936	320.093	DE	C
	∑	179 59 39	+21	180 00 00				180 00 00				
IV	b_4	65 43 21	-5	65 43 16	0.911 555	+0.45	-5	65 43 11	0.911 545	320.093	DE	F
	c_4	58 04 20	-5	58 04 15			0	58 04 15	0.848 703	298.025	DF	E
	a_4	56 12 34	-5	56 12 29	0.831 063	+0.67	+5	56 12 34	0.831 076	291.836	EF	D
	∑	180 00 15	-15	180 00 00				180 00 00				
V	b_4	52 52 50	+3	52 52 53	0.797 388	+0.76	-5	52 52 48	0.797 373	291.836	EF	G
	c_4	51 07 02	+3	51 07 05			0	51 07 05	0.778 441	284.907	EG	F
	a_4	75 59 58	+4	76 00 02	0.970 298	+0.25	+5	76 00 07	0.970 304	355.130	FG	E
	∑	179 59 50	+10	180 00 00			+4.70	180 00 00				

辅助计算

1. W基的计算

$$W_{基} = \left(1 - \frac{205.296\ 2}{205.271\ 6}\right) \cdot 206\ 265'' = -24''.737$$

2. v的计算

$$v = v_{ai} = -v_{bi} = -\frac{24''.737}{4.7} = 5''$$

$$W_{基容} = \pm 2m_\beta \sqrt{\sum(\cot^2 a'_i + \cot^2 b'_i)}$$

$$= \pm 2 \times 10'' \sqrt{2.509} = \pm 32''$$

（按一级要求）

$$v_i = v_{a_i} = -v_{b_i} = -\frac{w_D}{\sum\limits_{i=1}^{n}(\cot a_i' + \cot b_i')} \tag{6.28}$$

三角形各内角之平差值(即改正后的角值 A_i, B_i, C_i)按下式计算

$$\left.\begin{array}{l} A_i = a_i' + v_{a_i} \\ B_i = b_i' + v_{b_i} \\ C_i = c_i' \end{array}\right\} \tag{6.29}$$

边长闭合差的计算与调整的实例见表 6.10。

(3)三角形边长计算

根据起始边长及改正后的内角值应用正弦定律算出三角锁中其他各边长度,边长计算的实例见表 6.10 的第 10~11 栏。

(4)计算各三角点的坐标

各三角点坐标的计算,可采用闭合导线坐标计算的方法进行,将图 6.10 所示各点组成闭合导线 ABDFGECA,根据起始边 AB 的坐标方位角 α_{AB} 和平差后的三角形各内角值推算各边的坐标方位角;用各边的坐标方位角及相应的边长,计算各边的纵、横坐标增量;然后根据起点 A 的坐标,即可求出其他各点的坐标。

6.4　单点测定

单一控制点测定方法较多,下面简单介绍角度交会、测边交会和全站仪极坐标法。

6.4.1　角度交会定点

当导线点和小三角点的密度不能满足工程施工或大比例尺测图要求,需要加密的点又不多时,可以用角度交会定点的方法加密控制点。根据测角、测边的不同分为前方交会(图 6.13(a))、侧方交会(图 6.13(b))、后方交会(图 6.13(c))或测边交会法(图 6.13(d))等。

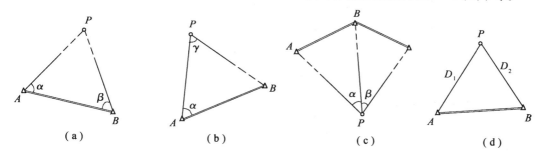

图 6.13　交会定点

前方交会的 P 点坐标计算,是根据 AB 已知方位角和观测值 α, β 计算 AP, BP 的方位角,并应用正弦定律计算其边长,分别由 A, B 点坐标计算 P 点坐标,如应用电子计算器可按式(6.38)直接计算 P 点坐标

$$x_p = \frac{x_A \cot\beta + x_B \cot\alpha + (y_B - y_A)}{\cot\alpha + \cot\beta}$$

$$y_p = \frac{y_A \cot\beta + y_B \cot\alpha + (x_A - x_B)}{\cot\alpha + \cot\beta}$$

(6.30)

为了提高精度和校核,一般要求三个已知点进行前方交会,两组数据计算 P 点坐标,其差在容许范围之内时,取其平均值作为最后值。其他交会点的坐标计算也是根据已知数据和观测值求得,在这里就不再详细介绍。

6.4.2 测边交会定点

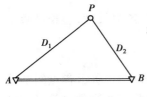

图 6.14 测边交会

如图 6.14, A, B 为已知点, P 为交会点,测量 AP, BP 边长 D_1, D_2,根据 A、B 点坐标和测得的 D_1, D_2 边长,从而求得 P 点坐标。

首先根据余弦定理求得 $\angle A$、$\angle B$ 角。

$$\angle A = \arccos \frac{D_{AB}^2 + D_1^2 - D_2^2}{2 D_{AB} D_1}$$

$$\angle B = \arccos \frac{D_{AB}^2 + D_2^2 - D_1^2}{2 D_{AB} D_2}$$

所以由图得

$$\alpha_{AP} = \alpha_{AB} - \angle A$$

$$\alpha_{BP} = \alpha_{BA} + \angle B$$

则 P 点坐标为:

$$x_p = x_A + D_{AP} \cos\alpha_{AP}$$

$$y_P = y_A + D_{AP} \sin\alpha_{AP}$$

(6.31)

或

$$x_P = x_B + D_{BP} \cos\alpha_{BP}$$

$$y_P = y_B + D_{BP} \sin\alpha_{BP}$$

(6.32)

P 点坐标分别由 A, B 点应用以上公式推算求得,其值应相等,以作计算校核。

为了提高精度,常采用观测三条边交会,这样就可以三组计算 P 点坐标,当三组坐标较差在容许范围内时,取平均值作为 P 点坐标。坐标较差的容许值为

$$\Delta_{容} = \sqrt{\delta_x^2 + \delta_y^2} \leqslant 0.2M(毫米)$$

(6.33)

式中: δ_x, δ_y 为纵、横坐标差, M 为测图比例尺分母。

6.4.3 全站仪极坐标法

由于全站仪测角测边精度较高,所以应用全站仪极坐标法定点较为方便。

如图 6.15,全站仪安置在控制点 A 上,测定 β 角和 AP 边长 D,应用下式求得 P 点坐标

$$x_p = x_A + D \cdot \cos(\alpha_{AB} + \beta)$$

$$y_p = y_A + D \cdot \sin(\alpha_{AB} + \beta)$$

(6.34)

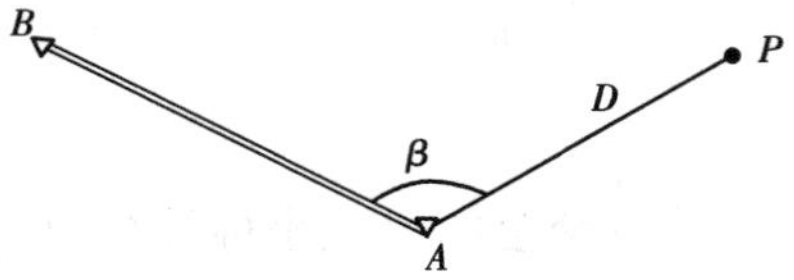

图 6.15 极坐标法

6.5　高程控制测量

　　小地区高程控制测量包括三、四等水准测量、图根水准测量和三角高程测量。三、四等水准测量，除了应用于国家级高程控制网的加密外，还能够应用于建立小地区首级高程控制，建立施工区内的高程控制和垂直位移观测的基本控制。三、四等水准测量线路中已知点的高程应尽量从附近的国家一、二等已知水准点引测。独立测区可采用闭合水准路线，假定起始点的高程。三、四等水准点应选在土质坚硬并便于长期保存和使用方便的地方。所有的水准点都应绘制"点之记"，以便于观测时寻找和使用。

　　三、四等水准测量的精度要求比普通水准测量的精度要求更高，所以除了对仪器的技术参数有具体规定之外，对观测程序、操作方法、视线长度都有严格的技术指标，见表6.11。用于三、四等水准测量的水准尺，通常采用两面有分划的红、黑双面标尺，表6.11中的黑、红面读数差即指一根标尺的两面读数去掉红面的起始常数之后所容许的差值。

表6.11　三四等水准测量的技术要求

等级	仪器类型	标准视线长度/m	后前视距差/m	视线离地面最低高度/m	后前视距差累计/m	黑红面读数较差/mm	黑红面高差较差/mm
三等	DS$_3$	75	3	0.3	5	2	3
四等	DS$_3$	100	5	0.2	10	3	5

　　三、四等水准测量应在通视情况良好、成像清晰、稳定的情况下进行。

　　（1）一个测站上的观测顺序（见表6.12）

　　三等水准测量在一测站上采用双面尺法观测时，水准仪照准双面标尺的顺序为：

　　1）照准后视标尺黑面，读取上、下丝读数和中丝读数，并记录在手簿（1）（2）（3）；

　　2）照准前视标尺黑面，读取上、下丝读数（4）（5），同时算出前后视距值和其差值，并和三、四等水准测量的技术要求相比较，若在限差之内，继续读取中丝读数（6）；

　　3）照准前视标尺红面，读中丝读数（7）；

　　4）照准后视标尺红面，读中丝读数（8）。

　　这样的观测顺序简称为"后—前—前—后（或黑—黑—红—红）"，其优点是可以大大减弱仪器下沉误差的影响。

　　四等水准测量每站的观测顺序，除了可采用三等水准测量的观测顺序外，也可以选择"后—后—前—前"的观测顺序。在没有黑、红双面尺时，还可采用单面水准尺，按变动仪器高法进行测量。

　　无论采用何种顺序观测，视距丝和中丝读数均应在水准管气泡居中时读取。

　　四等水准测量的观测记录及计算的示例，见表6.12表内带括号的号码为观测读数和计算的顺序。（1）～（8）为观测数据，其余为计算所得。

表 6.12　三、四等水准测量手簿(双面尺法)

测站编号	测点编号	后尺 下丝 / 上丝	前尺 下丝 / 上丝	方向及尺号	水准尺读数 /m 黑面中丝读数	水准尺读数 /m 红面中丝读数	$K+$ 黑 $-$ 红面 /mm	高差中数 /m	备注
		后视距	前视距						
		视距差 d /m	$\sum d$ /m						
		(1)	(4)	后	(3)	(8)	(14)	(18)	
		(2)	(5)	前	(6)	(7)	(13)		
		(9)	(10)	后-前	(15)	(16)	(17)		
		(11)	(12)						
1	BM_1-Z_1	1.891	0.758	后1	1.708	6.395	0	+1.134	
		1.525	0.390	前2	0.574	5.361	0		
		36.6	36.8	后-前	+1.134	+1.034	0		
		-0.2	-0.2						
2	Z_1-Z_2	2.746	0.867	后2	2.530	7.319	-2	+1.885	
		2.313	0.425	前1	0.646	5.333	0		
		43.3	44.2	后-前	+1.884	+1.986	-2		
		-0.9	-1.1						
3	Z_2-Z_3	2.043	0.849	后1	1.773	6.459	+1	+1.188	
		1.502	0.318	前2	0.584	5.372	-1		
		54.1	53.1	后-前	+1.189	+1.087	+2		
		+1.0	-0.1						
4	Z_3+BM_2	1.167	1.677	后2	0.911	5.696	+2	-0.505	
		0.655	1.155	前1	1.416	6.102	+1		
		51.2	52.2	后-前	-0.505	-0.406	+1		
		-1.0	-1.1						
每页检核		$\sum(9)=185.2$ $-)\sum(10)=186.3$ -1.1 末站(12) $=-1.1$ 总视距 $=\sum(9)+\sum(10)=371.5$			$\frac{1}{2}[\sum(15)+\sum(16)]=+3.7015$ $\sum[(3)+(8)]=32.791$ $-)\sum[(6)+(7)]=25.388$ $+7.403\times0.5=+3.7015$			$\sum(18)=+3.7015$	

（2）测站计算与检核

1）视距部分的计算

后视距离（9）=（1）-（2）

前视距离（10）=（4）-（5）

前、后视距差（11）=（9）-（10），对三等水准测量而言，该值不得超过 3 m；而对四等水准测量来说，不得超过 5 m。

前后视距累积差值：本站（12）= 上站的（12）+ 本站的（11），对三等水准测量而言，它不得超过 ±5 m，对四等水准测量不得超过 ±10 m。

2）同一水准尺的红面和黑面中丝读数的检核

同一水准红黑面中丝读数之差值，应等于该尺红黑面的常数的差值（K 分别等于 4.687 或 4.787），红面和黑面中丝读数差值可按下式计算

$$前尺：（13）=（6）+ K_1 -（7）$$
$$后尺：（14）=（3）+ K_2 -（8）$$

（13）和（14）的大小，对三等水准测量来说，它不得超过 ±2 mm；对四等水准测量而言，不得超过 ±3 mm。

3）黑面和红面的高差的计算

$$黑面高差：（15）=（3）-（6）$$
$$红面高差：（16）=（8）-（7）$$

检核计算（17）=（15）-（16）±0.100 =（14）-（13）作为检核用。对三等水准测量不得超过 3 mm；而对四等水准测量不得超过 5 mm。式内的 0.100 为同一对两根水准尺红面零点注记之差，以米为单位。

4）平均高差的计算

$$（18）= \frac{1}{2}\{（15）+ [（16）± 0.100]\}$$

（3）每页计算的检核

1）高差部分

由测站的计算可知，红、黑面后视之和减红、黑面前视总和应等于红、黑面高差之和，还应等于该测站平均高差的两倍。同样也适用于每页计算的检核，即

$$\sum [（3）+（8）] - \sum [（6）+（7）] = \sum [（15）+（16）] = 2\sum （18）$$

上式适用于该页记录的测站数为偶数；如果在该页记录的测站数为奇数则应用下式进行每页高差部分的检核。

$$\sum [（3）+（8）] - \sum [（6）+（7）] = \sum [（15）+（16）] = 2\sum （18）± 0.100$$

2）视距部分

后视距离总和减去前视距离总和应等于末站视距累积差值。即

$$\sum （9）- \sum （10）= 末站（12）$$

校核皆正确后，算出总视距 $= \sum （9）+ \sum （10）$

（4）成果计算

在每个测站计算无误且各项数值都在相应的限差范围内时，根据每个测站的平均高差，利

用第 2 章的"水准测量的内业"中的计算方法,求出各水准点的高程。至此,就完成了三、四等水准测量的整个过程。

图根水准测量主要用于测定图根点高程及用于工程水准测量,其精度低于国家等级水准测量,所以称为等外水准测量,其施测方法参见第 2 章。

6.6 三角高程测量

用水准测量的方法测定地面点的高程,精度虽然较高,但在山区或高层建筑物的控制点,用水准测量的方法测定点的高程,具有一定的难度,所以采用三角高程测量较为适宜。

6.6.1 三角高程测量的原理

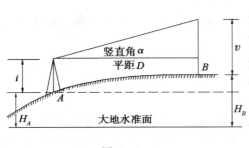

图 6.16

如图 6.16 所示,今欲测定地面上 A、B 两点的高差 h_{AB},可在 A 点安置经纬仪,在 B 点立觇标,用望远镜的中丝瞄准觇标上的顶点,读取竖直读盘读数,算出竖直角 α;量取该点到觇标的高度(称为目标高 v),同时量取望远镜旋转中心到 A 点的高度(称为仪器高 i),若测出 A、B 两点之间的水平距离 D,则可按下试算出 A、B 之间的高差

$$h_{AB} + v = D \times \tan\alpha + i$$
$$h_{AB} = D \times \tan\alpha + i - v$$

若已知 A 点的高程为 H_A,则 B 点的高程 H_B

$$H_B = H_A + h_{AB} = H_A + D \times \tan\alpha + i - v \tag{6.35}$$

具体应用上式时,当 α 为仰角,相应的 $D \times \tan$ 为正值;当 α 为俯角,相应的 $D \times \tan\alpha$ 为负值。观察上式,若取 $i = v$,则 h_{AB} 的计算更为简单。

若仪器架设在已知高程点,观测该点与未知高程点之间的高差称为直觇;若仪器架设在未知高程点,观测该点与已知高程点之间的高差称为反觇。直觇和反觇称为对向观测,采用对向观测的办法可以减弱地球曲率和大气折光的影响。

三角高程测量的精度,主要取决于水平距离 D、竖直角 α 和仪器高 i 的测量精度。目前应用测距仪、全站仪测量平距大大提高了三角高程测量的精度。三角高程测量对向观测的高差较差若在限差范围之内,则取其平均值作为两点之间的正确高差。

6.6.2 三角高程测量高差及高程的计算

用三角高程测量方法测定地面上一系列点的高程时,应将这些点尽可能的组成闭合或附合的测量路线。每两点之间均须进行对向观测,由它求得两点之间的高差平均值,并计算闭合环或附合路线的高差闭合差 f_h,高差闭合差的限差 $f_{h容} = \pm 0.05\sqrt{\sum D^2 m}$(式中 D 为各边的水平距离,以 km 为单位),若 $f_h \leqslant f_{h容}$,则按照与各边边长成正比例的原则将 f_h 反符号分配到各段高差中,改正后的高差,从起始点的高程计算出各待求点的高程。

思考题与习题

1. 控制测量的目的是什么？说明小区域内平面控制网的布设方法。

2. 导线的形式有哪几种？布设导线时应注意哪些问题？

3. 导线计算的目的是什么？说明计算步骤和内容。

4. 闭合导线和附合导线的计算有哪些不同点？为什么会产生导线坐标增量闭合差？

5. 什么是坐标正算、坐标反算？

6. 说明小三角测量内业计算的步骤和内容。

7. 用三、四等水准测量建立高程控制的观测程序如何？怎样计算？

8. 怎样布设三角高程控制网？观测时有哪些主要要求。

9. 下图闭合导线 1,2,3,4,5 点的已知数据及观测数据,列表计算 2,3,4,5 点的平面坐标。

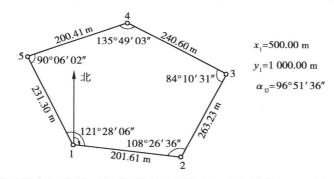

10. 试根据下图附合导线的已知数据和观测数据,列表计算 1、2 两点的坐标。

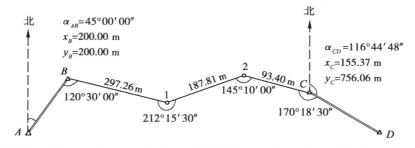

11. 如下图为一单三角锁,已知数据及观测数据如下表,试绘表计算各三角点坐标。

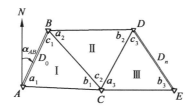

已知数据	D_0 = 1 429.365 m D_n = 1 058.744 m x_A = 5 000.00 m y_A = 5 000.00 m α_{AB} = 30°14′25″	观测数据	编号	I /° ′ ″	II /° ′ ″	III /° ′ ″
			a	47 07 57	55 34 17	40 27 43
			b	52 32 39	47 06 52	65 34 07
			c	80 18 54	77 19 00	73 58 31

12. 已知 A 点高程为 46.54 m，现用三角高程测量方法直、反觇观测 A, P 两点高差，记录如下表，AP 间水平距离为 213.64 m，试求 P 点高程。

测 站	目 标	竖直角 /° ′ ″	仪器高 /m	目标高 /m
A	P	+ 3 36 12	1.48	3.00
P	A	− 2 50 56	1.50	2.78

第 **7** 章
地形图基本知识

地球表面极为复杂多样,有高山、平原,有河流、湖泊,还有各种各样的人工建(构)筑物。在地形图测绘中,习惯将它们分为地物和地貌两大类。地面上有明显轮廓,自然形成或人工建造的固定物体,如房屋、道路、江河、湖泊等称为地物。地表面的高低起伏形态,如高山、丘陵、平原、洼地等称为地貌。地物和地貌总称为地形。表示地面上各种地物平面位置的正射投影图称为平面图。既表示地物平面位置,也用等高线表示地面高低起伏状态的正射投影图称为地形图。

7.1 地形图的比例尺

测绘地形图时,不可能把地面上的地物、地貌按其实际大小进行绘制,而是按一定的倍数缩小后用规定的符号在图纸上表示出来。地形图上某一线段的长度(d)与地面上相应线段水平距离(D)之比称为地形图的比例尺,即

$$\frac{d}{D} = \frac{1}{D/d} = \frac{1}{M} \tag{7.1}$$

式中 M 称为比例尺分母。

7.1.1 比例尺的种类

地形图比例尺的表示有多种形式,通常有数字比例尺和图示比例尺。

(1)数字比例尺

用分子为 1 的分数形式表示的比例尺称为数字比例尺,数字比例尺注记在南图廓外下方中央位置。

由式(7.1)可知,比例尺分母愈大,分数值愈小,比例尺就愈小;反之,分母愈小,分数值愈大,比例尺就愈大。地形图按比例尺大小分为大、中、小三种,1:100 万 ~ 1:20 万的地形图为小比例尺地形图;1:10 万 ~ 1:2.5 万地形图为中比例尺地形图;1:1 万 ~ 1:500 的地形图为大比例尺地形图。各种工程规划、设计常用的是大比例尺地形图。

(2)图示比例尺

在实际工作中,为了避免图上长度与实际长度之间的比例运算和图纸的伸缩误差,常在测图的同时就在图纸上绘一根用线段表示图上长度与相应实地长度之间比例关系的尺子,这就是图示比例尺。图示比例尺有直线比例尺和复式比例尺两种形式。如图7.1为直线比例尺,它是在直线上以1 cm或2 cm为基本单位,将直线分为若干大格,并将最左的一大格再等分十个小格,小格与大格的分界处注0,其他整分划注上以0至该分划按比例尺计算的实地水平距离。

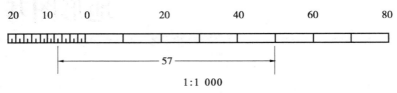

图 7.1　直线比例尺

使用直线比例尺时,先用分规在图上量取线段的长度,再将分规的一个针尖对准0右侧的一个整分划,并使另一个针尖位于0左侧的小格中,取两针尖读数之和即为所量线段的实地水平距离。如图7.1中,所量线段的实地水平距离为57 m。

7.1.2　比例尺的精度

正常情况下,人的肉眼在图上能分辨出的最短距离为0.1 mm,也就是说,实地距离按比例尺缩绘到图上时不宜小于0.1 mm,否则无法辨别出来。因此,将图上0.1 mm所代表的实地水平距离称为比例尺精度,用δ表示,即

$$\delta = 0.1 \text{ mm} \times M \qquad (7.2)$$

根据式(7.2)求出的几种常用的大比例尺精度见表7.1。

表 7.1　几种常用的测图比例尺精度

测图比例尺	1∶500	1∶1 000	1∶2 000	1∶5 000	1∶10 000
比例尺精度(m)	0.05	0.10	0.20	0.50	1.00

比例尺精度对测图和设计用图都具有重要意义,根据比例尺的精度,可以确定在测图时量距应达到什么程度,例如测绘1∶500比例尺地形图时,其比例尺精度为0.05 m,所以丈量地物只要达到0.05 m精度就可以了,小于0.05 m在图上就无法表示出来。另外,在图上要表示出地物间最短距离时,根据比例尺精度,可以确定测图比例尺,例如在图上要表示地面0.2 m最短距离时,应采用的测图比例尺不应小于$\dfrac{0.1 \text{ mm}}{0.2 \text{ m}} = \dfrac{1}{2\ 000}$。

7.2　地形图的分幅与编号

对于大面积的地形图测绘、管理和使用,必须进行统一的分幅和编号。地形图的分幅方法常用的有两种基本形式,一是按经纬线分幅的梯形分幅法(亦称为国际分幅),用于国家基本

图的分幅。另一种是按坐标格网划分的矩形分幅法,用于工程建设大比例尺地形图的分幅。

7.2.1　梯形分幅与编号

(1)1:100 万比例尺图的分幅与编号

国际统一规定,1:100 万地形图标准分幅的纬差为 4°,经差为 6°。由于随纬度的增高,图的面积迅速缩小,所以规定纬度在 60°～76°之间将两幅合并为一幅,即按纬差 4°,经差 12°分幅。纬度在 76°～88°之间则由四幅合并为一幅,即每幅的纬差为 4°,经差为 24°。88°以上单独作为一幅。我国纬度均在 60°以下,故没有合并图幅的问题。

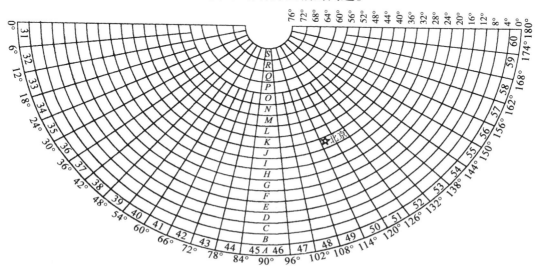

图 7.2　北半球东侧 1:100 万地图的分幅与编号

如图 7.2 所示,由赤道起向北或向南分别按纬差 4°分成"横列",各列依次用 $A,B,\cdots,V$ 来表示。由经度 180°开始起算,自西向东按经差 6°分成"纵行",各行依次用 1,2,$\cdots$,60 来表示。其编号方法是用"横列 — 纵行"的代码组成。例如北京某地的经度为东经 116°24′20″,北纬 39°56′30″,其所在 1:100 万图的编号为 J—50,如图 7.2 所示。

这里须说明的是,由于高斯投影六度带的带号是从零度经线起,自西向东分带,而 1:100 万分幅"纵行"是从 180°经线自西向东分行,对于地处东半球的我国而言,它们的关系为

$$带号 = 纵行编号 - 30$$

(2)1:50 万、1:25 万、1:10 万地形图的分幅与编号

这 3 种比例尺地形图的分幅与编号都是以 1:100 万比例尺图幅为基础的,其总的关系如图 7.3 所示。

1:50 万的地形图是以经差 3°,纬差 2°,按 2 行 2 列的方法,将每一幅 1:100 万的图分为四幅 1:50 万的地形图,分别以 A,B,C,D 为图的代号,其编号是在 1:100 万图幅编号之后加上相应的代号,例如 J—50—B。

1:25 万的地形图是以经差 1°30′,纬差 1°,按 4 行 4 列的方法,将每一幅 1:100 万的图分为 16 幅 1:25 万的地形图,分别以[1],[2],$\cdots$,[16]为图的代号,其图幅编号是在 1:100 万图幅编号之后加上相应的代号,例如 J—50—[8]。

117

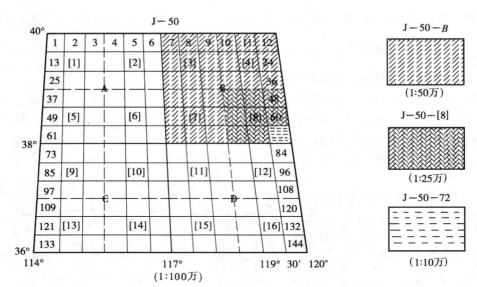

图 7.3　1:50 万、1:25 万、1:10 万地形图的分幅与编号

1:10 万的地形图是以经差 30′,纬差 20′,按 12 行 12 列的方法,将每一幅 1:100 万的图分为 144 幅 1:10 万的地形图,并依次用数字 1,2,…,144 为图的代号,其图幅编号是在 1:100 万图幅号之后加上相应的代号,例如 J—50—72。

(3)1:5 万、1:2.5 万、1:1 万图的分幅与编号

这三种比例尺图的分幅都是以比例尺 1:10 万的图为基础进行的,如图 7.4 所示。

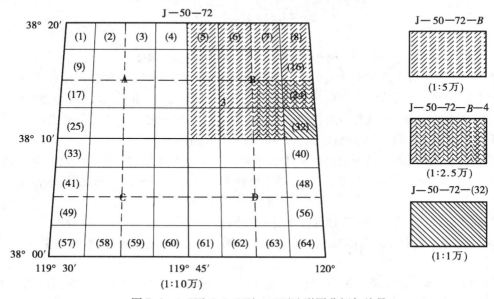

图 7.4　1:5 万、1:2.5 万、1:1 万地形图分幅与编号

1:5 万的地形图是以经差 15′,纬差 10′,按 2 行 2 列的方法,将一幅 1:10 万地形图分为四幅 1:5 万的地形图,分别用 A,B,C,D 作为图的代号,其编号是在 1:10 万地形图编号后加上相应的代号,例如 J—50—72—B。

1:2.5 万的地形图是以经差 7′30″,纬差 5′,按一分为四的方法,将一幅 1:5 万的图分成四幅 1:2.5 万的地形图,分别用 1,2,3,4 作为代号,其编号是在 1:5 万图幅号之后加上相应的代号,例如 J—50—72—B—4。

　　1:1 万的地形图是以经差 3′45″,纬差 2′30″,按 8 行 8 列的方法,将一幅 1:10 万的地形图分成 64 幅 1:1 万的地形图,分别用(1),(2),…,(64)作为代号,其编号是在 1:10 万图号之后加上相应的代号,例如 J—50—72—(32)。

　　(4) 1:5 000 和 1:2 000 地形图的分幅与编号

　　1:5 000 和 1:2 000 地形图的分幅与编号是在 1:1 万图的基础上进行的,如图 7.5 所示。

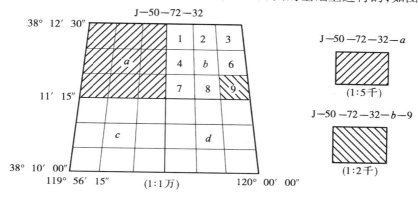

图 7.5　1:5 000,1:2 000 地形图分幅与编号

　　1:5 000 的图是以经差 1′52.5″,纬差 1′15″,按 2 行 2 列的方法,将一幅 1:1 万的地形图分为四幅 1:5 000 的地形图,分别以 a,b,c,d 为图的代号,其图幅编号是在 1:1 万的编号后加上相应的代号,例如 J—50—72—(32)—a。

　　1:2 000 地形图是以经差 37.5″,纬差 25″,按 3 行 3 列的方法,将每一幅 1:5 000 的图分为 9 幅 1:2 000 的地形图,以数字 1,2,…,9 为代号,其编号是在 1:5 000 的图号后加上相应的代号,例如 J—50—72—(32)—b—9。

7.2.2　矩形分幅与编号

　　工程设计、施工以及国土资源管理中所用的 1:500,1:1 000,1:2 000 和小区域 1:5 000 大比例尺地形图,通常采用矩形分幅。一般规定对于比例尺为 1:5 000 时,采用纵、横各 40 cm 的正方形图幅,即对应实地为 2 km × 2 km 的正方形为一幅。对于比例尺为 1:2 000,1:1 000,1:500 时,采用纵、横各 50 cm 的正方形图幅。也有采用 40 cm × 50 cm 的

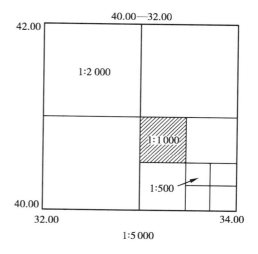

图 7.6　大比例尺地形图分幅与编号

长方形分幅。如图 7.6 所示,是以 1:5 000 比例尺为基础的正方形分幅,它是将一幅 1:5 000 的地形图分为 4 幅 1:2 000 地形图;一幅 1:2 000 的地形图分为 4 幅 1:1 000 地形图;又将 4 幅 1:1 000 地形图分为 4 幅 1:500 的地形图。

　　大比例尺地形图的图号通常采用图廓西南角坐标公里数编号,x 坐标在前,y 坐标在后,中

间用“—”相连。如图 7.6 斜线所示 1∶1 000 地形图图号为 “40. 50—33. 00”。

7.3 地形图图外注记

7.3.1 图名与图号

图名是指本图幅名称，一般以本图幅内最著名的地名，或主要的单位名称命名，注记在本图廓外上方中央，如图 7.7 中“大王庄”。

图号，即图的分幅编号，注在图名下方。

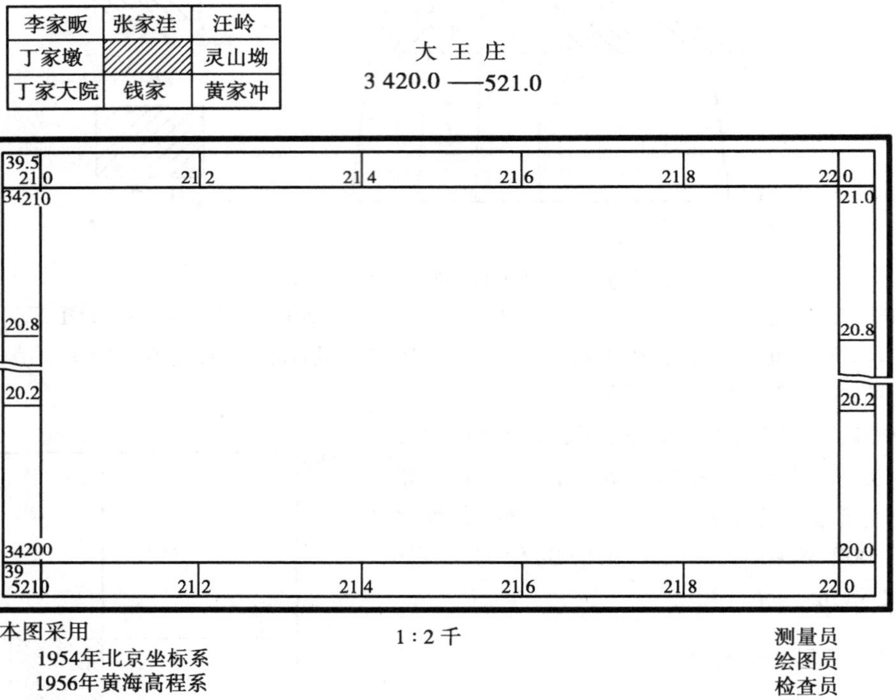

李家畈
张家洼
汪岭
丁家墩
灵山坳
丁家大院
钱家
黄家冲
大 王 庄
3 420.0 —521.0
39.5
21 0
21 2
21 4
21 6
21 8
22 0
34210
21.0
20.8
20.2
34200
20.0
39
521 0
本图采用
1954年北京坐标系
1956年黄海高程系
1∶2 千
测量员
绘图员
检查员

图 7.7 地形图图外注记

7.3.2 图廓及其标注

图廓是地形图的边界，通常有内、外图廓之分。如图 7.7 所示，在地形图中，内图廓为坐标格网线，外图廓为本图幅制图主体内容的外界装饰线，通常以较粗的实线描绘。外图廓与内图廓之间的短线用来标记坐标值。如图 7.7 所示，左下角的 3 420. 0，表示纵坐标为 3 420. 0 公里，其余横线上的 34 可省去不写。同理，横坐标 39 521 公里，前两位数字 39 为 3°投影带编号，521 为该纵线的横坐标值。

7.3.3 接图表及图廓外的文字说明

为便于查找、使用地形图，在地图上的左上角附有相应的图幅接图表 ，用于说明本图幅与相邻八个方向图幅位置的相邻关系,中间一格画有斜线的代表本图幅,具体如图 7.7 所示。

文字说明是了解图件来源及成图方法的重要的资料。如图 7.7 所示,文字说明通常布局于图廓外下方或左、右两侧,通常包括测绘单位;成图方法与测绘年月;测量员、绘图员和检查员;坐标系与高程系;图式版本等。在图的右上角标注图纸的密级。

7.3.4 三北关系及坡度尺

中、小比例尺地形图的南图廓线右下方,还绘有真子午线、磁子午线和坐标纵轴(即中央子午线)方向线之间的角度关系,如图 7.8 所示,该图称为三北方向图。利用三北方向图,可对图上任一方向的真方位角、磁方位角和坐标方位角进行相互换算。

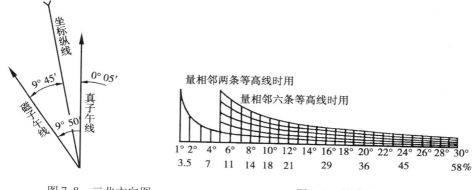

图 7.8 三北方向图   图 7.9 坡度尺

为了便于在地形图上量测坡度,中、小比例尺地形图南图廓外还绘有图解坡度尺,如图 7.9 所示。坡度尺水平底线下边注有两行数字,上行是用角度表示的坡度,下行是对应的倾斜百分率表示的坡度。

7.4 地物和地貌在地形图上的表示方法

7.4.1 地物的表示方法

地物一般可分为自然地物和人工地物,前者如河流、湖泊、森林等,后者如房屋、道路、桥涵、电力线和水渠等。由于地面上物体种类繁多,形状和大小不一,因此,地形图是通过对地物综合取舍后用规定的符号来表示地物,这些地物符号总称为地形图图式。《地形图图式》是由国家测绘局制订,国家标准局批准颁布实施的国标符号,它是测绘、出版各种比例尺地形图的依据之一,也是识别和使用地形图的重要工具。表 7.2 是国家技术监督局 1995 年颁布的GB/T7929—1995《1∶500,1∶1 000,1∶2 000 地形图图式》中的一部分。图式中的符号很多,归纳起来可分为比例符号、非比例符号、半依比例符号和地物注记等 4 种。

(1)比例符号

凡是能依比例尺表示的地物,应将它们水平投影位置的几何形状按相似地描绘到地形图上,如房屋、池塘、运动场、公路等,这种将地物形状和大小依比例尺缩小描绘在图上以表达轮廓特征的符号,称为比例符号。

（2）非比例符号

对一些具有特殊意义的地物,其轮廓较小,不能依比例尺表示时,在地形图上是以相应的地物符号表示在地物的中心位置上,如控制点、烟囱、消防栓、纪念碑等,这类符号称为非比例符号。

非比例符号的中心位置与实际地物中心位置的关系随地物而异,在测绘、读图与用图时应注意:规则的几何图形符号,如三角点、导线点、钻孔点等,几何图形的中心即为地物的中心位置;宽底符号,如水塔、里程碑等,该符号底线的中心即为地物的中心位置;底部为直角的符号,如独立树,地物中心在该符号底部直角顶点;由几种几何图形组成的非比例符号,如气象站、路灯、消防栓等,地物中心在其下方图形的中心点或交叉点;下方没有底线的符号,如窑洞、亭等,地物中心在下方面端点间的中心点。在绘制非比例符号时,除图式中要求按实物方向描绘外,如窑洞、水闸等,其他非比例符号的方向一律按直立方向描绘,即与南图廓垂直。

（3）半依比例符号

有些地物,距离很长,但宽度很小,如电力线、围墙、栏杆、乡村人行道等线状地物,其长度可按比例缩绘,但宽不能按比例缩绘,需用规定的符号表示,这类符号称为半依比例符号。

（4）地物注记

有些地物不能用符号说明其性质和数量时,须用文字或数字说明。例如,用数字表示房屋的层数、等高线的高程、水流的流速、桥梁的载重等,这种称为数字注记。用文字表示村镇、单位、河流的名称等,称为文字注记。用特定的符号表示植被种类,如森林、果树林、甘蔗林等,这些用符号加注记表示的称为注记符号。

7.4.2 地貌的表示方法

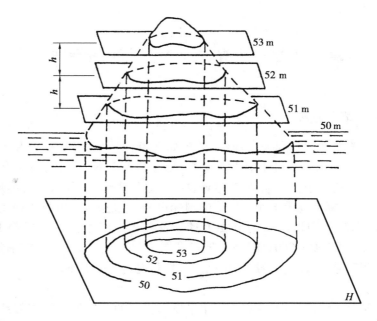

图 7.10　等高线表示地貌的原理

（1）等高线表示地貌的基本原理

地貌一般用等高线表示。等高线是由地面上高程相同的各相邻点连接而成的闭合曲线。为了形象地说明等高线的原理及其对地貌的抽象表示,对图7.10中所示的山体,设想用一系列高差间隔相等的水平面与它相截,即可得到一系列形态各异的闭合截曲线,即为等高线。这些等高线的形态反映着山体本身的形态。将这些等高线投影到同一水平面上,并按一定的比例尺缩绘到图纸上,则可构成反映山体表面形态的一簇等高线。

表7.2 《1∶500,1∶1 000,1∶2 000 地形图图式》(部分)

编　号	符号名称	1∶5百　1∶1千　1∶2千	编　号	符号名称	1∶5百　1∶1千　1∶2千
1	三角点 凤凰山—点名 394.468—高程	△ 凤凰山 / 394.468　3.0	11	台　阶	
2	小三角点 横山—点名 95.93—高程	3.0 ▽ 横山 / 95.93	12	彩门、牌坊 牌楼	
3	导线点 N16—点号 84.46—高程	2.0∷□ N16 / 84.46	13	水　塔	
4	图根点 1. 埋石 25—点号 62.74—高程 2. 不埋石 34—点号 72.58—高程	1.5∷◇ 25 / 62.74　2.5 ○ 34 / 72.58	14	烟　囱	
5	水准点 Ⅱ京石5—点号 32.804—高程	2.0∷⊗ Ⅱ京石5 / 32.804	15	变电室(所) 1.依比例尺的 2.不依比例 尺的	
6	钢筋结构房屋 6—房屋层数	混凝土6	16	消　防　栓	
7	普通房屋 2—房屋层数	2	17	防　路　行	
8	简单房屋 木—木结构	木	18	电力线 1.高压 2.低压 3.铁塔 4.电杆上的 变压器	
9	建军筑物间的 悬空建筑				
10	亭	3.0 3.0 ⬡ 1.5 / 1.5			

续表

编号	符号名称	1:5百 1:1千 1:2千	编号	符号名称	1:5百 1:1千 1:2千
19	围墙 1.砖、石围墙 2.土墙		30	耕地 1.水稻田 2.旱地	
20	栅栏、栏杆				
21	篱笆		31	草地	
22	活树篱笆				
23	行 树		32	经济作物	
24	公路				
25	大车路		33	经济林	
26	内部道路		34	等高线及注记 1.首曲线 2.计曲线 3.间曲线	
27	小 路				
28	沟渠 1.一般的 2.有堤岸的 3.有沟堑的		35	示坡线	
			36	冲 沟	
29	独立树 1.阔叶 2.针叶 3.果树		37	梯田坎 1.加固的 2.未加固的	

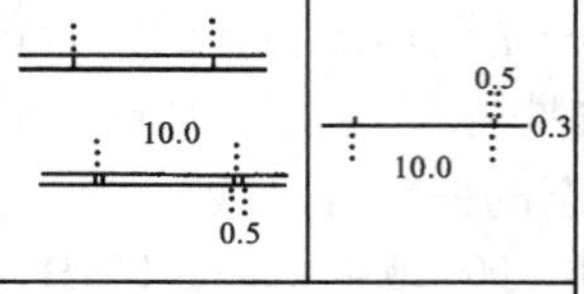

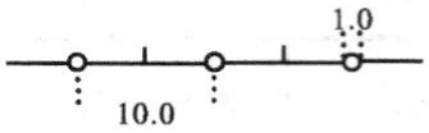

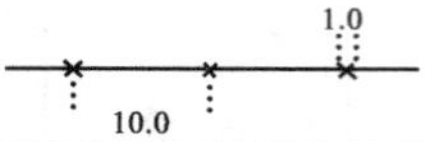

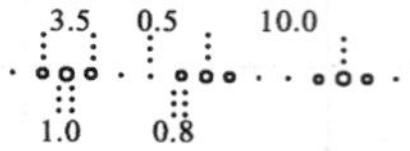

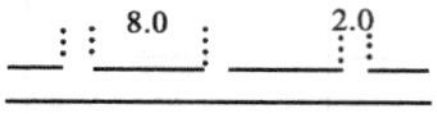

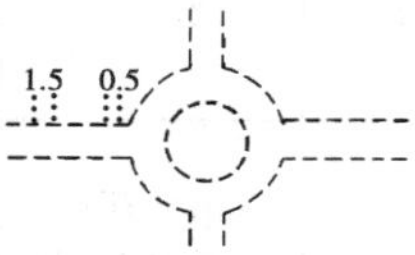

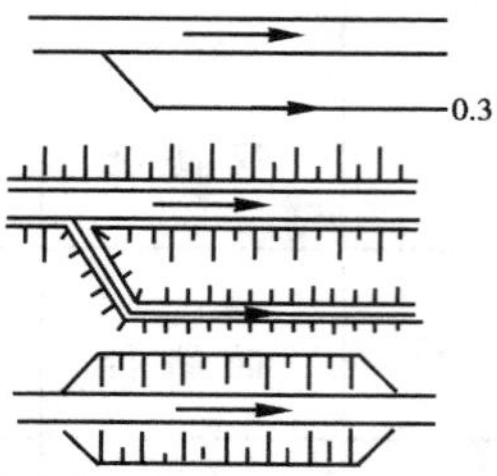

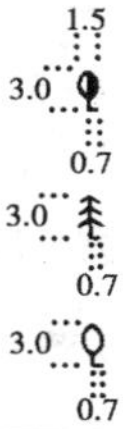

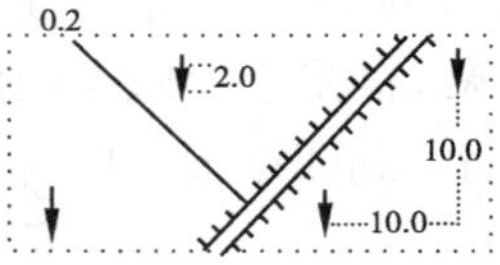

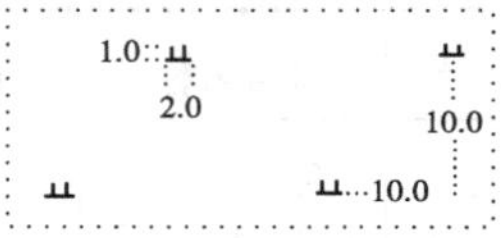

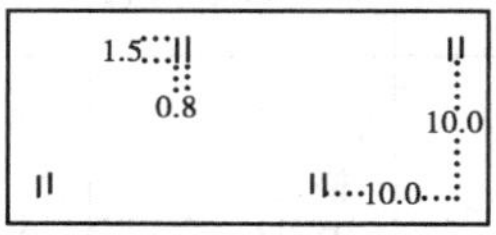

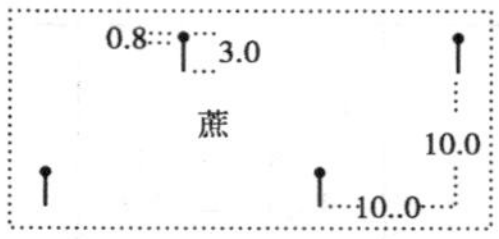

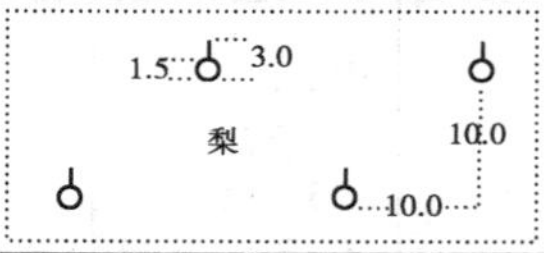

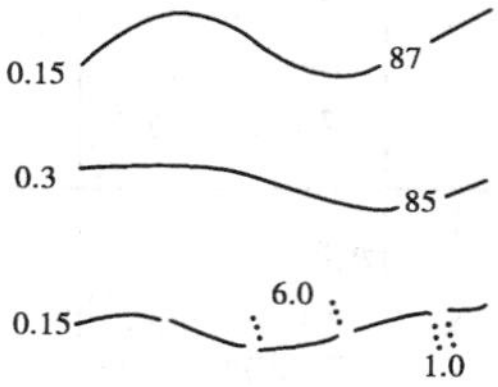

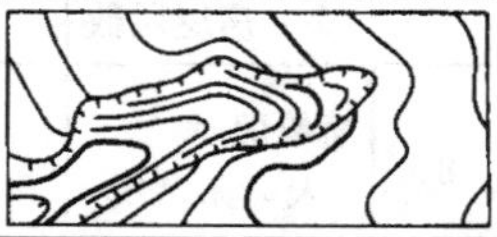

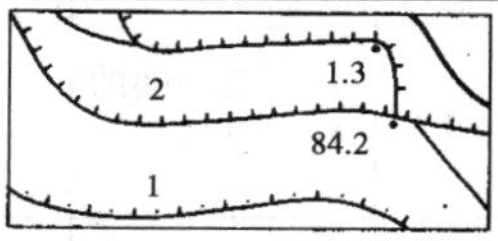

（2）等高距和等高线平距

地形图中,相邻两条高程不同的等高线之间的高差,称为等高距。显然,等高距越小,图上等高线越密,地貌显示就越详细。反之,等高距越大,则图上等高线就越稀,地貌显示就越粗略,但这并不是说等高距越小越好。若等高距很小,则等高线会很密,这不仅会影响图面清晰,而且用图也不方便,还会大大增加测绘的工作量。因此,测图时,必须根据地貌的类别、测图比例尺大小和使用地形图的目的等因素综合考虑,合理地选择等高距,才能既保证图面清晰、准确,又不至于增加图面的负载量。表7.3 是《工程测量规范》所规定的大比例尺地形图的基本等高距。

必须指出,一个测区同一比例尺的地形图,只能采用一个基本等高距。

地形图上相邻两条等高线之间的水平距离称为等高线平距。在一幅确定比例尺的地形图中,等高距是相同的,因此等高线平距的大小反映着地面坡度的状况。具体地,当地形图等高线分布密集,说明等高线平距小,地面坡度大。反之,当地形图等高线分布稀疏,说明等高线平距大,地面坡度较为平缓。

表 7.3　大比例尺地形图基本等高距/m

地貌类别	测 图 比 例 尺			
	1 : 500	1 : 1 000	1 : 2 000	1 : 5 000
平地($\alpha < 3°$)	0.5	0.5	1	2
丘陵地($3° \leq \alpha < 10°$)	0.5	1	2	5
低山地($10° \leq \alpha < 25°$)	1	1	2	5
高山地($\alpha \geq 25°$)	1	2	2	5

由此可见,地形图上的等高线不仅可以表达显示地面的高低起伏和地表形态分布,而且可根据地形图上的等高线判断地貌特征,实施各种量算,计算坡度、坡向,确定可通视的盲区分析等。

(3)几种典型地貌的等高线

地表面的地貌虽然复杂多样,但归纳起来不外乎是山头、洼地、山脊、山谷以及鞍部等几种典型的地貌综合而成。如果熟悉了这些典型地貌的等高线表示方法,将有助于读图、用图和测图。

1)山头与洼地

凸出而高于四周的高地称为山地,高大的山地称为高山,矮小的山地称为山丘。山的最高部分称为山顶。山侧向下倾斜的侧面称为山坡,山地与平面相连处称为山麓。山地的等高线如图7.11(a)所示。

地面凹下而低于四周的低地称为洼地,大的称为盆地,小的称为洼地。洼地的形态及其等高线如图7.11(b)所示。

由图7.11(a)和图7.11(b)可知,山头和洼地的等高线表达均为一组闭合曲线,为了对二者进行区分,一种方法是利用等高线上的高程注记进行判别,若里圈等高线的高程注记值大于外圈注记值,则为山地,否则为洼地。另一种方法是根据示坡线表现进行判别,示坡线是为一垂直于等高线的短线,用来指示坡度向低处的方向,具体见图7.11(a)和图7.11(b)。

2)山脊与山谷

沿着一个方向延伸的高地称为山脊,山脊最高点的连线称为山脊线,亦称为分水线。山脊等高线凸向低处,如图7.12 所示。

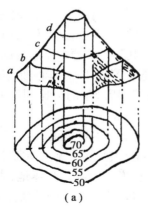
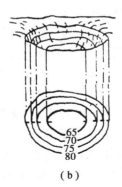

图 7.11 山头与洼地的等高线

沿着一个方向延伸的低地称为山谷,山谷最低点的连线称为山谷线,亦称为汇水线或集水线。山谷等高线凸向高处,如图 7.12 所示。

3) 鞍部

介于相邻两个山头之间、形如马鞍的低凹部分,称为鞍部,它是两条山脊线与两条山谷线相交之处。因此,鞍部的等高线是由两组相对的山脊和山谷的等高线组成,特点是在一大圈的闭合曲线内,套有两组小的闭合曲线,如图 7.13 所示。

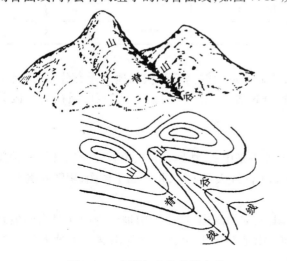
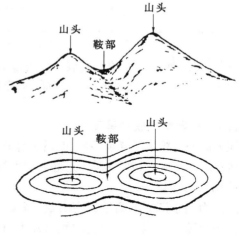

图 7.12 山脊与山谷的等高线   图 7.13 鞍部的等高线

4) 悬崖与陡壁

坡度在 70°以上的陡峭山坡称为陡壁或绝壁,这种地貌若用等高线表示,将非常密集甚至重合为一条线,因此陡壁用规定的符号表示,如图 7.14(a)和(b)所示。

上部突出下部凹进的峭壁叫做悬崖,这种地貌的等高线如图 7.14(c)所示。上部的等高线投影至水平面时,与下部的等高线相交,下部凹进的等高线采用虚线描绘。

此外,一些特殊的地貌特征,台地或梯田、冲沟、土坎等,须按《地形图图式》规定的符号进行表示。如图 7.15 所示,为综合表示地貌的基本形态及其相应的地貌特征的等高线,图 7.15 中在台地靠近河岸处,有一段接近于垂直的陡壁,此处的等高线密集而不能分开,因此利用陡壁特殊地貌符号进行表示。

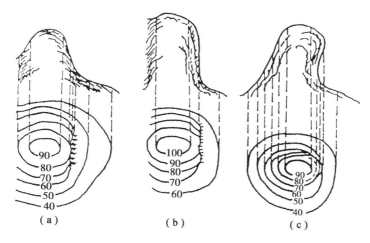

图 7.14　悬崖与陡壁的等高线

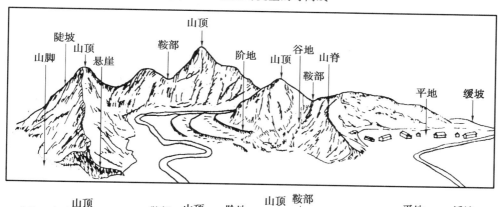

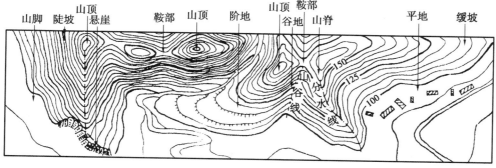

图 7.15　综合表示地貌的基本形态及其相应地特征的等高线

（4）等高线种类

为了便于对地形图上等高线进行识读与应用,在测制图时,将等高线的形式分为首曲线、计曲线、间曲线等三种。

1）首曲线

按规定的基本等高距描绘的曲线,称为首曲线或基本等高线。在图 7.16 上,首曲线用 0.15 mm 的细实线描绘,如图 7.16 中高程为 102,104,106,108 m 的等高线。

2）计曲线

为了读图方便,凡是高程能被 5 倍等高距整除的等高线均按 0.3 mm 的线条加粗描绘,并

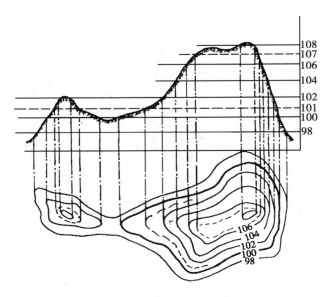

图 7.16　等高线的种类

在适当位置对等高线高程值进行注记,这种加粗描绘的等高线称为计曲线。如图 7.16 中高程为 100 m 的等高线,计曲线高程注记的字头朝向高处并与等高线垂直。

3)间曲线

有时,由于局部地貌的复杂性,对于首曲线表示不出的地貌特征,可按 1/2 基本等高距增加描绘等高线,该等高线称为半距等高线,或间曲线。在图上,间曲线用 0.15 mm 粗细的线条,按每 6 mm 隔开 1 mm 的虚线描绘,如图 7.15 中高程为 101,107 m 的等高线就是间曲线。

(5)等高线的特性

认识等高线的特性,对于实践中具体识读和灵活应用地形图是非常重要的。综合上面有关等高线的基本知识,对等高线的特性归纳如下:

①位于同一等高线上的各点位高程相同,但高程相同的点位不一定在同一条等高线上。

②等高线必定是闭合曲线,即使不在本幅图内闭合,也必然在相邻图幅,或经过几个图幅拼接后形成闭合曲线。由此可知,等高线不能在图幅中中断,绘等高线时,必须绘到图边。

③等高线不能相交,只有通过悬崖的等高线才会可能出现相交,但对一些特殊地貌,如峭壁或陡坎是用特定符号表示。

④等高线与山脊线、山谷线成正交。在与山脊线相交时,其弯曲点凸向山脊线向低的方向。与山谷线相交时,其弯曲点凸向山谷线升高的方向。

⑤等高线在图面的分布越稀疏,等高线平距愈大,地面越平缓。反之,等高线在图面的分布越密集,等高线平距愈小,地面坡度越陡峭。

7.5　电子地图概述

随着信息革命及计算机科学的发展,计算机技术已深入到各个领域,引起许多学科发生了根本性的变革。古老的地图学也毫无例外地迎合着时代的发展,计算机技术与信息技术的渗入,为地图制图注入新的活力,电子地图就是现代地图学科发展研究的重要技术成果之一。

7.5.1　电子地图的含义

由计算机控制所生成的地图,目前其名称尚未统一,有的称"联机地图",有的称"屏幕地图",还有的称"无纸地图"等,但目前较为普遍接受而认可的名称还是"电子地图"。

电子地图的命名来源无法考证,但就其字面意义分析,由于它表达制图要素有关的图形与符号于计算机荧光屏上,而荧光屏上的地图图形是用电子束"写"在上面的,所以称之为电子地图。

电子地图与数字地图都为现代地图学的新品种,但两者之间是具有明显区别与不同的,不能混淆。数字地图是指用数字形式描述地图要素的定位、属性及其关系等的数据集合,而电子地图则是数字地图符号化处理后的数据集合。由此可知,电子地图与数字地图的根本区别之一就在于地图要素的符号化与否。另外,电子地图具有显示速度快的特点,能很快将符号化了的地图数据转化为荧光屏上的地图图形。

综上所述,将电子地图的含义整理为:具有地图的符号化数据特征,并能实现快速显示,可供人们阅读的有序数据集合。这些数据主要有两种:一种是为描述符号图形平面位置的数据,另一种为描述符号图形色彩的数据,当然为了符号图形更新的便利,也可增加一种数据,即符号的编码。

7.5.2　电子地图特点

电子地图是 20 世纪 70 年代初,伴随着军队开始采用新的指挥方法——指挥自动化而出现的一个新概念,其重要表征就是用监视器屏幕快速显示地图。

电子地图是一种新型地图,它不仅形式新颖,而且其制作方法也同纸制地图有很多不同。传统地图生产方法周期长,更新困难,不能满足信息快速增长所带来的对信息实时处理和更新的要求。电子地图在计算机环境中制作,可以实时修改变化的信息。在地图数据库的支持下,电子地图内容更新方便,地图制图周期可大大缩短。

电子地图的功能与特点是决定其应用范围的最主要因素。电子地图作为信息时代的新型地图产品,完全具备地图的基本功能。它可以科学形象地表示和传输地理环境空间信息,可以作为人们了解、认识和研究生存环境的工具,因而广泛地应用于军事指挥、规划管理、交通旅游、教学科研等各个领域。

与传统的纸制地图相比,电子地图具有其独特的优点,具体表现为:快、动、层、虚、传和量等几方面。所谓"快"就是能实现快速存取显示,目前计算机存取一幅电子地图不过几秒时间,而且随着电子计算机技术的发展,这一速度还将更快,与纸制地图的查找索取速度相比要快得多。"动"就是可以实现动画显示,如颜色瞬变、闪动、屏幕漫游、开窗放大、拼接裁剪等这些都是纸制地图无法实现的技术。"层"就是按地图要素分别进行显示,如道路层、水系层、居民地层、植被层、地貌层和形状区划界线层等,可以按单独要素层的方式进行显示,也可以灵活组织进行多层综合显示。层下还可按属性设等级显示,如可将道路层中的铁路定为一级,公路定为二级,其他乡村道路定为三级,对不同级别按特定符号模式或颜色进行显示表达,这种层次组合灵活、等级分明的显示技术也是纸制地图所不及的。"虚"就是应用虚拟技术实现地图立体化、动态化,使地图识读与理解具有亲临其境之感,这种技术也是纸制地图所无法实现的。

"传"就是利用数据传输技术可将电子地图方便传送通信,便于携带。"量"就是可在计算机中快速实现对地图要素有关空间定位坐标、长度、面积、角度等的自动量测。

电子地图作为信息时代的新型地图产品,由于它具有上述特点与优势,因此已被广泛应用于军事指挥、规划管理、交通旅游和教学科研等各个领域,随着信息技术的发展它必将具有更为广泛的应用前景。

思考题与习题

1. 何谓平面图? 何谓地形图?

2. 何谓比例尺精度? 比例尺精度在测绘工作中有何参考用途?

3. 地形图分幅编号方法有哪几种? 它们各自用于什么情况下?

4. 地形图中表示的主要内容是什么? 地物在地形图上是怎样表示的?

5. 地物在地形图上表示的原则是什么?《地形图图式》中的地物符号可归纳为几类? 各种符号在什么情况下应用?

6. 何谓等高线、等高距和等高线平距? 在同一幅地形图上等高线平距与地面坡度的关系如何?

7. 地形图上有哪几种等高线? 它们各自用于什么情况下?

8. 等高线有哪些特性? 高程相等的点能否都在同一条等高线上?

9. 试用等高线绘出山头、洼地、山脊、山谷、鞍部等典型地貌。

10. 在图 7.17 中,用规定的符号标出山头、鞍部、山脊线和山谷线(山头 ▲、鞍部 ●、山脊线—·—·—、山谷线 …)。

11. 根据等高线的特性,指出图 7.18 中画得不正确的地方,并改正等高线。

图 7.17

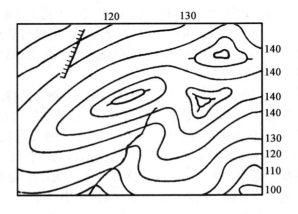

图 7.18

第 **8** 章
大比例尺地形图测绘

测绘地形图,测图比例尺的不同,其成图方法、精度要求也不一样。一般而言,大比例尺地形图具有测绘面积小、表示地物及地貌要素详细、精度高的特点,通常采用大平板仪测图、经纬仪测绘法和全站仪数字化测图等测绘方法,在野外直接测绘成图;中比例尺地形图,一般采用航空摄影测量成图法,航空摄影测量具有测绘精度均匀,能把大量的野外测图工作移到室内进行,大大减轻了野外的劳动强度,加快了成图速度等特点,因而大面积的地形图测绘都采用航空摄影测量成图法,随着测绘科学技术的进步和仪器设备的创新,航空摄影测量的精度能满足大比例尺地形图的要求,因此有些地区大比例尺成图也应用航测的方法;小比例尺地形图通常根据大、中比例尺地形图及有关资料编绘而成。

测绘地形图是在控制测量工作完成之后进行的。传统大比例尺地形图的测绘是以控制点为测站,使用各种测量仪器和工具测定其周围地物、地貌特征点的平面位置和高程,根据地物、地貌的形状和大小依《地形图图式》的相关符号和注记以测图比例尺缩绘在图纸上,这就是地形图。本章主要介绍大、中比例尺地形图的测绘方法及地籍测量。

8.1　测图前的准备工作

传统的地形测图方法在测图前应做好以下几项准备工作:

8.1.1　图纸准备

大比例尺地形图测绘一般都选用聚脂薄膜作为测制地形图的底图。聚脂薄膜具有透明度好、伸缩变形小、坚韧耐潮、不蛀不霉、污染后可水洗、并能直接在铅笔原图上着墨或刻板制图等优点。加工过的聚脂薄膜一面为毛面,另一面为光面。其中毛面为正面,光面为底面,根据厚度不同有 0.07 mm 和 0.1 mm 两种规格。作为蓝晒底图可选购 0.07 mm 或 0.1 mm 厚的图纸,作为刻板底图时应选购 0.1 mm 厚为宜。在没有聚脂薄膜的情况下,亦可选用优质的白纸作为测图图纸。

8.1.2 绘制坐标格网

为了能准确地将控制点展绘到图纸上,展点前应精确地绘出坐标格网,绘制坐标格网也为地形图应用中确定点位提供依据,坐标方格一般采用边长为 10 cm 的正方形。根据绘图所用的工具不同,绘制坐标格网的方法有:对角线法、格网尺法以及绘图仪绘制等,下面仅介绍对角线法和格网尺法。

(1)对角线法

如图 8.1 所示,绘制坐标格网时,先用直尺和铅笔在图纸上轻画出两条对角线,设对角线的交点为 O。过 O 点向各对角线截取相同的长度得 a,b,c,d 4 点,连接 a,b,c,d 4 点即得一矩形。再分别由 a,b,d 三点起,沿 ab,ad,bc,dc 线每隔 10 cm 截取等长的诸点,连接相应各点即成坐标格网。

(2)格网尺法

坐标格网尺是一根带有方眼的金属直尺(如图 8.2),尺上有间隔 10 cm 的 6 个孔,每孔有一个斜边,起孔斜边是直线,其上刻有一细线表示该尺长度的起点,称为零点,其他各孔及末端的斜边是以零点为圆心,以 10 cm,20 cm,…,50 cm 及 70.711 cm 为半径的弧线。长度 70.711 cm 即是 50 cm × 50 cm 正方形对角线的理论长度。

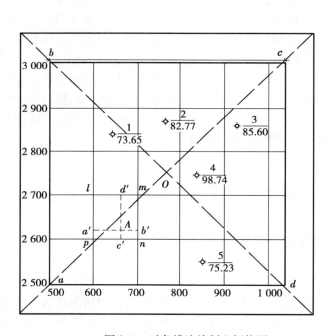

图 8.1 对角线法绘制坐标格网

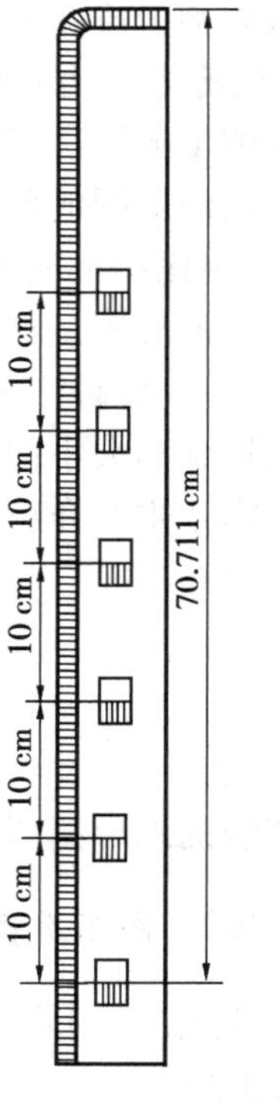

图 8.2 格网尺

图 8.3 为用坐标格网尺绘制坐标格网的步骤:

①图 8.3(a),在图纸下方适当的位置绘一直线,在左端截取一点 A,尺子零点对准 A,并使尺上各孔的斜边中心通过直线,再沿各孔斜边画短弧线,与直线相交得 1,2,3,4,B 等 5 点。

②图 8.3(b),将尺子零点对准 B,并使尺子大致垂直于直线 AB,再沿各孔的斜边绘 5 个圆

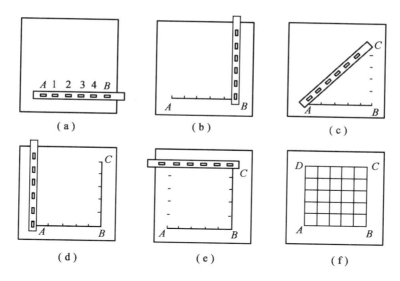

图 8.3　格网尺法绘制坐标格网

弧短线。

③图 8.3(c),将尺子零点精确对准 A,并使尺子末端与右边最上的短线相交得 C 点,连接 BC 即得格网右边各点。

④图 8.3(d),尺子零点对准 A,并使尺子大致垂直于 AB 直线,沿各孔斜边画短弧线。

⑤图 8.3(e) 将尺子零点精确对准 C,并目估使尺子平行于直线 AB,再沿各孔斜边画短弧线,第 5 根短弧线与左边最上的短弧线相交得 D 点,连接 AD,BD 即得 50 cm × 50 cm 的正方形。

⑥图 8.3(f),将上、下和左、右相应的各点连接即成 10 cm × 10 cm 的坐标格网。

方格网绘制的正确性直接影响到控制点的展绘精度。因此,坐标格网绘好后应立即进行检查。方法是:将直尺边缘沿方格网的对角线放置,各方格顶点应在一直线上,偏离值不得大于 0.2 mm;其次方格网对角线长度,与理论长 70.711 之差不得超过 0.3 mm;再检查小方格边长与对角线长度,与理论长 10 cm 和 14.4 cm 之差不得超过 0.2 mm。如超过规定应重新绘制,全部合格后方能用于展点。

8.1.3　控制点展绘

控制点展绘就是根据控制点的坐标值,按测图比例尺将其展绘到图上,作为碎部测量展点的依据。控制点展绘的好坏,直接影响到地形测图的质量,因此,务必仔细和认真进行,并要做必要的校核。

如图 8.1 所示,展点前应从测区分幅总图上查找出所展图幅的西南角点的坐标值和抄录落在该图幅内各控制点的坐标和高程,根据给定的图幅西南角点坐标值以及测图比例尺在方格网左边由下而上标出格网线的纵坐标值,在格网的下边由左向右标出格网线的横坐标值。展点时,先根据待展点的坐标值判定点位落在那一方格,将这一点的坐标减去该方格的西南点坐标即得展绘值。例如,控制点 A 的坐标为:$X_A = 2\ 615.40$ m,$Y_A = 686.72$ m,由 A 坐标值及方格网线的坐标可知,A 点应落在 $pl\ mn$ 方格内,因为:$X_A - X_P = 15.40$ m,$Y_A - Y_P = 86.72$ m,所以应从 p 点和 n 点起用比例尺向上截取 15.4 m 得 a',b' 两点,再从 p,l 两点起向右截取

86.72 m得 c',d'两点。连接 $a'b'$,$c'd'$两直线,其交点即为 A 点在图上的位置。同法,将落在本图幅内的所有控制点展绘到图上。控制点展完后,应按图式的规定绘出相应的控制点符号,并在符号右侧绘一横线,横线上方注记控制点点名,下方注记该控制点的高程。

控制点展绘要做到及时检核。当相邻点展出后,用比例尺量取它们的长度,与这两点用坐标反算出的长度(或实测的长度)之差不得超过图上 ±0.3 mm,若超限应检查原因并重新展绘。

8.2 经纬仪测图

8.2.1 地形点的选择

地形点是地物特征点与地貌特征点的总称,也叫碎部点。

地物特征点是指决定地物形状与大小的转折点、交叉点、曲线上的变换点和独立地物的中心点,如房屋的凹凸转折角、道路中心线或边线的拐弯点、河岸线的转折点、水井和水塔的中心点等。这些能决定地物位置的特征点测到图上后,将其连接就能得出与实地相似的地物形状,因此立尺员应选择这些点竖立标尺。地面上固定的地物大小不一,形状繁多,很不规则,若毫无区分地一一竖尺测绘,势必会大大增加外业工作量,而且还会因图面荷载过大而影响地形图的整洁与美观。故选择地物点时,应根据测图比例尺的大小以及用图单位的要求,对一些极不规则的地物做适当的取舍。一般规定,建筑物轮廓线凹凸部分小于图上 0.4 mm 时,应舍去并连成直线。

地貌特征点是指能决定地貌高低起伏形态的地形点。地貌点应选择在最能反映地貌特征的山脊线和山谷线等特征线上,如山顶、鞍部、谷口、山脊和山谷的坡度变化处。如果测区是没有明显山脊和山谷的地貌,地貌点应按梅花状选择。地形点密度以及离测站的最大视距应满足表 8.1 中的要求。

表 8.1 地形点最大间距和最大视距

比例尺	地形点最大间距 /m	最大视距/m			
		主要地物		次要地物和地貌	
		城镇建筑区	一般地区	城镇建筑区	一般地区
1:500	15	50	60	70	100
1:1 000	30	80	100	120	150
1:2 000	50	120	130	200	250

综上所述,选择好地形点是保证成图质量和提高测图作业效率的关键。因此立尺员应熟悉测图技术要求,掌握图上与实地的比例关系和综合取舍的能力,正确合理地选择应测定的碎部点位。此外,立尺员跑尺的线路和立尺的次序必须与绘图员密切配合,特别是在地物密集的测区,应逐个地物依次立尺,不要单纯为了跑尺方便,一个地物尚未测完又跑到另一个地物立尺,这样很容易给绘图员造成混乱。在测绘地貌时,立尺员应先跑山脊、山谷和山脚线,再跑坡面上的散点,以便于绘图员能准确地连接地性线。

8.2.2　经纬仪测绘法

经纬仪与量角器配合测图是将经纬仪安置在测站上,测图板安置在测站旁,经纬仪测量出测站至碎部点的视线边与定向边之间的水平角,用视距测量方法测定测站点与碎部点之间的水平距离和高程,在图板上用量角器按极坐标原理展绘碎部点位置的一种测图方法。一个测站的测图(如图 8.4)步骤为:

①在测站 A 上安置经纬仪,对中、整平后用小钢尺量取仪器高 i。将仪器置于盘左位置,瞄准另一个已知点 B,配置水平度盘读数为 0°00′00″。

② 在测站旁 2~3 m 处安置测板,大致对北。将图上相应的控制点 a、b 用细线连接,直线 ab 即是该站展点时量角器读取水平角的指标线,再用大头针把量角器固定在 a 点上。

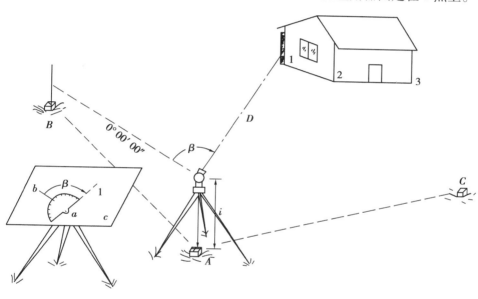

图 8.4　经纬仪测绘法

③选点立尺　立尺员和绘图员一起,根据实地情况以及本站实测范围拟定好跑尺的路线,然后依次选定地物(地貌)特征点,并竖立标尺。

④观测读数　观测员瞄准标尺,读取水平角 β、视距(Kl)、中丝读数 V(为了简化计算,条件许可时选 $V=i$),最后调节指标水准管气泡居中,读取竖盘读数 L。为了快速读出视距,在大致对 V 后,调节望远镜微动螺旋,使上丝(或下丝)对准一个整数(整分米刻划),然后按一厘米为一米的方法直接读出上下丝的尺间隔,这就是视距(Kl)。

⑤记录计算　记录员依次将水平角 β、视距(Kl)、中丝读数 V 以及竖盘读数 L 填入地形测量手簿内(见表 8.2)。再将(Kl),V,L 键入计算器内,或按公式直接计算,求出水平距离 D 和碎部点的高程 H。

⑥展点绘图　绘图员转动量角器,使指标线对准水平读数 β,此时量角器的 0°或 180°边缘线就是碎部点的图上方向,在该方向上按测图比例尺截取测站至碎部点的距离 D,即定出碎部点的位置。并在点位的右侧注上高程,即得碎部点在图上的位置。重复上述步骤,直至测站周围的地物、地貌点测完为止。绘图员应边展点边参照实地连接地物轮廓线,连接山脊和山谷

135

线,勾绘等高线,做到站站清。

表 8.2　地形测量手簿

测站:A　后视点:B　仪器高:$i = 1.35$　测站高程:28.36 m　指标差:$x = 0$

日期:2001 年 10 月 29 日　观测者:李　军　记录者:王　萍

点号	水平角 /° ′	视距 /m	中丝读数 /m	竖盘读数 /° ′	竖直角 /° ′	高差 /m	水平距离 /m	高程 /m	备注
1	114　00	74.3	1.35	95　15	−5　15	−6.77	73.68	21.59	竖盘
2	172　40	28.8	1.35	94　04	−4　04	−2.04	28.66	26.32	为顺
3	327　36	98.7	2.35	87　27	+2　33	+3.39	98.50	31.75	时针
4	16　24	123.0	2.00	89　39	+0　21	+0.10	123.00	28.46	注记

测图过程要注意检查。一般每测 15～20 个碎部点后应重新瞄准定向目标 B,其归零差不得大于 4′。若在限差内,则重新拨回 0°00′00″ 再继续观测后面的碎部点。若超限,则应重新定向并检查更正已测过的点位后再继续施测。仪器搬至新一站时复测一点前站已测的明显地物点,与上站所测点位之差不大于图上 0.3 mm 时可施测新的碎部点,否则要查明原因并更正后再施测。

8.2.3　碎部点常用辅助定点方法

(1)距离交会法

一些隐蔽在建筑群内的地物点,如果与测站不通视时,可采用距离交会法确定其点位。如图 8.5 所示,M,N 为两个已知点,1,2 为待定点,量出距离 D_{M1},D_{N1},便可用距离交会法定出 1 点。同理也可以定出 2 点的位置。

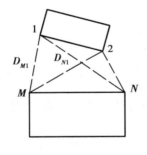

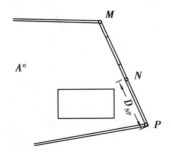

图 8.5　距离交会　　　　　　图 8.6　延长线法

(2)延长线法

图 8.6 中,M,P 为地物的转折点,M 点可以测定,但测站 A 与另一转折点 P 不通视,此时可在 MP 连线上选一与测站 A 通视的非特征点 N,测定 N 点位置,并量出 NP 的距离 D_{NP},在图上沿 MN 延长线由 N 量出 D_{NP},便可定出 P 点。

8.2.4　测站点的增设

在建筑物密集区测绘地形图或在复杂的地形条件下测图时,解析控制测量所布设的控制点往往不能满足测图需要,通常要在测图时根据实地情况加密一些控制点,才能完成地物、地貌的测绘,加密控制点的工作称为测站点增设。常用的方法有支导线法和内、外分点法。

（1）支导线法

如图 8.7 所示，A,B 为图上已有的图根点。增设测站时，先在实地上选定测站点 P，打入木桩，再在 P 点上竖立标尺，仪器在原测站 A 上测量出 AB 与 AP 之间的水平角 β，读取中丝读数 v 和竖直角 α，用钢尺丈量出 A 至 P 的水平距 D_{AP}，设仪器高为 i，若 AB 的方位角为 α_{AB}，则按（8.4）式可求出增设测站点的坐标和高程

$$\left.\begin{array}{l} x_P = x_A + D_{AP} \cdot \cos(\alpha_{AB} + \beta) \\ y_P = y_A + D_{AP} \cdot \sin(\alpha_{AB} + \beta) \\ H_P = H_A + D_{AP}\tan\alpha + i - v \end{array}\right\} \tag{8.4}$$

P 点坐标求出后再将其展绘到图上，P 点即是支导线法增设的新测站点。仪器搬到 P 点安置时，以原站 A 定向便可继续施测 P 点周围的碎部点。值得注意的是，在支测站点上施测碎部点之前至少要复测一个原站已测定的明显地物点进行检核，复测结果与原站所测定的点位之差不得超过图上 ± 0.4 mm，高程之差每百米视距不大于 ± 0.04 m，否则支测站点应重测。

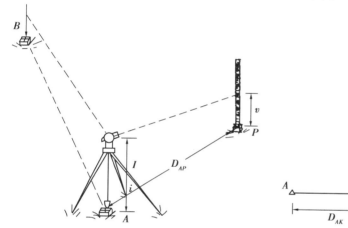

图 8.7　支导线法增设图根点

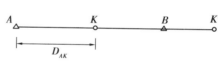

图 8.8　内、外分点法增设图根点

（2）内外分点法

图 8.8 中，A,B 为已知控制点，在已知点连线上增设测站点称为内分点，在连线的延长线上增设的测站点称为外分点。施测时，仪器安置于 A 点，瞄准 B 点，固定照准部，立尺员沿望远镜视线选定增设点，并竖立标尺。用钢尺丈量出 A 点至 K 点的水平距 D_{AK}，并采用三角高程法（或经纬仪水准法）测出 K 点的高程 H_K。绘图员根据距离 D_{AK} 在图上 a、b 的连线内定出 K 点，并注记高程 ，K 即为内分点法增设的测站点 。同理也可以在延长线上做出外分点 K'。

8.2.5　地物、地貌描绘

（1）地物描绘

地物在地形图上表示的原则是：凡能依比例尺描绘的地物，应将它们水平投影的几何形状相似地描绘到图上，如房屋、池塘、河流、道路等；对不能依比例描绘的地物应用规定的符号表示在地物的中心位置上，如水井、水塔、烟囱、独立树等。有些地物的性质、结构、名称还用文字和数字加以注记说明。由于地面上的物体种类繁多，异常复杂，因此地物点一旦确定，应立即对照实物形状连接相关点位。房屋等边线整齐的地物用直线连接，道路、河流的拐弯部分用圆

滑的曲线连接,这样随测随连,测完即成图。《地形图图式》是测绘地形图的重要依据,测绘人员对一些常用的图式符号要熟记,以便于在地形图测绘中正确运用,确切地表达各种地物。

(2)勾绘等高线

地形点测定后,必须对照实地连接山脊、山谷线,随即可在同一坡度的两个地形点间勾绘等高线。所谓等高线就是把高程相同的相邻点连接而成的线,由此,勾绘等高线的关键就是在图上定出等高线通过的点。

1)求等高线通过的点

通过碎部测量,在图上已标出地形点的点位和高程,要求等高线通过的点,只有根据地形点间的距离(平距)和高差通过内插求得,然而,高差与平距成什么关系,又通过什么方法求得等高线通过的点呢?

①高差与平距成正比

如图 8.9,AA' 为高差,$A'B$ 为平距,若等高距为 1 m,则三等分 AA',得 73 m,74 m 高程点,过 73 m,74 m 点作 $A'B$ 平行线与斜线相交,过交点再作垂线与平距得交点 73 m,74 m。由相似形证明,高差与平距成正比,因此,可三等分平距 $A'B$ 即求得 73 m,74 m 等高线通过的点。

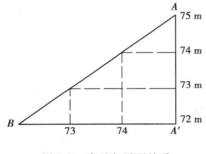

图 8.9　高差与平距关系

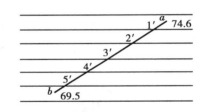

图 8.10　平行线法

②求等高线通过的点的方法

图 8.9,两地形点 A、B 高程均为整数,等高距为 1 m 时,等分平距即可求得等高线通过的点,但实际上,地形点的高程大多不是整米数,而带有小数,此时,必须首先定出两端为整米数等高线通过的点,然后再等分中间,这就是所谓"定两头,等分中间"的内插方法。归结起来有下面三种方法可求得等高线通过的点。

a. 图解法

图解法就是利用在透明纸上绘制好的等间距的平行线套在图纸上定出两头等高线通过的点,利用平行线直接等分中间的一种方法。做法是将绘好平行线透明纸盖在 ab 上,如图8.10,a 点高程为74.6 m,b 点高程为69.5 m,使 a、b 分别目估位于平行线组的 0.6 和 0.5 处,则 ab 线上与平行线的交点 $1'$,$2'$,$3'$,$4'$,$5'$ 就是所求等高距为 1 m 时的 70 m,71 m,72 m,71 m,70 m 等高线通过的点。

b. 计算法

根据高差与平距成正比的原理,通过计算求得两地形点距两端为整数等高线通过的点,再等分中间。

设 a 点距端点等高线通过的点的平距为 S_a,高差为 h_a,b 点平距为 S_b,高差为 h_b,ab 平距为 S_{ab},高差为 h_{ab},则

$$S_a = \frac{S_{ab}}{h_{ab}}h_a \Big\}$$
$$S_b = \frac{S_{ab}}{h_{ab}}h_b \Big\} \tag{8.5}$$

式中，S_{ab} 可在图上直接量得，h_{ab}，h_a，h_b 可根据点的高程求得。

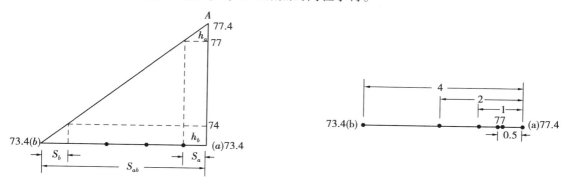

图 8.11　计算法　　　　　　　　　　　　　图 8.12　目估法

如图 8.11，h_{ab} 为 0.4 m，h_a 为 0.4 m，h_b 为 0.6 m，以已知数据代入上式便可求得 S_a，S_b，从 a 点起向 b 方向在图上量取 S_a，定出 77 m 点，从 b 点起向 a 方向，同法定得 74 m 点，然后等分中间，可求得其他等高线通过的点。

c. 目估法

由于高差与平距成正比，所以目估法就是把两地形点间的平距作为两点的高差，以目估等分两点并向两端不断等分平距以求得两端等高线通过的点，然后再目估等分中间的一种方法。如图 8.12，a，b 高程分别为 77.4 m，73.4 m，高差为 4 m，两点等分后两边高差均为 2 m，向右继续等分为 1 m，0.5 m，再目估往左 0.1 m 即为高程 77 m 等高线通过的点。同理往左等分下去，也可定出 74 m 的点。有了两端点，等分中间便可定出其他等高线通过的点。

2) 勾绘等高线

按以上方法定出相邻地形点间等高线通过的点，根据高程相同的相邻点便可连接等高线。勾绘等高线时，线条粗细要均匀、圆滑、协调，与山脊山谷线要正交，计曲线要加粗，并在适当位置在等高线断开处注记高程，字体朝向高处，并与等高线垂直。

在野外勾绘等高线要对照实地进行勾绘，这样更真实、形象，更能反映地形起伏变化的实际情况。

8.3　地形图的拼接与检查

8.3.1　地形图的拼接

当测区面积较大，整个测区分为若干图幅施测时，各图幅测绘完后，与之相邻的图幅要进行拼接。测图大都选用聚脂薄膜，而聚脂薄膜是透明的，所以接图十分方便，只要将相邻图幅的坐标格网线重叠即可。如图 8.13 所示，左边是图幅 A，右边是图幅 B，两幅图坐标格网线重叠后，接边处的道路、河流、房屋以及等高线等都可能不完全吻合,这是由于测图工作存在误差的缘故。测量规范规定,接边误差不得超过表8.3中规定的地物点位中误差的$2\sqrt{2}$倍,如在容许范围则取平均值对相邻接边进行改正,使接边处完全吻合;若超限应分析原因并到实地测量更正。

表8.3 图上地物点的位置中误差和等高线高程中误差

地区类别	图上地物点的位置中误差(mm)		等高线的高程中误差(等高距为h)			
	主要地物	次要地区	平地 (6°以下)	丘陵地 (6°~15°)	山地 (15°~25°)	高山地 25°以上
一般地区	±0.6	±0.8	$\dfrac{1}{3}h$	$\dfrac{1}{2}h$	$\dfrac{2}{3}h$	$1h$
城市建筑区	±0.4	±0.6				

8.3.2 地形图的检查

为了保证地形图的成果的质量,地形图测绘完毕后,必须对所完成的成图资料进行全面严格的检查。通常是先进行自查,再组织专人检查。

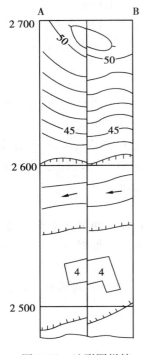

图8.13 地形图拼接

(1)自查

自查是保证成图质量的重要环节。测绘人员在野外测量过程中,应随时检查自己所测地物、地貌是否正确合理。此外当一幅图测完后,应用一定的时间进行全面的图面审核,如发现有错漏和表示不合理的现象,要及时更正,必要时应野外补测更正,确认为正确无误后再提供专职检查。

(2)专职检查

专职检查包括室内检查、野外巡视检查和野外设站检查等工作。

室内检查首先全面检查地形控制测量资料,包括观测和计算手簿中的记载是否齐全、清楚和正确,各限差是否符合规范和设计要求,核对展点所抄录的图根点坐标和高程是否与原始成果表中一致;其次检查坐标格网绘制与坐标展点是否符合精度要求,查看图上控制点数和埋石点数是否满足测图的技术要求;最后查看地物、地貌是否清晰易读,各种注记符号是否正确,地物的综合取舍是否合理,地形点的数量及分布能否满足等高线勾绘的需要,等高线与地形点的高程是否有矛盾和可疑之处,图边是否接合等。对发现的错误和疑点加以记载,并以此为依据决定野外巡视检查的路线。

野外巡视检查是根据室内检查的疑点按预定的路线进行。检查时将原图与实地对照,查看地物、地貌各要素测绘是否齐全,取舍是否恰当,符号运用和名称注记是否正确等。

设站检查是在室内检查和巡视检查的基础上进行的,对检查中发现的错误和遗漏进行实测更正,对发现的疑点也要进行仪器检查。设站检查一般采用散点法,即在测站上安置仪器,选择一些地物点和地貌点立尺,测定其平面位置和高程,若各误差不超过表8.3规定的中误差的$2\sqrt{2}$倍,视为符合要求,否则要予以更正。仪器检查量一般不少于10%。

8.3.3　地形图整饰

地形图整饰就是将野外测绘的铅笔原图,按原来线划符号位置以图式规定的符号要求用铅笔加以修整,使图面更加合理、清晰、美观。为此,首先要将原图上不必要的线划、符号和数字擦掉,然后按先图内后图外、先地物后地貌、先注记后符号的顺序进行修饰。图上的文字注记除等高线高程注记字头朝向高处及道路、河流名注记应按朝向变化方向外,其他所有注记一律字头朝北。图内整饰完后要按图式的要求书写图名、图号,绘制接图表和比例尺,注记坐标系、高程系、测绘单位和测绘者、测绘年月和成图方法等。

8.4　全站仪数字化测图

8.4.1　全站仪

全站仪主要由电子经纬仪、光电测距仪、微处理机等组成,在一个测站上可同时测角、测距,并能自动计算出待定点的坐标和高程。正是由于安置一次仪器在一个测站上同时可完成所有的测量工作,故被称之为"全站仪"。

全站仪按结构可分成组合式和整体式两类。组合式全站仪的电子经纬仪和光电测距仪既可组合在一起,又可分开使用;整体式全站仪是电子经纬仪和测距仪共用一个望远镜并安装在同一外壳内,组成一个整体,当前生产的全站仪多为整体式的,使用比较方便。

(1)全站仪结构原理

全站仪的结构原理如图 8.14 所示,图中上半部包含测距、测水平角、测竖直角和水平补偿四大光电测量系统。键盘指令是测量过程的控制系统,通过按键便可调用内部指挥仪器的测量工作过程和进行数据处理。以上各系统通过 I/O 接口接入总线与计算机联系起来。

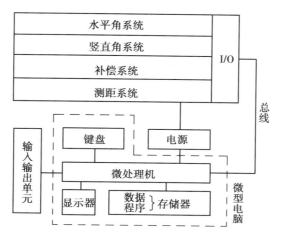

图 8.14　全站仪的结构原理

微处理机是全站仪的核心部件,主要是由寄存器(缓冲寄存器、数据寄存器、指令寄存器等)、运算器和控制器组成。微处理机的主要功能是根据键盘指令启动仪器进行测量工作,执行测量过程的检核和数据的存输、处理、显示、储存等工作,保证整个测量工作有条理地进行。输入和输出单元是与外部设备连接的装置。以便于测量人员设计软件系统,处理某种目的的测量工作,在全站仪的数字计算机中还提供有程序存储器。

(2)全站仪在工程中的应用

电子全站仪除能测距、测角外,还具有对边测量、悬高测量、后方交会测量、三维坐标测量、放样测量和偏心测量等测量功能。

(1)对边测量

测定目标点间的水平距离、斜距、高差,称之为对边测量。

具体操作如下:

1)在测站点安置仪器,输入仪器高,选择对边测量模式(辐射式、连续式)和功能。

2)输入各目标点点号和棱镜高,照准起始点,并按测量键。

3)依次照准其他各点,每按一次测量键,分别显示目标点之间的距离与高差。

(2)悬高测量

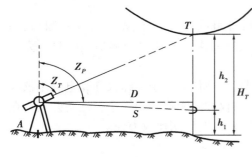

图 8.15 悬高测量

测量某些不能安置反射棱镜的目标(如高压线、桥梁桁架等)高度时,可在目标正上方或正下方处安置棱镜的点来测定,如图 8.15,A 为测站,目标 T 为高压线的最低点,在其下安置反光镜,量棱镜高 h_1,照准棱镜中心,测定斜距 S 及天顶距 Z_P。则 T 点高度为

$$H_T = h_1 + h_2 = h_1 + S\frac{\sin Z_P}{\tan Z_T} - S \cdot \cos Z_P$$

具体操作如下:

1)在测站安置仪器,在待测目标上方或下方置棱镜并量其高度 h_1 输入仪器。

2)照准棱镜,按距离测量键,显示斜距及棱镜天顶距。

3)照准目标点,按悬高测量键,显示目标点离地面高度。

(3)三维坐标测量

全站仪安置在一已知坐标点,棱镜设置在待定点上,输入已知点坐标、仪器高及棱镜高,后视另一已知点并输入其坐标(后视已知点是为了设置方位角),然后照准待定点棱镜并进行观测,仪器即显示待定点坐标。

(4)后方交会测量

全站仪安置在某一待定点上,通过对两个以上的已知坐标点的棱镜进行观测,并输入各已知点的三维坐标、仪器高和棱镜高后,全站仪即可显示待定点的三维坐标。

(5)放样测量

将放样的角度和边长(或坐标值)输入全站仪,在放样中仪器会显示角度和边长的实测值与放样值之差,根据差值移动棱镜,直至差值为零为止,此时棱镜的位置即为放样点的位置。

(6)面积测量

选择面积测量模式,按屏幕提示依次输入测点点号、棱镜高,瞄准目标按测量键,测量完毕屏幕即显示各观测点组成的闭合图形的面积、周长、点数等。

（7）偏心测量

若待定点不能设置棱镜（如圆形地物中心），可将棱镜设置在待定点的左侧或右侧，并使棱镜至测点的距离与待定点至测站点的距离相等，瞄准棱镜并进行观测，再瞄准待定点，仪器即可显示待定点坐标。

8.4.2 地面数字化测图

传统的地形图测绘，是通过使用常规的测量仪器和测量工具，在实地测绘铅笔原图，称之为白纸测图，而应用全站仪野外采集数据与计算机系统绘制的地形图，称之为地面数字化测图。从白纸测图到地面数字化测图，这是现代测绘技术的一个重大变革。

全站仪数字测图是由全站仪野外采集数据，计算机对这些数据进行识别、检索、连接和调用图式符号，编辑生成数字地形图。野外采集的每一个地形点信息，包括点位信息和绘图信息。点位信息是指点号及其三维坐标值，由全站仪实测获取；点的绘图信息是指地形点的属性及与其他点间的连接关系（点号及连接线型）。为使计算机能自动识别测点，必须对地形点的属性进行编码。知道地形点的编码和连接信息，计算机利用绘图软件，从图式符号库中调出与该编码相对应的图式符号，连接并生成数字地形图。

（1）信息编码

1）地物编码

为了区分不同的地物，必须进行地物编码。编码应惟一、简洁明了、实用，便于计算机处理，并符合国际图式分类。目前国内数字测图系统一般是采用三位整数或四位整数地物编码方案。在三位整数编码方案中，第一位表示地物的大分类，按图式要求共分 10 大类：测量控制点、居民点、工矿企业建筑物和公共设施、独立地物、道路及附属设施、管线与栅栏、水系及附属设施、境界、地貌与土质、植被。第二、三位表示地物的细分类，即具体某一地物在某大分类中的顺序号。大类号与所在大类中的序号组成该地形元素的编码。例如，编码202，2 为二大类，即居民地；02 为图式符号中的行号，即一般砖结构房屋。在四位整数编码方案中，前三位含义不变，第四位表示某一地物的进一步细分，如同一种地物（如墙、桥等）有时又分为依比例尺表示、不依比例尺表示、半依比例尺表示等。

2）连接信息

数字化地形测量除采集点位信息、地形点属性信息外，还要采集连接线型信息。连接线形式有 4 种代码：1 为直线；2 为曲线；3 为圆弧；空为独立点。连接关系代码可由连接点的点号组成。如图 8.16 测一条小路，假设小路的编码为632，记录为表 8.4

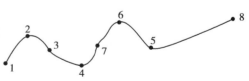

图 8.16　数字化测量记录

3）野外采集数据

全站仪采集地形点数据步骤与经纬仪测绘法相似，具体操作如下：

①安置全站仪在测站上，输入测站点坐标（X、Y、H）及仪器高。

②照准定向点，输入测站点至定向点的坐标方位角（即定向角）。

③待测点是棱镜并将棱镜高由人工输入全站仪，输入一次后，其余测点的棱镜高则由程序默认（即自动填入原值），只有当棱镜高改变时，才须重新输入。

表 8.4 数字化测图记录表

单 元	点 号	编 码	连接点	连接线型
第一单元	1	632	2	2
	2	632	3	
	3	632	4	
	4	632	7	
第二单元	5	632	6	2
	6	632	7	
	7	632	4	
第三单元	8	632	5	1

④逐点观测,只需输入第一个测点的测量顺序号,其后每测一个点,点号自动累加1,一个测区内点号是惟一的,不能重复。

⑤输入地形点编码并记录。数据记录在全站仪的存储设备或电子手簿上。

4)图形生成

成图系统将野外实测数据读入后,首先将原始数据(三维坐标和编码)预处理,形成三类数据:控制点数据、地貌数据、地物数据。然后分别对三类数据进行处理,形成图形数据文件,包括带有点号和编码的所有点的坐标文件和含有所有点的连接信息文件。

地貌数据是离散的高程点,软处理包括:按某种算法将离散点连接为多边形格网,最常用的是不规则三角形格网,建立数字地面模型(DEM);在格网的边上内插等高线通过的点的三维坐标,跟踪等高线的点,按某种曲线模型拟合等高线。

地物的绘制主要是符号的绘制。软件将地物数据按地形编码分类。每一类地物绘在一个层结构中。对于比例符号的绘制,主要依据野外采集的信息;对于非比例符号的绘制,要利用软件中的符号库,按定位线或定位点插入符号;对于半比例符号的绘制,要根据定位线及朝向,调用软件的专用功能完成。

5)地形图的编辑与输出

图形生成及编辑是大比例尺数字测图的重要一环,它将根据图式规范的要求,生成标准的数字图形文件,这相当于白纸测图的铅笔原图,但必须经过屏幕的编辑、修改,生成修改后的图形文件,成为正式成品。

软件在完成分幅、绘制图廓及图外注记后,成为正式图形。这时可采取显示器显示、绘图仪打印、磁盘存储图形数据、打印机输出图形有关数据等多种方式输出数字地图。

8.5　航空摄影测量简介

8.5.1　航空摄影测量的基本原理

航空摄影测量,是通过飞机(或人造卫星)对地面进行摄影,获取航摄像片,据此进行量测和分析,从而确定地面物体形状、大小和空间位置的一门学科。其基本原理可简述为:利用航空摄影像片,使用专门的仪器设备,在室内恢复地面的立体模型,并将航摄像片的中心投影方式解算为地形图的正射投影方式,使像空间坐标系统与物空间坐标系统的点和数值有明确的对应。

与白纸测图比较,航空摄影测量不仅可以将大量的外业工作转到室内完成,还具有成图速度快、精度均匀、不受环境条件限制等优点,因此,1:1 万~1:10 万国家基本图都采用航测法测制。随着数字摄影测量技术的应用,航测生产的产品不仅是局限于线划地形图,而重要的是以数字方式表达摄影对象的几何与物理信息,从而提高了测量成果的精度,使产品用途更广泛。因此,目前各种工程建设以及国土资源管理部门所用的大比例尺地形图、地藉图等也都采用这种方法测制。

航空摄影测量的发展经历了模拟摄影测量、解析摄影测量和数字摄影测量三个阶段。

8.5.2　航摄像片的基本知识

航摄像片是通过安装在飞机上的航空摄影机,根据选定的航高,在测区内按规划好的航线上飞行,并对地面作连续摄影而得。航摄像片的范围大小叫像幅,通常采用的像幅有 18 cm × 18 cm,23 cm × 23 cm 等。航空摄影得到的像片要覆盖整个测区面积,相邻像片之间必须具有一定的重叠,如图 8.17 所示。顺飞行方向的像片重叠称为航向重叠,重叠部分占整个像幅航向长度的百分数称为重叠度,航摄规范规定航向重叠度一般为 60%,最小不少于 53%。相邻航带之间的重叠称为旁向重叠,旁向重叠一般为 30%,最小不少于 15%。航摄负片四周有框标标志,依据框标可以量测出像点坐标。航摄像片与地形图比较有以下特点。

(1)航摄像片是中心投影

地形图是利用平行光束将地面上的地物、地貌垂直投影到水平面上,按比例尺缩小后绘制而得的垂直投影图,也称正射投影图。因此,地形图上的图形和实际形状完全相似,比例尺处处一致。航摄像片是飞机对地面摄影而获得的,如图 8.18 所示,像片上 a,b 两点的构像是由地面 A,B 两点与摄影机物镜光心 S 联成的直线所形成的,因此航摄像片就是所摄地面的中心投影。摄影机物镜光心 S 到地面的铅垂距称为航高,用 H 表示,物镜光心至底片的距离为摄影机的焦距 f。像片上某线段长度与地面相应线段长度之比称为航摄像片的比例尺。如图 8.18 所示,P 为像平面,E 为地面,假设像平面和地面都是水平的,此时像平面上某一线段 ab 与地面相应线段 AB 之比为一常数,它也等于航摄机焦距 f 与航高 H 之比,即:

$$\frac{1}{M} = \frac{ab}{AB} = \frac{f}{H} \tag{8.6}$$

由于航摄像片是中心投影,而且地面总是有起伏,像片一般也不水平,所以像片上各处的

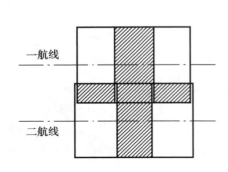

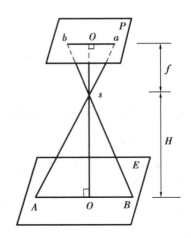

图 8.17　航向重叠与旁向重叠　　　　　　　　　图 8.18　航摄像片比例尺

比例尺是不一致的。此外,像片倾斜和地形起伏都会引起像点位移,因此利用航摄像片测制地形图,必须消除像片倾斜误差和限制投影误差,统一像片上各处的比例,才能使中心投影的航摄像片转化为垂直投影的地形图。

(2)像点位移

航空摄影时像片的倾斜和地面高低起伏都会引起像点位移,根据产生位移的原因不同有以下两种情况:

1)因像片倾斜引起的像点位移

如图 8.19 所示,若像片水平时,实地正方形的 A,B,C,D 四点在像平面上的点 a_0,b_0,c_0,d_0 仍然是正方形。当像片有倾角 α 时,像片上各部位的比例尺不一致,导致相应的四个像点 a,b,c,d 形成梯形。在模拟测图法中通常是利用少量的地面已知控制点,采用像片纠正的方法一次性全部消除各像片的倾斜误差。

2)因地面起伏引起的像点位移

如果地面起伏不平,尽管摄成水平像片,所得的影像也会产生变形。如图 8.20 所示,地面上 A,B 两点不在同一个水平面上,它在水平像片上的构像为 a,b。而 A,B 两点在基准面 E_0 上的正射投影为 A_0,B_0,它在像片上的构像为 a_0,b_0,则 aa_0 和 bb_0 就是由于地面起伏引起的像点位移,称之为投影误差。投影误差与地面点至基准面 E_0 之间的高差 h 成正比,而与航高 H 成反比。这说明,投影误差可随选择的基准面的高度不同而改变,因此投影误差无法消除,在航测内业中,通常是根据少量的地面已知高程点,按分带投影的方法加以限制。

8.5.3　航测成图法简介

(1)模拟测图法

模拟测图法是利用航空摄影测量仪器中的光学投影器或机械投影器或光学—机械投影器"模拟"摄影过程,用它交会被摄影物体的空间位置,这种模拟摄影光束的测图方法称为模拟测图法。根据使用的仪器设备不同,模拟测图又分为全能法、分工法(微分法)和综合法等三种。随着计算机技术的发展与应用,我国模拟测图的应用至 20 世纪 90 年代已逐步被淘汰。

(2)解析测图法

利用"数字投影代替物理投影"的方法测制地形图称之为解析测图法。"数字投影"是指

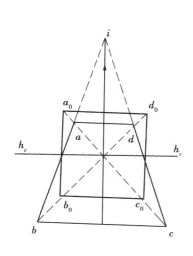

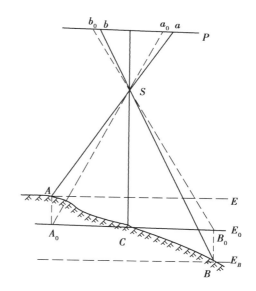

图 8.19　像片倾斜的像点位移　　　　图 8.20　地面起伏的像点位移

利用电子计算机实时地进行共线方程的解算,从而交会被摄物体的空间位置。"物理投影"是指"光学的、机械的、或光学-机械的"模拟投影。解析测图的方法与模拟测图中全能法测图基本相同,解析测图仪由一台精密立体坐标量测仪、一台计算机和一台电子绘图桌等组成,这些单元相互以"联机"方式联结。其主要特点是用计算机解算像片坐标代替机械投影,从而不受主距的限制和提高测图精度。这种测图法在我国应用至 20 世纪 90 年代末逐步被全自动的数字摄影测量法所取代。

(3)数字摄影测量方法

随着计算机技术及其应用的发展以及数字图像处理、模式识别、人工智能、专家系统以及计算机视觉等学科的不断发展,使摄影测量步入了真正的自动化-数字摄影测量时代。数字摄影测量的定义,目前在世界上主要有两种观点:观点之一认为数字摄影测量是基于数字影像与摄影测量的基本原理,应用计算机技术、数字影像处理、影像匹配、模式识别等多学科的理论与方法,提取所摄对象用数字方式表达的几何与物理信息的摄影测量的分支学科。观点之二则只强调其中间数据记录及最终产品是数字形式,也就是说,数字摄影测量是基于摄影测量的基本原理,应用计算机技术,从影像中提取所摄对象用数字方式表达的几何与物理信息的摄影测量分支学科。

数字摄影测量首先要获得摄影对象的数字影像,所谓数字影像是指将原来模拟方式的信息转换成数字形式的信息。数字影像自动测图处理的原始资料是数字影像,因此,对影像进行采样与量化,以获取所需的数字影像,是数字影像自动测图的最基础的工作。数字影像可以从传感器中直接产生,也可以利用影像数字化器从摄取的光学影像中获取。目前常用的传感器有电子扫描器、电子-光学扫描器、固体阵列式数字化器等。

摄影测量的第一步工作便是内定向。在模拟测图仪上测图时,是将像片的框标与像片盘上的框标重合;在解析测图仪上测图时,是将像片安放在像盘上,观测像片框的坐标,使像片坐标系统与车架坐标系统联系在一起。数字影像测图也要进行内定向,其目的是确定扫描坐标系与像片坐标系之间的关系以及数字影像可能存在的变形。内定向可以半自动完成。内定向后即进行相对定向和绝对定向,相对定向就是影像匹配,由计算机软件功能自动完成,且计算定向点可达几百个,从而提高相对定向的精度。通过数字影像定向和核线重采样后即自动匹配生成像方格网数字高程模型(DEM),人工干预编辑后生成最终物方(DEM),由物方(DEM)自动生成数字正射影像图(DOM)和数字线划地形图(DLG)。

目前我国常见的数字摄影测量系统有:国内适普公司开发的 VirtuoZo 微机版和工作站版、中国测绘科学研究院开发的 JX4A 微机版和国外的 IZ Imaging(Zeiss / Intergraph 公司),LH System(Leica / Helava 公司),Autometric 等。

8.6 地籍测量

土地及房屋是人类赖以生存和从事生产的基础。土地及其附属物的有效管理和合理利用对经济发展有密切关系,地籍测量获取的资料和信息就为土地综合治理、土地规划和制定土地政策提供了科学依据。

8.6.1 地籍测量的任务和特点

地籍测量又称为土地的户籍测量,主要是通过测量和调查,确定土地及其附属物的权属、界址、现状、数量、用途等基本情况的测绘工作。

地籍测量与地形图测绘相比,由于服务对象、内容和表示方法上的不同,地籍测量具有以下特点:

1)地形图测绘主要是测绘地物和以等高线表示的地貌,并注记碎部点之高程。而地籍测量主要是测绘土地及其附属物,以地籍要素为主,内容比较广泛,地籍图一般不表示高程。

2)地籍图的精度优于相同比例尺的地形图精度。尤其是界址点的精度,如一级界址点相对于邻近图根控制点的点位中误差不超过 ±0.05 m。一般须用解析法测定。

3)地形测绘的产品就是地形图,而地籍测量的产品则有地籍图、宗地图、界址点坐标、面积计算、各种地籍调查资料,这些成果一经审查验收,依法登记发证后,具有法律效力。

4)地形图的修测是定期的,周期长。而地籍图变更较快,任何一宗地,与其权属、用途等发生变更时,应及时修测,以保持地籍资料的连续性和现势性。

8.6.2 地籍调查

地籍调查是土地管理基础性工作。必须遵照国家法律规定,采取行政、法律手段,采用科学方法,对土地及其附属物进行调查。调查的工作程序如下:

(1)准备工作

1)准备调查底图和调查表

地籍调查底图一般采用 1∶500 或 1∶1 000 的大比例尺地形图,也可采用与上述相同比例尺的正射影像图或放大的航片。准备好底图后,在图上标绘调查范围界线、行政界线,统一划分街道、街坊,并在各街坊内逐宗进行预编宗地号。

2)发放调查通知书

根据调查工作计划,分区分片以公告通知或邮送通知书等方式通告给被调查单位或个人,通知其按时到现场指界。

(2)外业调查

外业调查的主要任务是在现场明确土地权属界线,具体工作包括:现场指界、设置界标、填写地籍调查表、签字认可、绘制宗地草图。

地籍调查结果应编制成地籍簿册和地籍图,以满足土地登记发证、土地统计、土地定级估价、合理利用和依法管理土地的需要。

(3)地籍调查的内容

地籍调查是国家为取得基础地籍而进行的一项基础工作,主要内容包括界址调查、土地利用状况、土地权属调查、房产情况和土地等级调查等。

1)土地分类及编号

为便于土地管理及地籍资料的储存和检索,须对土地进行分类和编号。

城镇土地分类以权属性质和用途为依据。根据土地用途的差异,城镇土地分为 10 个一级类、24 个二级类,在地籍图上用相应的代码表示,如表 8.5。根据土地的权属性质,城镇土地可分为国有和集体所有,分别以"国"和"集"字表示。也可在宗地号中用不同的识别码表示。

表 8.5　城镇土地分类表

一级分类		二级分类		一级分类		二级分类		一级分类		二级分类	
编号	名称	编号	名称	编号	名称	编号	名称	编号	名称	编号	名称
10	商业	11	商业服务业			44	教育			74	监狱
		12	旅游业			45	医卫	80	水域		
	金融业	13	金融保险业	50	住宅					91	水田
20	工业	21	工业			61	铁路	90	农业	92	菜地
	仓储	22	仓储	60	交通	62	民用机场			93	旱地
30	市政	31	公共设施			63	港口码头			94	园地
		32	绿化			64	其他交通				
40	公共建筑	41	文、体、娱乐	70	特殊用地	71	军事设施	00	其他用地		
		42	机关、宣传			72	涉外				
		43	科研、设计机关			72	宗教				

2)界址调查

界址调查就是调查本宗地的座落(地名和门牌号)、界址点、界址线的位置、界标物类型以及与四邻宗地的相关位置。

界址调查必须由本宗地及相邻宗地的权利人或委托代理人到现场指界。界址调查清楚后,应在界址点设置界址地点标志。若用解析法测定界址点坐标,则用坐标反算界址边长,否则应丈量宗地界址边长。

3)土地权属调查

土地权属调查包括权属性质、来源及土地使用者的基本情况。

土地权属性质分为国有土地、集体所有土地。土地权属来源的方式有划拨、出让、转让、入股、兼并、继承等。应查核土地权属来源的合法性、真实性。土地使用权有国有和集体使用权,对国有使用权应查清其使用方式,即划拨、出让,还应查清其他的使用方式,如租赁、抵押等。土地权属调查还应查清使用者权利人名称与营业执照、身份证等。

4)土地利用状况调查

土地利用类别按宗地实际使用用途依土地分类表规定调查至二级分类。一宗地调查注记一个主要的利用类别,以批准用地时为准。如批准用地与实际用地不一致时,按实际用途填写。综合使用的楼房,一般按一层的用途调查,若一层为大堂情况时,则按二层用途调查。

5)宗地草图绘制

宗地草图是描述宗地位置、界址点、界址线、本宗地与相邻宗地的关系的实地记录,是处理土地权属的原始资料,必须实地绘制,比例尺自定。

如图 8.21 所示,宗地草图的主要内容有,本宗地地号和门牌号、权利人名称、界址点、界址线、界址点编号、界址边长;本宗地内建筑物、构筑物位置关系、计算建筑占地面积必须的有关间距、边长;本宗地的土地利用类别和宗地面积、建筑占地面积;相邻地的位置、宗地号、门牌号、权利人及相关地物;与确定本宗地界址点、界址线有关的相关距离、条件距离等。概略指北线、比例尺、丈量姓名、日期等。

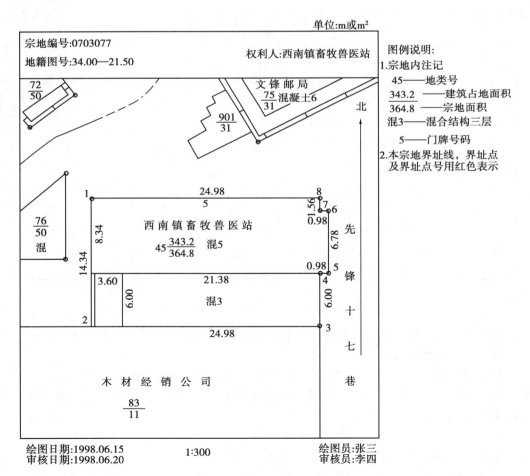

图 8.21 宗地图样例

8.6.3　地籍控制测量

地籍控制测量包括基本控制测量和地籍图根控制测量。

（1）基本控制测量

基本控制测量包括国家各等级大地控制点和城镇二、三、四等控制点及一、二级地籍控制点。地籍控制网应遵循"由整体到局部"、"从高级到低级"的原则逐级加密。测区的首级控制是地籍控制网的基础，可根据测区面积的大小、自然地理条件、布网方法、发展远景等，选择二、三、四等和一级控制网中的任一等级作为首级控制网。测区面积为 100 km² 以上的应选二等，面积为 30～100 km² 的可选二等或三等，面积为 10～30 km² 的可选三等或四等，10 km² 以下的可选一级作为测区的首级控制。地籍控制测量可选用三角测量、三边测量、导线测量以及 GPS 定位法等。测量坐标系应采用国家统一坐标系。上述各等级控制点的精度要求以及各项技术规定，可参阅《城镇地籍调查规程》（TD 1001—93）和《地籍测绘规范》（CH 5002—94）。

（2）地籍图根控制测量

地籍图根控制点是在各等级基本控制点的基础上加密的，主要用于测绘地籍图和恢复界址点。图根点可在等级网点的基础上连续发展二级。图根控制测量一般采用附合导线形式。若条件限制无法附合时，可布设不超过四条边的支导线，但支导线点不得发展新点。为了保证支导线方向的正确，图根支导线的起点应观测两个连接角，各支点上应观测左角和右角，要求 $(\beta_左 + \beta_右) - 360° \leq ±40''$，如符号精展要求，则将误差平均分配到左、右角后再计算。图根导线边用测距仪往返观测或单程双测。地籍图根导线测量的主要技术指标如表 8.6 所示。

表 8.6　地籍图根导线测量的主要技术要求

导线级别	导线长度/km	平均边长/m	测回数 J_6	测回数 J_2	测回差/″	方位角闭合差/″	导线全长相对闭合差	全长闭合差/m
一级	1.2	120	2	1	18	$±24\sqrt{n}$	1/5 000	0.22
二级	0.7	70		1		$±40\sqrt{n}$	1/3 000	0.22

图根点的密度应满足地籍要素测量和恢复界址点的需要。当测区内基本控制点密度较稀时，应在一级图根点上适当埋设固定标石，要求每个埋石点至少应与另一个埋石点通视。地籍图的图根点密度要求及埋石点数见表 8.7：

表 8.7　地籍图的图根点密度要求及埋石点数

测图比例尺	每幅图解析控制点点数	每幅图埋石点数
1：500	8	4
1：1 000	12	7
1：2 000	15	9

8.6.4　地籍图测绘

（1）地籍图比例尺

城镇地区和复杂地区一般选用 1：500 比例尺，规划区、独立工矿和村庄可采用 1：1 000

或1∶2 000 比例尺。

(2)地籍图的内容

地籍图是一种专题地图,根据其用途不同地籍图有:地籍分幅图、宗地图以及宗地草图等几种。地籍分幅图称为地籍图,是地籍图件的基本图,它是严格按照《规范》要求绘制的。宗地图是以一宗土地为单位的地籍图件,是地籍档案和土地证书的附图。宗地草图是以一宗地为单位,注有实地勘丈尺寸的地籍图件,它是编制地籍分幅图的基本资料,(图 8.22)为城镇地籍图样例。地籍图表示的内容主要是地籍要素以及与地籍要素有密切关系的地物,其次是在图面荷载允许条件下,适当反映其他与土地管理和利用有关的内容,归纳起来分为地籍要素和地形要素两部分。

1)地籍要素测量

地籍要素是指行政境界、土地权属界线、界址点及其编号、地籍号、房产情况、土地利用分类、土地等级、土地面积、权属主名称等。

行政境界 是指省、自治区、直辖市界;县、自治县、旗、县级市及城市内的区界;乡、镇、国营农、林、牧场界;村及市内街道界等。这些界线通过调查核准后,在地籍图上详尽表示。

土地权属界 权属界线包括土地所有权和土地使用权界线。该界线经调查核实无误后均应详尽表示。当权属界线与境界线重合时,标绘境界线。

宗地的界址点和界址线 宗地的界址点和界址线是地籍图上大量和最主要的内容。界址点均需测定其坐标,并用 0.8 mm 直径的小圆圈表示,界址线用 0.3 mm 的实线表示。界址点精度及适用范围见表 8.8 所示

地籍号 地籍号由街道号、街坊号及宗地号组成,街道号用 62 K 宋体字,街坊号用 32 K正等线体分别注记在有关街道、街坊适中的部位;宗地号用 12K 正等线体注记在宗地内。

表 8.8 界址点精度指标及适用范围

级 别	界址点对邻近图根点点位误差/cm		界址点间距允许误差/cm	适 用 范 围
	中误差	允许误差		
一	±5	±10	±10	地价高的地区、城镇街坊外围界址点及街坊内明显的界址点
二	±7.5	±15	±15	地价较高的地区、城镇街坊内部隐蔽的界址点及村庄内部界址点
三	±10	±20	±20	地价一般的地区

注:界址点对邻近图根点点位误差系指采用解析法测量的界址点应满足的精度要求;
　　界址点间距允许误差系指采用各种方法测量的界址点应满足的精度要求。

地类号 地类号用来指明土地的用途,用 12K 正等线体注记在宗地号的下方。按照《城镇地籍调查规程》,城镇土地分类编号见表 8.5 所示。

房产情况 是指房屋的产权类别、位置、结构、层数、建筑面积和占地面积等,经调查登记后,也应表示在地籍图上。

宗地面积 地籍图上用数字注记每宗土地面积,以平方米为单位,注记到 0.1 m^2。

在地籍图上,视图面负荷情况,有选择地注记权属主的名称。如机关团体、厂矿企、事业单

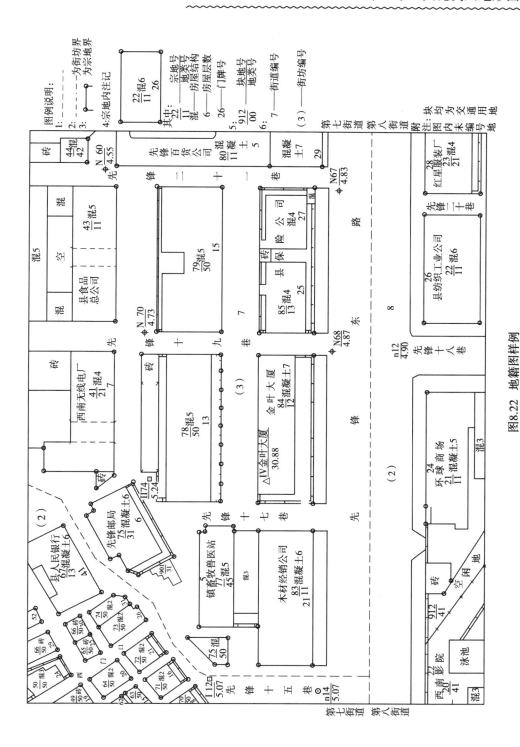

图8.22　地籍图样例

位的名称等一般都要注记。

2）地形要素

在地籍图上表示地形要素的目的,是反映土地的相对地理位置。因此,地形要素是指与地籍有关的地形要素,主要包括地上的建筑物和构筑物、道路、水系、垣栅、地理名称等。地形要素按地形测图的方法测绘到地籍图上。

（3）地籍图成图方法

地籍图成图方法有解析法、部分解析法和图解法三种。

1）解析法

解析法是全部界址点及重要地物点实测坐标,用坐标来展绘出地籍图的一种方法。它是在控制测量的基础上,将每宗地四周的全部界址点编号标定后,采用经纬仪和测距仪或全站仪逐点实测各界址点及重要地物的坐标,由于每一点都有坐标,可随时根据需要展绘出不同比例的地籍图。随着全站仪使用的普及与计算机硬件和软件的迅速发展,全解析法地籍测已步入了数字化时代,由数字地籍测量建立的地籍数据库和土地信息系统使土地管理工作实现自动化和信息化。

2）部分解析法

部分解析法用解析法测定测区内每一个街坊外围界址点的坐标,并将其展绘在图纸上。然后对街坊内部的界址点和地物点进行勘丈,并绘制草图,根据图上已展的控制点和界址点,利用宗地草图和勘丈数据,用三角板、圆规、比例尺等绘图工具,按距离交会法、截距法、直角坐标法等几何关系作图。大宗地内部的地物可以用平板仪测绘。

3）图解法

图解法是利用不失现势性的大比例尺地形图和地籍调查中勘丈的宗地草图的数据编制出地籍图。这种方法具有成图速度快,成本低等优点,但精度低、不便地籍变更等缺点,仅适用于土地价值较低且技术力量与物质条件达不到用以上两种方法的地区。

地籍图的基本精度见表8.9。

表 8.9　地籍原图基本精度指标

测量方法	宗地内相邻界址点间距中误差（图上,mm）	相邻宗地界址点间距中误差（图上,mm）	地物点点位中误差（图上,mm）	邻近地物点间距中误差（图上,mm）
解析法	±0.3	±0.3	±0.5	±0.4
部分解析法	±0.3	±0.4	±0.5	±0.4
图解法	±0.3	±0.5	±0.5	±0.4

8.6.5　土地面积量算

土地面积量算包括宗地面积、地块面积和建筑占地面积量算。面积量算方法有多种,常用的方法主要有坐标解析法、几何图形解析法、方格法、求积仪法等,详见9.4节所述。这些方法是对单一图形而言的。在地籍测量中,为了保证量算面积的正确可靠,量算时应按下列方法和要求进行:

1)面积量算应在聚脂薄膜原图上进行,若在其他图纸上量算,应考虑图纸变形的影响。

2)宗地面积在图上小于 5 cm² 时,应实地丈量求算面积,不得用图解法。

3)无论用何种方法量算面积,均要独立进行两次量算。两次量算的较差应满足下式规定:

$$\Delta A \leqslant 0.003 M \sqrt{A}$$

式中,ΔA 为面积两次量算较差(m²),A 为量算面积(m²),M 为地籍图的比例尺分母。两次量算结果在限差之内时,取平均值作为最后结果。

4)量算面积应按两级控制,两级平差的原则进行。两级控制是:以图幅的理论面积控制图幅内各街坊面积,要求图幅内各街坊面积之和与图幅理论面积之差小于 ±0.002 5 A_0(A_0 为图幅理论面积),如符合精度要求,将闭合差按街坊面积比例配赋给各街坊,这为一级控制;二级控制是以平差后的街坊面积控制街坊内各宗地的面积,要求街坊内各宗土地面积之和与街坊面积之差小于 1/100,如符合精度要求,将闭合差按宗地面积比例配赋给各宗土地,得出各宗土地面积的平均值。在面积平差计算中,采用实中坐标解析法计算的面积和实量边长按几何公式解算的宗地面积只参与闭合差计算,原则上不参与闭合差分配。

8.6.6　变更地籍测量

变更地籍测量是指当土地登记的内容(权属、用途等)发生变更时,根据申请变更登记内容进行实地调查、测量,并对宗地档案及地籍图、表进行变更与更新。其目的是为了保证地籍资料的现势性与可靠性。

变更地籍测量的程序是:①资料器材准备;②发送变更籍测量通知书;③实地进行变更地籍调查、测量;④地籍档案整理和更新。

界址变更必须由变更宗地申请者及相邻宗地使用者指定的日期同时到场,共同确认变更界址位置,地籍调查时应对界址变更后的宗地重新进行编号。新增宗地若属初始地籍调查时未建立宗地档案的地块,则在其所在街坊内已编的最大宗地号之后续编;若新增宗地属新增街道、街坊的,新增街道、街坊编号须在本调查区最大街道、街坊号之后续编。对于宗地分割或合并,原宗地号取消。分割或合并后的新宗地号,在本街坊内的最大宗地号后按顺序编列。

变更地籍测量一般应采用解析法。暂不具备条件的,可采用部分解析法或图解法。变更地籍测量精度不得低于原测量精度。对涉及划拨国有土地使用权补办出让手续的,必须采用解析法进行变更地籍测量。

变更地籍调查、测量后,应及时对宗地有关图、表、册进行更新。

思考题与习题

1. 测图前要做哪些准备工作?

2. 绘制坐标格网的目的是什么? 如何绘制坐标格网? 如何展绘控制点? 怎样进行检查?

3. 试述一个测站上,经纬仪测图的基本工作。

4. 表 8.10 为测站 A 的碎部测量手簿的记录数据,试计算出测站 A 至各碎部点的水平距离及各碎部点的高程。

表 8.10   碎部测量手簿

测站:A 后视点:B 仪器高:$i=1.36$ m   指标差:$x=0$ 测站高程:$H=54.69$ m

点号	视距(kl)	中丝读数(V)	竖盘读数(L)		竖直角(α)	水平角/β		水平距(D)	高程(H)	备　注
1	50.4	1.36	84	32		26	30			
2	61.0	1.36	97	25		56	45			
3	78.6	2.0	86	13		72	36			竖盘为顺
4	43.7	1.5	93	45		82	20			时针注记
5	67.8	2.0	90	28		175	10			

5. 表 8.11 为直角坐标展点法测图记录手簿,试求各碎部点的坐标及高程。

表 8.11   直角坐标展点法野外手簿

测站:A 后视点:B 指标差:$x=0$ 仪器高:$i=1.42$ m 测站高程:$H=27.45$ m

测站坐标:$x=1\,429.59$ m　$y=772.71$ m　定向目标方位角:$\alpha=100°27'$

点号	视距(kl) /m	中丝读数(V) /m	竖盘读数(L) /°　′	方位角(α) /°　′　″	坐　　标		高程(H) /m	备　注
					x/m	y/m		
1	76.0	1.42	93　28	214　27　47				竖盘为
2	51.4	1.55	91　45	273　07　23				顺时针
3	37.5	1.60	93　00	67　13　41				注记
4	25.7	2.42	87　26	116　47　11				

6. 根据图 8.23 上各碎点的平面位置和高程,勾绘等高距为 1 m 的等高线。

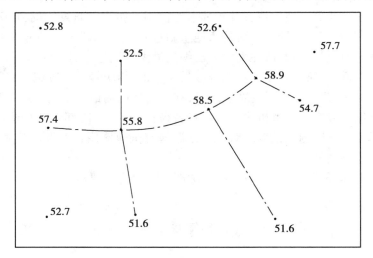

图 8.23

7. 获得大比例尺数字化地形图产品的主要途径有哪些?哪种途径成图精度高?

8. 全站仪的软键功能是怎样调用的?

9. 简述 SET 系列全站仪三维坐测量的方法与步骤?

10. 数字化测图野外数据采集的内容包括哪些?为什么要对地物属性进行编码?

11. 简述全站仪数字化测图的方法与步骤。
12. 航摄像片能否作为地形图使用？为什么？
13. 航摄像片存在哪些像点位移？像片纠正能否消除地面高低起伏引起的像点位移？
14. 何谓数字摄影测量？数字摄影测量生产的主要产品是什么？
15. 数字影像可通过哪些途径获取？
16. 为什么数字摄影测量要进行数字影像定向？
17. 地籍图与地形图有何区别？什么是地籍要素。
18. 何谓宗地？宗地图有何作用？如何制作宗地图？
19. 地籍调查的工作内容是什么？
20. 地籍图测绘的方法有哪些？各适用什么范围？

第 **9** 章
地形图的应用

通过对测绘地形图的学习和实践,使我们掌握了测图的全过程,为识读和使用地形图打下了良好的基础。然而测绘地形图的最终目的在于为国防和国民经济建设提供了地形资料。地形图是经实地测绘获取的,它全面反映了地表现象和地理信息,包含了极为丰富的信息量,是我们进行国土整治、河道治理、城乡规划设计、土地利用、环境保护、工程设计和施工、组织管理等不可缺少的重要资料。

为正确应用地形图,首先要识读地形图。地形图是根据《地形图图式》规定的符号和注记表示地物、地貌及其他信息的。通过对地形图符号和注记的识读,使原来地面高低起伏和自然景观就会展现在我们的面前,以判断各种地物的相互关系和地面高低起伏形态。

识读时,应了解和掌握常用的地形图符号和注记,懂得用等高线表示地貌的方法;其次是识读图外注记:地形图比例尺、坐标和高程系统、图幅编号、测绘时间等;最后要识读地物的分布、道路管线、河流湖泊、绿化植被、农作物种类和分布位置、面积大小和性质,以及表示地形高低起伏变化的丘陵、洼地、平原、山脊和山谷等地貌特征;分析地形起伏和坡度变化情况等。

值得注意的是,地形图上的地物和地貌并非是一成不变的,随着城乡建设的迅猛发展,地面上的地物、地貌也随之而变化;工厂林立、高楼大厦拔地而起,村村通公路,开山僻岭。此时,我们在进行规划设计时,随时都要注意变化着的新情况。

地形图的基本属性之一就是具有可量性。根据我们的需要可在图上获取各种地形信息和各种数据资料,如地面上任意点的坐标和高程、直线方位角、两点间的距离和坡度,计算各种图形的面积和工程开挖或填的土(石)方量。

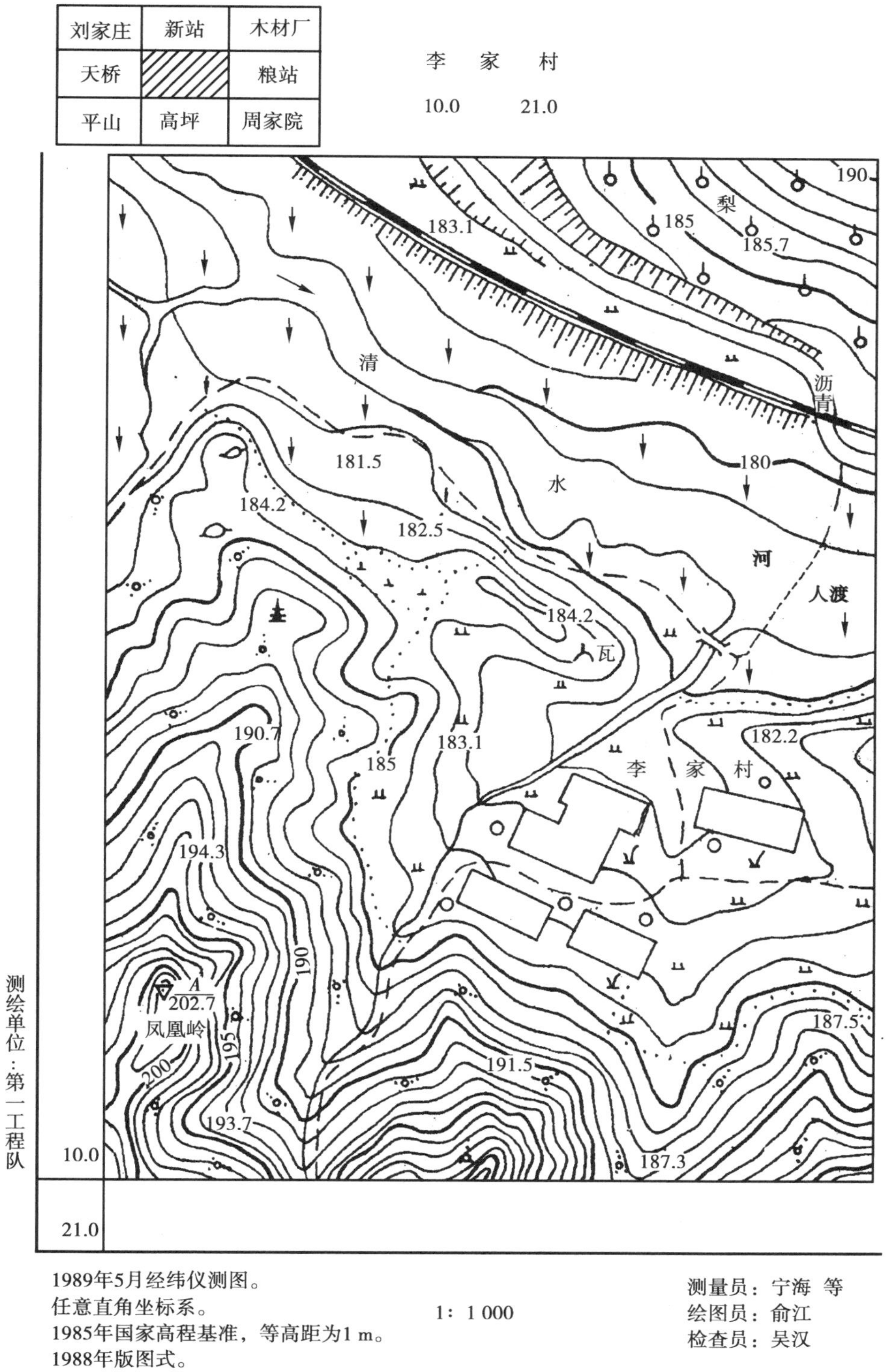
刘家庄 新站 木材厂
天桥 粮站
平山 高坪 周家院
李　家　村
10.0　21.0
190
梨
183.1
185
185.7
沥青
清
水
河
181.5
180
184.2
182.5
人渡
184.2
瓦
190.7
183.1
185
182.2
李　家　村
194.3
190
A
202.7
凤凰岭
195
200
187.5
191.5
193.7
187.3
10.0
21.0
测绘单位：第一工程队
1989年5月经纬仪测图。
任意直角坐标系。
1985年国家高程基准，等高距为1 m。
1988年版图式。
1：1 000
测量员：宁海 等
绘图员：俞江
检查员：吴汉

图 9.1　地形图识读

9.1 地形图应用的基本内容

9.1.1 确定图上某点的平面坐标

欲确定地形图上某点的平面坐标,可根据格网坐标用图解法求得。如图9.2所示,欲求图上 A 点的坐标,首先找出 A 点所在的小方格,并用直线连成小正方形 abcd,其西南角 a 点的坐标为 x_a,y_a,再量取 ag 和 ae 的长度,即可获得 A 点的坐标

$$\left. \begin{array}{l} x_A = x_a + ag \cdot M \\ y_A = y_a + ae \cdot M \end{array} \right\} \tag{9.1}$$

为了校核并提高坐标量算的精度,应考虑图纸受温度影响而产生的伸缩变形,还应量取 ab 和 ad 的长度,按(9.2)式计算 A 点的坐标

$$\left. \begin{array}{l} x_A = x_a + \dfrac{10}{ab} \cdot ag \cdot M \\ y_A = y_a + \dfrac{10}{ad} \cdot ae \cdot M \end{array} \right\} \tag{9.2}$$

式中　ag、ae、ab、ad——图上长度,量至 0.1 mm;

　　　M——比例尺分母。

图解坐标的精度受图解精度的限制,一般认为,图解精度为图上 0.1 mm,则图解坐标精度不会高于 0.1 Mmm。

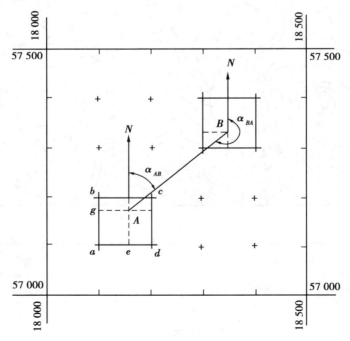

图9.2　确定图上某点的坐标

9.1.2　确定图上某直线的坐标方位角

欲确定图上某直线的坐标方位角,可用以下两种方法。

(1)图解法

如图 9.2 所示,过 A、B 两点分别做坐标纵轴的平行线,并连接 AB 直接或将该直线向两端延长与内图廓线相交;然后用测量专用量角器量出 α_{AB} 和 α_{BA},当 $\alpha_{AB} - (\alpha_{AB} \pm 180°) \leqslant 1°$ 时,取平均值作为最后结果,即

$$\alpha_{AB} = \frac{1}{2}\left[\alpha_{AB} + (\alpha_{BA} \pm 180°)\right] \tag{9.3}$$

此法受量角器最小分划的限制,精度不高。当精度要求较高时,可用解析方法求得直线的方位角。

(2)解析法

在图 9.2 中,先分别量出 A、B 两点的坐标,然后按(9.4)式计算 α_{AB}

$$\alpha_{AB} = \arctan\frac{\Delta y_{AB}}{\Delta x_{AB}} = \arctan\frac{y_B - y_A}{x_B - x_A} \tag{9.4}$$

由于坐标量算的精度比角度量测的精度高,故解析法所获得的方位角比图解法可靠。

按公式(9.4)计算坐标方位角时,算得的角度为象限角应根据 Δx_{AB}、Δy_{AB} 的正负号来判断象限角所在的象限,根据其所在象限的象限角换算为方位角,其计算方法见第 4 章。

9.1.3　确定图上两点间的距离

如在图 9.2 中,欲确定 A、B 两点间的距离,可用以下两种方法。

(1)图解法

用直尺直接量取 A,B 间的图上长度 d_{AB},再根据比例尺计算两点间的距离 D_{AB}

$$D_{AB} = d_{AB} \cdot M \tag{9.5}$$

(2)解析法

利用图上两点的坐标或方位角计算两点间的距离。

如图 9.2 所示,先按(9.2)式求出 A、B 两点的坐标值 x_A、y_A、x_B、y_B,然后按式(9.6)计算两点间的距离。

$$D_{AB} = \sqrt{(x_B - x_A)^2 + (y_B - y_A)^2} = \sqrt{\Delta x_{AB}^2 + \Delta y_{AB}^2} \tag{9.6}$$

或

$$D_{AB} = \frac{\Delta x_{AB}}{\cos\alpha_{AB}} = \frac{\Delta y_{AB}}{\sin\alpha_{AB}} \tag{9.7}$$

当图解坐标顾及了图纸伸缩变形影响时,解析法求距离的精度高于图解法的精度。但当图纸上绘有图示比例尺时,一般采用图解法量取两点间的距离,这样既方便,又能保证精度。

9.1.4　确定图上某点的高程

如果所求点正好处在等高线上,则该点的高程等于此等高线的高程,如图 9.3 所示,A 点的高程 $H_A = 38$ m。若所求点未处在等高线上,则应根据比例内插法确定点的高程。如图 9.3,欲求 B 点的高程,首先过 B 点做相邻两条等高线的近似公垂线,与等高线相交于 m、n 两点,然

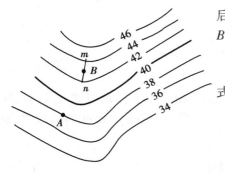

图 9.3 确定图上某点高程

后在图 9.3 上量取 mn 和 nB 的长度,最后按式(9.8)计算 B 点的高程

$$H_B = H_n + \frac{nB}{mn} \cdot h \qquad (9.8)$$

式中 h——等高距;

H_n——n 点的高程。

在图 9.4 中,$H_B = 42 + \frac{3.0}{5.7} \times 2 = 43.1$ m。

当精度要求不高时,也可用目估内插法确定待求点的高程。

9.1.5 确定图上直线的坡度

设图上直线两端点间的高差为 h,两点间的水平距离为 D,则该直线上地面的坡度为

$$i = \frac{h}{D} \qquad (9.9)$$

坡度 i 通常用百分率(%)或千分率(‰)表示。

如图 9.3 所示,$h_{AB} = 43.1 - 38 = 5.1$ m,设 $D_{AB} = 100$ m,则 $i = 5.1\%$。

如果直线两端位于相邻两条等高线上,则所求的坡度与实地坡度相符。如果直线跨越多条等高线,且相邻等高线之间的平距不等时,则所求的坡度是两点间的平均坡度。

对绘有坡度—平距关系曲线即"坡度尺"的地形图,可根据相邻等高线的平距,求得相应的地面坡度。

9.2 地形图在工程建设中的应用

9.2.1 按规定坡度在图上选定最短路线

在山区或丘陵地区进行管线或道路工程设计时,均有特定的坡度要求。在地形图上选线时,先按规定坡度找出一条最短路线,然后综合考虑其他因素,获得最佳设计路线。如图 9.4 所示,欲在 A 和 B 两点间选定一条坡度为 i 的线路,设图上等高距为 h,地形图的比例尺为 $1:M$,由(9.5)式和(9.9)式可得,线路通过相邻两条等高线的最短距离为

$$d = \frac{h}{i \cdot M}$$

图上选线时,以 A 点为圆心,d 为半径画弧,交 84 m 等高线于 $1,1'$ 两点,再以 $1,1'$ 两点为圆心,以 d 为半径画弧,交 86 m 等高线于 $2,2'$ 两点,依次画弧直至 B 点。将这些相邻交点依次连接起来,便可获得两条同坡度线,$A,1,2,\cdots,B$ 和 $A,1',2',\cdots,B$,最后通过实地调查比较,从中选定一条最合理的最短路线。

在作图过程中,如果出现半径小于相邻等高线平距时,即圆弧与等高线不能相交,说明该处的坡度小于规定的坡度,此时线路可按最短距离定线。

9.2.2　绘制某方向断面图

在道路、管线等线路工程设计中,为了合理地确定线路的纵坡;在土地整理中,需要进行填、挖土石方量的概算;在图上布设测量控制网点时的通视情况判断等,均需详细了解沿线方向的地面高低变化情况。将某一方向地面的起伏按一定比例绘制成的图,称为断面图。如图9.5(a)所示,若要绘制 MN 方向的断面图,具体步骤如下:

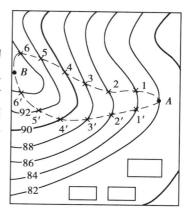

图9.4　选定限定坡度线路

①在图纸上绘制一直角坐标,横轴表示水平距离,纵轴表示高程,水平距离的比例尺与地形图的比例尺取得一致。为了明显反映地面的起伏情况,高程比例尺一般比水平距离比例尺大 $10 \sim 20$ 倍,如图9.5(b)所示。

②在纵轴上标注高程,在横轴上适当位置标出 M 点,并将直线 MN 与各等高线的交点 a, $b,b',\cdots,p$ 以及 N 点,按其与 M 点的距离转绘在横轴上。

③根据横轴上各点相应的地面高程在坐标系中标出相应的点位。高程的起算以断面能通过的最低点,如图为154。

④把相邻的点用圆滑的曲线连接起来,便得到了地面直线 MN 的断面图,如图9.5(b)。

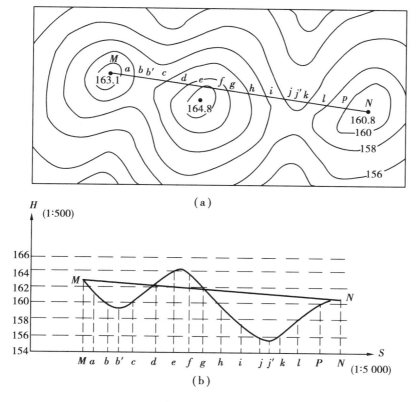

(a)

(b)

图9.5　绘制断面图

在绘出某一方向的断面图后,若欲判断地面上两点是否通视,此时,只需在断面图上用直线连接两端点,如果直线与断面线不相交,说明两点通视,否则,两点间视线受阻。如图 9.5(b)所示,M、N 两点互不通视。这类问题的研究,对于架空索道、输电线路、水文观测、测量控制网布设、军事指挥及军事设施的兴建等都有很重要的意义。

9.2.3 平整场地的土石方量估算

在各项工程建设中,除考虑合理的平面布局外,还应结合原有地形,对地形进行必要的改造,使改造后的地形适合于修建各类建筑,满足交通运输和埋设各类管线的要求。对各项土建工程,在开工之前,首先必须进行工程量大小的预算,其中主要是利用地形图进行填、挖土石方量的概算,比较不同的方案,从中选出既经济又合理的最佳方案。下面主要介绍方格网法,对等高线法和断面法只作简要的介绍。

(1)方格网法

此法适用于大面积的土石方估算情况。

1)平整某一水平面场地

当地面坡度较小,并顾及已有建筑和拟建建筑物或构筑物的布置情况及特点,将地面整理成某一高程的水平面。水平面的高程可以事先指定,也可根据挖、填基本平衡计算求得。

下面为平整指定高程为 53 m 水平面计算步骤。

a.绘制方格网。方格的边长取决于地形的复杂程度和土石方量估算的精度,一般取 10 m,20 m,50 m,根据地形图的比例尺,在图上绘出方格网,并进行编号。为了计算的方便,在同一情况下,方格的边长一般取得相同,但在特殊地形处,也可采用不同的边长。

b.求各方格网点的高程。用目估内插法求出各方格网点的地面高程 $H_{地}$,并标注于相应顶点的右上方。

c.假定要求将原地形整理成高程为 53 m 的水平面,如是要求挖、填基本平衡则按式(9.10)求得设计高程 $H_{设}$。

$$H_{设} = \frac{\sum H_{角} \times 1 + \sum H_{边} \times 2 + \sum H_{拐} \times 3 + \sum H_{中} \times 4}{4n} \qquad (9.10)$$

式中 n——方格的个数;

$\sum H_{角}$,$\sum H_{边}$,$\sum H_{拐}$,$\sum H_{中}$ —— 各角点、边点、拐点和中点的高程之和 /m。

d.确定填、挖边界线。根据指定高程 $H_{定}$(或 $H_{设}$),在图 9.6 上绘出高程为 $H_{定}$(或 $H_{设}$)的一条同高程线,此线为既不填又不挖边界线,如图 9.6 中的 53 m 等高线,亦称零等高线。

e.计算各方格网点的填、挖高度。将各方格网点的地面高程减去设计高程,即得各网点的填、挖高度($h = H_{地} - H_{设}$),并注于相应顶点的左上方,正号表示挖,负号表示填。

f.计算各方格的填、挖土石方量。当整个方格都是填方(或挖方)时,如图 9.6 中的方格 Ⅰ,土石方量可用下式计算

$$V_{挖(或填)} = \frac{1}{4}(h_1 + h_2 + h_3 + h_4) \cdot A_{挖(或填)} \qquad (9.11)$$

式中 $h_1 \sim h_4$——某一方格 4 个角点挖(或填)的高度(m);

$A_{挖(或填)}$——对应方格的实地面积(m^2)。

当某一方格既有挖方又有填方时,如图 9.6 中的方格 Ⅱ 应分别计算挖、填土石方量的大小。

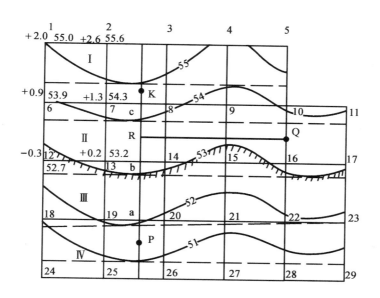

图9.6　方格网法算土石方

$$V_{挖(或填)} = \frac{1}{n}\left(\sum h_{挖(填)} + 0 + 0\right) \cdot A_{挖(或填)} \qquad (9.12)$$

式中　n——挖(或填)部分对应多边形的角点数(包括0)。

　　　　$\sum h_{挖(填)}$——顶点挖(或填)的高度之和(m)。

　　　　$A_{挖(或填)}$——对应多边形的实地面积(m²)。

　　g. 计算总的填、挖土石方量。

$$\left. \begin{array}{l} V_{挖总} = \sum V_{挖} \\ V_{填总} = \sum V_{填} \end{array} \right\} \qquad (9.13)$$

2)整理成一定坡度的倾斜面

当地面坡度较大时,可结合原地形并根据设计要求,按填、挖土石方量基本平衡的原则,将原地形整理成某一坡度的倾斜面。但有时要求所设计的倾斜面必须包含某些固定的点位,如城市规划中已修筑的主、次道路中线点,永久性大型建筑物或构筑物的外墙地坪高程点等,此时应将这些固定点作为设计倾斜面的控制高程点,然后再根据控制高程点的高程,确定设计等高线的平距和方向。

①整理成规定坡度的倾斜面

如图9.6,若最大设计坡度为i_0,最大坡度方向为正南北方向,坡底线设计高程H_0,欲估算土石方量的大小,具体步骤如下:

a. 绘制方格网。方格的一边应与最大坡度方向一致,另一边应垂直于最大坡度方向。

b. 确定各方格网点的地面高程。

c. 计算各方格网点的设计高程。

$$H_{设} = H_0 + i_0 \cdot D \qquad (9.14)$$

式中　D——方格网点至坡底线的垂直距离/m。

由(9.14)式可得,同一行上各方格网点的设计高程相同,如图9.6中的23,25,26,…等;

同一列上各相邻方格网点间的高差相同,如 2 与 7,7 与 13,13 与 19 等。

d. 计算各方格网点的填、挖高度。

e. 计算各方格填、挖方量的大小和总的填、挖土石方量。

②整理成通过特定点的倾斜面

如图 9.6 所示,若 K,P,Q 为 3 个控制高程点,其地面高程分别为 54.7 m,51.4 m,53.6 m,欲将原地形改造成通过 K,P,Q 3 点的倾斜面。

a. 确定倾斜面的坡度。根据 P、K 两点的高程计算 P、K 间的平均坡度。

$$i_{PK} = \frac{h_{PK}}{D_{PK}}$$

b. 确定设计等高线方向。首先在 PK 直线上内插出高程为 H_Q 的 R 点,然后过等高线与 PK 直线的交点 $a,b,c,\cdots$ 作平行于 RQ 的直线,即为设计等高线方向。

c. 绘制方格网。方格网的方向应与 PK 的方向一致。

d. 确定各方格网点的地面高程。

e. 确定各方格网点的设计高程,根据设计等高线用内插法求得。

f. 计算各方格网点的填、挖高度。

g. 计算各方格填、挖方量的大小和总的填、挖土石方量。

(2)等高线法

当场地地面起伏较大,且仅计算挖或填方(山头、洼地)及水库库容等时,可采用等高线法。这种方法是从场地设计高程的等高线开始,算出各等高线所包围的面积,分别将相邻两条等高线所围面积的平均值乘以等高距,就是该两条等高线平面间的土石方量或库容,再求和即得总的挖方量。

如图 9.7 所示,地形图等高距为 2 m,要求平整场地后的设计高程为 55 m。先在图中内插设计高程 55 m 的等高线(图 9.7 中虚线),再分别求出 55 m,56 m,58 m,60 m,62 m 5 条等高线所围成的面积 $A_{55},A_{56},A_{58},A_{60},A_{62}$,即可算出每层土石方(或库容)量为

$$V_1 = \frac{1}{2}(A_{55} + A_{56}) \times 1$$

$$V_2 = \frac{1}{2}(A_{56} + A_{58}) \times 2$$

$$\vdots$$

$$V_5 = \frac{1}{3}A_{62} \times 0.8$$

V_5 是 62 m 等高线以上山头顶部(如为水库即为库底)的土石方量(或库容),总挖方量(或总库容量)为

$$\sum V_挖 = V_1 + V_2 + V_3 + V_4 + V_5$$

(3)断面法

在道路和管线布设(或坡地的平整、池塘的填方)中,沿中线(或挖、填边线)至两侧一定范围内线状地形的土石方计算常用此法。这种方法是在施工场地范围内,利用地形图以一定间距绘出断面图,分别求出各断面由设计高程线与断面曲线(地面高程线)围成的填方面积和挖

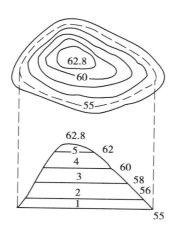

图 9.7　等高线法算土石方

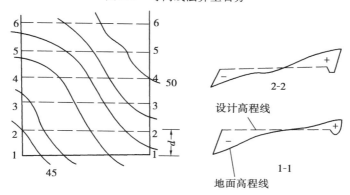

图 9.8　断面法算土石方

方面积,然后计算每相邻断面间的填(挖)方量,分别求和即为总填(挖)方量。

　　如图 9.8 所示,若地形图比例尺为 1:1 000,矩形范围欲修建一段道路,其设计高程为 47 m。为了获得土石方量,先在地形图上绘出相互平行、间隔为 d(一般实地距离为 20 ~ 40 m)的断面方向线,如 1-1,2-2,…,5-5;按一定比例尺绘出各断面图(纵、横轴比例尺应一致,常用的比例尺为 1:100 或 1:200),并将设计高程线展绘在断面图上(如图 9.8 中 1-1,2-2 断面);然后在断面图上分别求出各断面设计高程线与断面图所包围的填土面积 $A_{填i}$ 和挖土面积 $A_{挖i}$(i 表示断面编号),最后计算两断面间土石方量。例如,1-1 和 2-2 两断面间的土石方量为

$$V_{填(1-2)} = \frac{1}{2}(A_{填1} + A_{填2}) \cdot d$$

$$V_{挖(1-2)} = \frac{1}{2}(A_{挖1} + A_{挖2}) \cdot d$$

　　同法依次计算出每两相邻断面间的土石方量,最后将填方量和挖方量分别累加,即得总的土石方量。

　　上述 3 种土石方估算方法各有特点,应根据场地地形条件和工程要求选择合适的方法。当实际工程土石方估算精度要求较高时,往往要到现场实测方格网图(方格点高程)、断面图或地形图。

随着计算机的普及使用,土石方量的计算可采用计算机编程完成,也可利用现有的专业软件,根据实地测定的地面点坐标和设计高程,快速、准确地计算指定范围内的填、挖土石方量,并给出填挖边界线。

9.2.4 确定汇水面积

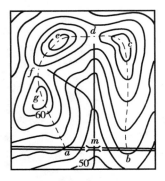

图 9.9 汇水面积确定

在修建涵洞、桥梁或水坝等工程建设中,需要知道有多大面积汇水到桥涵和水库的水量,为此在地形图上应首先绘出汇水面积的边界线。

如图 9.9 所示,某一公路 ab 经过一山谷,欲在 m 处建造涵洞,md 为一山谷线,注入该山谷的雨水是由山脊线(分水线)bc、cd、de、ef、fg、ga 及公路 ab 所围成的区域,区域汇水面积可通过面积量测方法得出。另外,根据等高线的特性可知,山脊线处处与等高线相垂直,且经过一系列的山头和鞍部。

当水库的高度确定后,根据水库内的等高线按上节等高线法计算库容量。

9.3 地形图在面积量算中的应用

在规划设计中,常需在地形图上量取一定轮廓范围内图形的面积,如场地平整时的填挖面积,某一地区、某一单位的占地面积,设计水库、桥涵时的汇水面积等。面积量算的方法较多,使用时应根据具体情况选择下列不同的方法。

9.3.1 几何图形法

当需要量算面积的区域由一个或多个几何图形组成时(对复杂的几何图形可分解成若干个简单的几何图形),可分别从图上量取各几何图形的几何要素,如角度、边长等,按数学中的几何公式求得相应的图形面积,再将图上面积转换成实地面积,即

$$A_{实} = A_{图} \cdot M^2 \tag{9.15}$$

式中:M——地形图比例尺分母。

9.3.2 坐标计算法

坐标计算法是利用多边形各顶点的坐标计算图形的面积。各顶点的坐标,可通过已有地形图上量取或实地施测得到,此时面积计算公式为

$$\left. \begin{array}{l} A = \dfrac{1}{2} \sum\limits_{i=1}^{n} x_i (y_{i+1} - y_{i-1}) \\[3mm] A = \dfrac{1}{2} \sum\limits_{i=1}^{n} y_i (x_{i-1} - x_{i+1}) \end{array} \right\} \tag{9.16}$$

或

式中 A ——面积(m^2);

x_i——第 i 点纵坐标(m);

y_i——第 i 点横坐标(m);

n ——多边形边数或顶点个数。

注意:在(9.16)式中,当 $i = 1$ 时,$i - 1$ 取 n;当 $i = n$ 时,$i + 1$ 取 1。多边形顶点按逆时针编号时,面积值为负。

如图 9.10 所示,设 1、2、3、4 点的坐标值分别为:

$x_1 = 343.00$ $y_1 = 210.00$

$x_2 = 400.00$ $y_2 = 300.00$

$x_3 = 178.00$ $y_3 = 463.00$

$x_4 = 27.00$ $y_4 = 267.00$

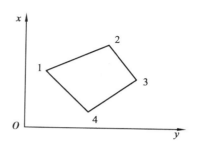

图 9.10 坐标计算法求面积

试计算 1、2、3、4 点所构成的四边形面积。

解: $A = \dfrac{1}{2} \sum_{i=1}^{4} x_i(y_{i+1} - y_{i-1}) =$

$\dfrac{1}{2}(x_1 y_2 + x_2 y_3 + x_3 y_4 + x_4 y_1 - x_1 y_4 - x_2 y_1 - x_3 y_2 - x_4 y_3) =$

$\dfrac{1}{2}(343.00 \times 300.00 + 400.00 \times 463.00 + 178.00 \times 267.00 + 27.00 \times 210.00 -$

$343.00 \times 267.00 - 400.00 \times 210.00 - 178.00 \times 300.00 - 27.00 \times 463.00) =$

$49\ 907.00 \ \text{m}^2$

9.3.3 模片法

模片法是利用赛璐珞、聚酯薄膜、玻璃、透明胶片等材料制成的模片,在模片上建立一组有单位面积的方格、平行线等,然后利用这种模片去覆盖被量测的面积,从而求得相应的图上面积值,再根据地形图的比例尺,计算出所测图形的实地面积。模片法具有量算工具简单,方法容易掌握,又能保证一定的精度等特点,因此,在图解曲边图形面积量算中是一种常用的方法。

(1)方格法

如图 9.11 所示,在透明模片上绘制边长为 1 mm 或 2 mm 的正方形格网,把它覆盖在待测算面积的曲边图形上,数出图形内整方格数和图形边缘的零散方格个数,对不为整方格采用目估凑整,则所量算图形的面积为

$$A = (n_{整} + n_{凑整}) \cdot a^2 \cdot M^2 \qquad (9.17)$$

式中 A ——面积(m^2);

     $n_{整}$——整方格个数;

     $n_{凑整}$——凑整方格个数;

     a——方格边长(m);

     M ——比例尺分母。

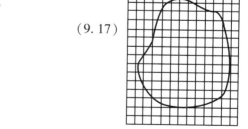

图 9.11 方格法求面积

(2)平行线法(积距法)

如图 9.12 所示,在透明模片上绘有间距为 2~5 mm 的平行线(同一模片上间距相同),把它覆盖在待测算面积的曲边图形上,并转动模片使平行线与图形的上、下边线相切。此时,相邻两平行线之间所截的部分为若干个等高的近似梯形,量出各梯形的底边长度 $l_1, l_2, \cdots, l_n$,则各梯形的面积分别为

图 9.12 平行线法
求面积

$$A_1 = \frac{1}{2}(0 + l_1) \cdot h \cdot M^2$$

$$A_2 = \frac{1}{2}(l_1 + l_2) \cdot h \cdot M^2$$

$$\vdots$$

$$A_{n+1} = \frac{1}{2}(l_n + 0) \cdot h \cdot M^2$$

则图形的总面积为

$$A = A_1 + A_2 + \cdots + A_{n+1} = (l_1 + l_2 + \cdots + l_n) \cdot h \cdot M^2 \qquad (9.18)$$

式中　A——面积(m^2)；

　　　$l_1, l_2, \cdots, l_n$——平行线长度(m)；

　　　h——平行线间距(m)；

　　　M——地形图比例尺分母。

9.3.4　求积仪法

　　求积仪是一种专用于图纸上量算图形面积的仪器,适用于不同的图形(特别是不规则图形)的面积量算。求积仪量算面积具有操作方便、速度快、精度较高等优点,是目前面积量算中广泛采用的仪器,求积仪可分为机械式和数字式两类。机械式求积仪是以机械传动原理和主要依靠游标读数来获得图形面积。近年来,随着电子技术的迅速发展,将求积仪在机械装置的基础上增加电子脉冲计数设备,成为电子求积仪或称脉冲式数字求积仪。数字式求积仪具有高精度、高效率、直观性强等特点,越来越受到人们的青睐,已逐步取代了机械式求积仪。目前,比较常见的数字式求积仪有:日本株式会社测机舍生产的 KP-N 系列、日本牛方商会生产的 X-PLAN 系列,以及美国洛杉矶科学仪器公司生产的 L-1250 和 N-1250 系列。

　　下面介绍日本 KP-90N 脉冲式数字求积仪的使用。

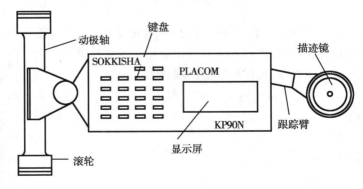

图 9.13　KP-90N 型数字求积仪

　　KP-90N 型脉冲式数字求积仪由日本株式会社测机舍生产,采用了新型大规模集成电路和六位脉冲计数器,使用方便,价格较低,在我国已被广泛运用,图 9.13 为 KP-90N 型数字求积仪示意图。

　　(1)仪器的性能指标

　　①电源。内藏镍镉电池,充电 15 小时后可连续使用 30 小时,利用充电转换器可直接使用

220 V 交流电。

②显示。8 位 LCD 液晶显示,数字、小数点等 13 种显示符号。

③分解力。比例尺 1∶1 时,分解为 0.1 cm²。

④功能。可以选择面积的显示单位,并进行面积单位的换算。采用连续式量测面积时,具有累加、平均值量测功能。

⑤量算单位。公制:cm²,m²,km²;英制:in²,ft²,acre;日制:坪、反、町。

⑥比例尺。可分别输入横、纵向不同比例尺。

⑦量测范围。325 mm × 30 m,即最大累加测量面积可达 10 m²。

⑧精度。标称精度 $\pm \dfrac{2}{1\,000}$ 脉冲以内。

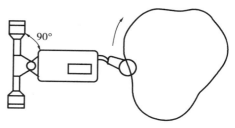

图 9.14　求积仪测定面积

(2)显示符号

①SCALE。设定比例尺并按下 SCALE 键后显示。

②HOLD。按下 HOLD 键时显示,量测值暂时固定,若已设定单位,则测定值从脉冲计数变为设定单位的面积值,再次按下 HOLD 键,符号"HOLD"消失,此时量测值又从面积值变为脉冲计数。在累加测量时,需常用 HOLD 键。

③MEMO。按 MEMO 键或 AVER 键时显示,表明量测值已被存储。当此符号显示时,量测值被固定,并显示为设定单位的面积值。但按下 HOLD 键、MEMO 键后,所得的面积值为累加量测或平均量测的中间值,实际面积只有按下 AVER 键后才能显示。

④Batt-E。电压降至需充电时显示此符号。

(3)测量方法

①准备工作。将图纸固定在平整的图板上,安置求积仪时,应将描迹镜大致放在图形的中间位置,并使描迹臂与滚轴成 90°,如图 9.14 所示。然后用描迹镜沿图形轮廓线转一周,以检查滚轮和测轮是否能平滑移动。若转动不太灵活,可调整动极轴的位置,达到较理想的状态。

②打开电源。按下 ON 键,显示"0"。

③设定面积单位。按 UNIT-1 键设定单位系统(公制、英制、日制),按 UNIT-2 键设定同一单位系统内的不同单位。在开始设定单位按下 UNIT-1 键时,将显示 cm²、in²、坪中之一,然后运用 UNIT-1 和 UNIT-2 键可选择所需单位。

④设定比例尺。如图纸的比例为 1∶500,则按"500",再按 SCALE 键,最后按 R-S 键,显示比例尺分母的平方"250 000",以确认图的比例尺已安置好。若横纵向比例尺分别为 1∶x 和 1∶y,则先设定 x 后,按 SCALE 键,再设定 y 后按下 SCALE 键,如置数发生错误,按 C/AC 键,可重新置数。若欲设定 1∶1 比例尺,则按 0 与 SCALE 键即可。在按 START 键前,若连续按 C/AC 键两次或按 OFF 键,则在此前的所有存储全部清除。

⑤简单测量。在大致垂直于滚轮轴的图形轮廓线上选取一点,作为开始量测的起点,如图 9.14 所示。将描迹镜标志对准起点,按下 START 键,蜂鸣器发出响声,显示屏显示"0",然后将描迹镜的中心准确地沿着图形轮廓线顺时针方向移动,最后回到起点。此时屏幕上显示为脉冲数,按 AVER 键,显示图形面积值及单位。

⑥累加测量。利用 HOLD 键可把大面积图形分割成多个小面积图形进行累加量测。

量测时,先量测第一个图形,测完后按 HOLD 键,固定面积值;然后将仪器移到第二个图形,按 HOLD 键,解除固定状态并进行量测;同样对其他图形进行累加量测;最后按下 MEMO 键,即可获得整个图形的面积值。

⑦平均测量。利用 MEMO 键及 AVER 键,能方便地求得平均值。在每次量测结束后按下 MEMO 键,最后按 AVER 键,就可显示出重复多次量测的平均面积值。

⑧累加平均测量。若需对两个图形累加,并取两次平均值作为结果。量测时,先在第一个图形的起点,按 START 键,绕图形一周,按 HOLD 键;移至第二个图形起点,按 START 键,绕图形一周,按 HOLD 键;移至第一个图形起点,按 HOLD 键,绕图形一周,按 MEMO 键。重复上述操作,最后按 AVER 键,即可得出两个图形面积累加,并取两次测定的平均值。

⑨单位换算。当面积测量结束,按 AVER 键后显示面积,若需改变面积单位,则按 UNIT-1 和 UNIT-2 键,显示所需要的单位,再按 AVER 键,显示单位改变后的面积值。另外,可通过变换输入的比例值,获得所需面积单位(如公顷、亩等)的面积值。

9.3.5　光电测积法

利用光电面积量测仪把需量测面积的图像,通过光点对图像进行分解,将它分解成许多小单元,利用光电器件对每个小单元进行识别,通过光电变换,根据图像黑白程度(被测面积涂上颜色)的反射光强弱,把光信号转变为电信号,经过放大、整形,变成电位高低变化的脉冲信号,驱动计数器测算出面积。光电面积量测仪一般由光学系统、扫描系统、电子系统、电源器等部分组成。目前生产的光电面积量测仪的面积量测误差一般在 0.5% ~ 1% 以内。

9.4　地形图在城市规划中的应用

地形图是进行城市规划的基础工作底图。在进行总体规划时,通常选用 1:10 000 或 1:5 000 比例尺的地形图作为工作底图,而在详细规划时,为满足房屋建筑和各项工程编制初步设计的需要,通常须采用 1:2 000 或 1:1 000 比例尺地形图作为工作底图。

9.4.1　建筑用地的地形分析

在规划设计中,首先需要按城市建设对地形的要求,在地形图上,对规划区域的地形进行整体认识和分析评价,以实现规划中能充分合理地利用自然地形条件,经济有效地使用城市土地,节约城市建设费用和促进城市的可持续发展。

城市各项工程建设与设施布设对用地都有一定的要求,如地质、水文、地形等方面。在地形方面,突出表现在对不同地面坡度的要求,城市各项建设适用坡度可参考表 9.2。

表 9.2　工程项目对用地的坡度要求

项　　目	坡　　度	项　　目	坡　　度
工业水平运输	0.5%～2%	铁路站场	0～0.25%
居住建筑	0.3%～10%	对外主要公路	0.4%～3%
主要道路	0.3%～6%	机场用地	0.5%～1%
次要道路	0.3%～8%	绿化用地	任何坡度

针对以上要求,对地形分析应考虑地形坡度的不同类型及其与各项建筑布设的关系,具体可参考表 9.3。

表 9.3　地形坡度类型与建筑布设的关系

坡度类型	坡　　度	建筑群与道路的布设方式
平坡	3%	基本上为平地,建筑和道路可根据规划原理自由布置,但注意排水。
缓坡	3%～10%	建筑群布置不受约束,车道也可以自由地布置,不考虑梯级道路。
中坡	10%～25%	建筑群组受一定限制,车道不宜垂直等高线布设,垂直等高线布设的道路,要做梯级道路。
陡坡	25%～50%	建筑群受较大的限制,车道不平行等高线布置时,只能与等高线成较小的锐角布设
急坡	50%～100%	建筑设计需做特殊处理,车道只能曲折盘旋而上,或考虑架设缆车道。梯级道路也只能与等高线成斜交布置。
悬坡	100%以上	一般为不可建筑地带。

9.4.2　地形与建筑群体布置

由上述分析可知,在平原地区进行规划设计时,按规划原理和方法,对建筑群体布置限制较小,布设比较灵活机动。但在山地和丘陵地区,由于建筑用地通常成不规则的形状,要求在各种不规则形状中寻找布置的规律。如在某一建筑区域,某一地段可能存在不宜建筑的局部地形,这些局部地形可能将建筑用地分为大小不等的若干地块。建筑群体的用地会形成大小不同、高低不一、若断若续的分布特点,因此建筑群体的布设形式,必然受其地形特点的制约,呈现出高低参差不一,大小分布各异的特点。如图 9.15(a)所示的沿河谷、沟谷一侧或两侧发展而形成的带状分布群体;如图 9.15(b)所示的沿山坡发展形成的片状和团状分布形式;如图 9.15(c)所示的沿山丘或台地发展而形成的星型分布形式。

在山地或丘陵地区进行建筑群体的布置时,应注意依据地形陡缓曲直变化规律,适应于自然变化,争取建筑群体有较好的朝向,并提高日照和通风的效果。在图 9.16(a)中,未考虑自然地形和气候条件,布置成规则的行列形式,结果造成间距不合理,工程量大,用地也不经济等缺点。若按图 9.16(b),结合地形布置成自由形式,在建筑面积与图 9.16(a)相同的情况下,由于改进了布置方案,既减少了工程量,又增大了房屋间距,同时提高了日照和通风效果,从而改善了建筑和设施的作业条件。由此可见,在城市规划设计中,结合地形进行建筑群体的规划方案布置是非常重要的。

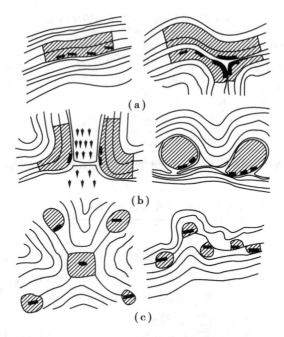

图 9.15　地形与建筑群体布置

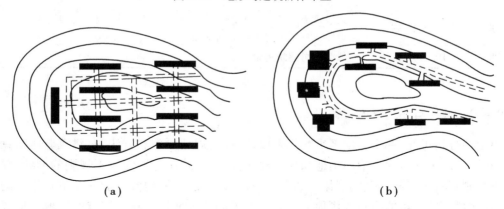

图 9.16　山区地形与建筑群体布置

思考题与习题

1. 地形应用的基本内容有哪些？它们在图上是如何量测的？
2. 地形图在工程建设中的应用有哪些？
3. 土石方量估算的方法有哪些？分别适用于什么场合？
4. 图上面积量算的方法有哪几种？各适用于什么情况？
5. 利用图 9.17 完成以下练习：
① 求 A,B 的坐标和高程；
② 求 $A-B,N_5-N_3$ 的水平距离；

③ 求 $A\text{-}B$，$N_5\text{-}N_3$ 的坐标方位角；

④ 确定 $A\text{-}M$ 的平均坡度；

⑤ 在 $A\text{-}N_5$ 之间选定一条坡度为 10% 的最短路线；

⑥ 绘制 $A\text{-}B$，$N_5\text{-}N_3$ 的纵断面图；

⑦ 分别用方格网法和平行线法求水库在图 9.17 中的面积；

⑧ 欲将边长为 40 m 的 $BCDE$ 区域整理成填、挖基本平衡的水平场地，试计算填、挖方量的大小。

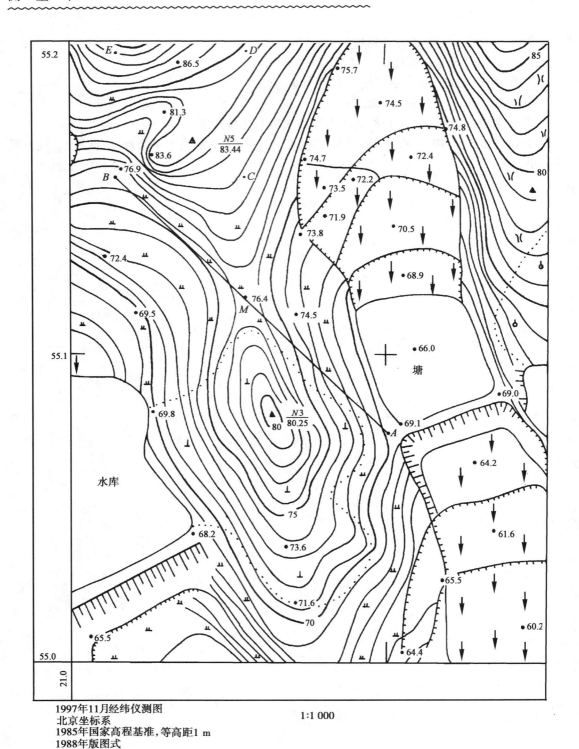

图 9.17 习题 5 图

第 **10** 章
施工测量的基本工作

10.1 施工测量概述

10.1.1 概述

各种工程在施工过程中所进行的测量工作称为施工测量。

施工测量的任务是把图纸上设计的建筑物、构筑物的平面位置和高程,按设计和施工的要求以一定的精度放样到地面上,作为施工的依据,并在施工过程中进行一系列的测量工作。

施工测量的内容贯穿于整个施工过程之中。从施工控制网的建立、施工场地的平整、建筑物定位、基础施工到建筑物的构件安装等,都要进行施工测量,以衔接和指导各工序间的施工,使建筑物、构筑物各部分的尺寸、位置符合设计要求、确保施工质量;工程竣工后,为了便于维修和扩建,还要编绘竣工图;对一些大型、高层或特殊建(构)筑物在施工过程中或竣工后,还要定期进行变形观测,以鉴定工程并为使用安全提供可靠的资料。

10.1.2 施工测量的特点

1)施工放样(又称测设)与测绘地形图的目的不同　测绘地形图是将地面上的地物、地貌及其他信息测绘在图纸上,而施工放样则是将图纸上的建(构)筑物按其设计位置放样到地面上,程序是相反的。

2)精度要求不同　测绘地形图的精度取决于测图方法和测图比例尺。而施工测量的精度则决定于工程的性质、规模、材料、用途及施工方法等因素。一般而言,高层建筑物的施工测量精度高于低层建筑物,钢结构施工测量精度高于钢筋混凝土结构,装配式建筑物施工测量精度高于非装配式建筑物,建筑物各轴线间的相对放样精度高于建筑物的整体放样精度。总之,施工放样精度应根据具体情况,合理选择,任何忽视精度要求将会影响到工程施工质量,甚至造成质量事故。

3）施工测量是每道施工工序的先导　因此,在施工测量前必须做好一系列的准备工作:要了解设计内容及施工测量的精度要求;认真核对图纸上的尺寸与数据;检校好测量仪器;结合现场制订合理的施工测量方案;认真计算、核对放样数据。在施工中,应认真负责,并随时掌握施工进度及现场的变动情况,使施工测量与工程施工密切配合。

4）施工现场工种多,交叉作业频繁,干扰大。各种测量标志应埋设在使用方便、稳固而不易破坏的地方,并应妥善保管,经常检查,如有破坏,应及时恢复。此外,在施工测量中,随时注意仪器和人身的安全。

10.1.3　施工测量的原则

为了保证施工放样的精度,使放样的建(构)筑物满足设计的要求。特别是在施工场地上建筑物分布较广时,为使建(构)筑物连成统一的整体,减少误差积累,提高施工放样精度,施工测量也必须遵循"从整体到局部,先控制后细部"的原则,即在施工场地上建立统一的平面控制网和高程控制网,然后以此为依据放样建(构)筑物的位置。另外,必须加强施工测量外业和内业的检核工作,确保施工测量的正确性,以免酿成工程事故。

10.2　施工测量的基本工作

施工放样是按设计的要求将建(构)筑物各轴线的交点、道路中线、桥墩等特征点位标定在相应的地面上。这些点位是根据控制点或已有建筑物的特征点与放样点之间的角度、距离和高差等几何关系,应用仪器和工具在地面上标定出来。因此,放样已知水平距离、放样已知水平角、放样已知高程是施工测量的基本工作。

10.2.1　放样已知水平距离

放样已知水平距离是从地面一已知点开始,沿已知方向放样出给定的水平距离以定出第二个端点的工作。根据放样的精度要求不同,可分为一般方法和精确方法。

(1)用钢尺放样已知水平距离

1）一般方法

如图 10.1 所示,在地面上,由已知点 A 开始,沿给定的 AP 方向,用钢尺量出已知水平距离 D,定出 B' 点。为了校核与提高放样精度,在起点处改变读数(10～20 cm),按同法量已知距离定出 B'' 点。由于量距有误差,两点一般不重合,其较差 ΔD 的相对误差在允许范围内时,则取 $B'B''$ 的中点 B,AB 即为所放样的水平距离 D。

图 10.1　放样已知水平距离

2）精确方法

当放样精度要求较高时,在地面放出的距离(L)应是给定的水平距离(D)加上尺长(Δl_d)、温度(Δl_t)、高差(Δl_h)三项改正,但改正数的符号与精确量距时的符号相反。即

$$L = D - \Delta l_d - \Delta l_t - \Delta l_h \qquad (10.1)$$

【例 10.1】　设欲放样 AB 水平距离 $D = 25.280$ m,所使用的钢尺名义长度为 30 m,实际长度为 29.998 m,钢尺膨胀系数为 1.25×10^{-5},AB 的高差 $h = 0.425$ m,放样时温度为 30 ℃,试求放样时在实地应量出的长度是多少?

解:根据精确量距公式算出三项改正:

尺长改正:$\Delta l_d = \dfrac{29.998 - 30}{30} \times 25.280 = -0.001\ 7$ m

温度改正:$\Delta l_t = 1.25 \times 10^{-5} \times (30 - 10) \times 25.280 = 0.003\ 2$ m

倾斜改正:$\Delta l_h = -\dfrac{0.425^2}{2 \times 25.28} = -0.003\ 6$ m

则放样长度为:$L = D - \Delta l_d - \Delta l_t - \Delta l_h = 25.282\ 1$ m

放样时,如前所述自线段的起点沿给定的方向量出 L,定出终点,即得放样的距离 D。为了检核,同样需要再放样一次,若两次放样之差在允许范围内,取平均位置作为终点的最后位置。

(2)光电测距仪放样已知水平距离

用光电测距仪放样已知水平距离与用钢尺放样方法大致相同。如图 10.2 所示,光电测距仪安置于 A 点,反光镜沿已知方向 AC 移动,使仪器显示略大于放样的距离 D,定出 B' 点。再在 B' 点安置棱镜,测量出 B' 点上反光镜的竖直角 α 及斜距 L,根据 α 和 L 计算水平距离 $D' = L\cos\alpha$,从而求得改正值 $\Delta D = D - D'$。根据 ΔD 的符号在实地沿已知方向用钢尺由 B' 点量起,量 ΔD 定出 B 点,AB 即为测设的水平距离 D。为了检核,将反光镜安置在 B 点,测量 AB 的水平距离,若不符合要求,则再次改正,直至在允许范围之内为止。

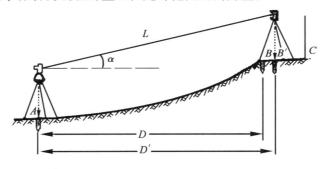

图 10.2　光电测距仪放样距离

10.2.2　放样已知水平角

放样已知水平角就是根据一已知方向放样出另一方向,使它与已知方向的夹角等于给定的设计角值,按放样精度要求不同分为一般方法和精确方法。

(1)一般方法

当放样水平角精度要求不高时,可采用此法,即用盘左、盘右取平均值的方法。如图 10.3 所示,设 AB 为地面上已有方向,欲放样水平角 β,在 A 点安置经纬仪,以盘左位置瞄准 B 点,配置水平度盘读数为 $0°00'00''$。转动照准部使水平度盘读数恰好为 β 值,在视线方向定出 C' 点。然后用盘右位置,重复上述步骤定出 C'' 点,取 C' 和 C'' 中点 C,则 $\angle BAC$ 即为放样 β 角。

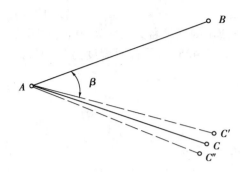

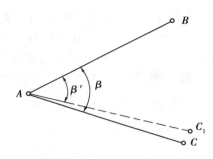

图 10.3　一般方法放样已知水平角　　　　图 10.4　精确方法放样已知水平角

（2）精确方法

当放样精度要求较高时，可用精确方法。如图 10.4 所示，安置经纬仪于 A 点，按一般方法放样已知水平角 β，定出 C_1 点，然后较精确地测量 $\angle BAC_1$ 的角值，一般采用多个测回取平均值的方法，设平均角值为 β'，计算 $\Delta\beta = \beta - \beta'$，并测量出 AC_1 的距离。按（10.2）式计算 C_1 点与 AC_1 垂线的改正值 C_1C

$$C_1C = AC_1\tan(\beta - \beta') = AC_1 \times \left(\frac{\Delta\beta}{\rho}\right) \qquad (10.2)$$

从 C_1 点沿 AC_1 的垂直方向往外或往内调整 C_1C。若 $\beta > \beta'$ 时，往外调整 C_1C 至 C 点。若 $\beta < \beta'$ 时，则按反向调整，调整后 $\angle BAC$ 即为欲测设的水平角 β。

10.2.3　放样已知高程

放样已知高程就是根据已知点的高程，通过引测，把设计高程标定在固定的位置上。如图 10.5 所示，在已知高程点 A（高程为 H_A）与需要标定已知高程的待定点 B 之间安置水准仪，精平后读取 A 点的标尺读数为 a，则仪器的视线高程为 $H_i = H_A + a$。由图可知放样已知高程为 $H_设$ 的 B 点前视应读数为

$$b = H_i - H_设$$

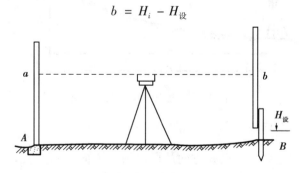

图 10.5　高程放样

将水准标尺紧靠 B 点木桩的侧面上下移动，直到尺上读数为 b 时，沿尺底画一横线，此线即为放样设计高程 $H_设$ 的位置。放样时应始终保持水准管气泡居中。

在建筑设计和施工中，为了计算方便，通常把建筑物的室内设计地坪高程用 ±0 标高表示。基础、门窗等的标高都是以 ±0 为依据，建筑物的各部分的高程都是相对于 ±0 放样的。

【例 10.2】　设已知 A 点高程为 $H_A = 79.328$ m，欲放样的高程为 $H_B = 79.727$ m，水准仪安

置在 A,B 两点之间,读得 A 点标尺上的读数为 $a = 1.279$ m,问如何设置 B 点位置?

解: 根据已知点高程和后视读数求 B 点前视读数: $b = 79.328 + 1.279 - 79.727 = 0.980$ m。仪器照准 B 点标尺,上、下移动标尺,当读数恰好为 0.980 m 时,停止移动,并在尺底划一横线,此横线即是高程为 79.727 m 的 B 点位置。

已知高程的放样,对控制基础挖深、坝轴线的设置、坝的边坡放样以及环山渠道中心桩的测定是常用的方法。

10.3　点的平面位置放样

点的平面位置放样是根据已布设好的控制点与放样点间的角度(方向)、距离或相应的坐标关系而定出点的位置。放样方法可根据所用的仪器设备、控制点的分布情况,放样场地地形条件及放样点精度要求等从以下几种方法中选择使用。

(1)直角坐标法

直角坐标法是建立在直角坐标原理基础上确定点位的一种方法。当建筑场地已建立有相互垂直的主轴线或矩形方格网时,一般采用此法。

如图 10.6 所示, OA,OB 为互相垂直的方格网主轴线或 OB 为建筑基线, a,b,c,d 为放样建筑物轴线的交点, ab,ad 轴线分别平行于 OA,OB。根据 a,c 的设计坐标 (x_a,y_a), (x_c,y_c),即可以 OA,OB 轴线放样出 a,b,c,d 各点。下面以放样 a,b 点为例,说明放样方法。

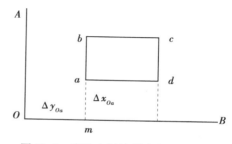

图 10.6　直角坐标放样点的平面位置

设 O 点已知坐标为 x_0,y_0,从而求得 $\Delta x_{Oa} = x_a - x_0$, $\Delta y_{Oa} = y_a - y_0$。经纬仪安置在 O 点,照准 B 点,沿此视线方向从 O 沿 OB 方向放样 Δy_{Oa} 定出 m 点。安置经纬仪于 m 点,盘左照准 O 点,按顺时针方向放样 $90°$,沿此视线方向放样出 Δx_{Oa} 定 a' 点,同法以盘右位置定出 a'' 点,取 a',a'' 中点即为所求 a 点。经纬仪照准 a 点,沿此视线方向放样出 ab 距离定 b 点即为所求,同此法放样 d,c 点。

(2)极坐标法

极坐标法是根据水平角和距离放样点的平面位置的一种方法。在控制点与放样点间便于量距的情况下,采用此法较为适宜。若采用测距仪或全站仪放样距离,则没有此项限制。

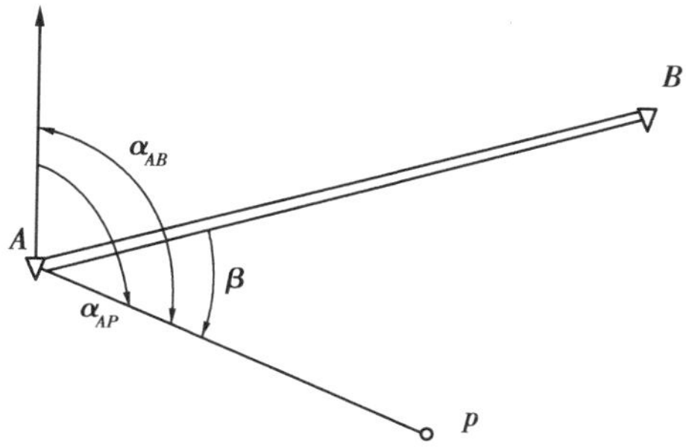

如图 10.7 所示, A,B 为已知控制点,设其坐标为 x_A,y_A,x_B,y_B。 P 为放样点,其坐标为 x_P,y_P。根据已知点坐标和放样点坐标按坐标反算的方法求出放样角和放样边长。即

图 10.7　极坐标法放样点的平面位置

$$\left.\begin{array}{l} \alpha_{AB} = \arctan \dfrac{y_B - y_A}{x_B - x_A} \\[3mm] \alpha_{AP} = \arctan \dfrac{y_P - y_A}{x_P - x_A} \\[3mm] \beta = \alpha_{AP} - \alpha_{AB} \\[3mm] D_{AP} = \sqrt{(x_P - x_A)^2 + (y_P - y_A)^2} \end{array}\right\} \qquad (10.3)$$

放样时,经纬仪安置在 A 点,后视 B 点,置度盘为零,按盘左盘右分中法放样 β 角,定出 AP 方向,沿此方向放样水平距离 D_{AP},得 P 点。

定 AP 方向用方位角较为方便,即在照准后视 B 点时,使水平度盘读数恰好等于 AB 方位角 α_{AB}。转动照准部,当度盘读数为 AP 方位角 α_{AP} 时,此方向即为 AP 方向。

(3) 角度交会法

角度交会法是在三个控制点上分别安置经纬仪,根据相应的已知方向放样出相应的角值,从三个方向交会定出点位的一种方法。此法适用于放样点离控制点较远或量距有困难的情况。

如图 10.8 所示,根据控制点 A,B,C 和放样点 P 的坐标计算放样数据 α_{AB},α_{BC},α_{AP},α_{BP},α_{CP} 及 β_1,β_2,β_3,β_4 的角值。将经纬仪安置在 A 点,按方位角 α_{AP} 或 β_1 角值定出 AP 方向线,在 AP 方向线上的 P 点附近打上两个木桩(俗称骑马桩),桩上钉小钉以表示此方向,如图 AP_1,并用细线拉紧。然后,经纬仪分别安置在 B,C 点,同法定出 BP_2,CP_3 方向线。三条细线若交于一点,即为所求。由于放样存在误差,三线可能交出三点,此三点构成一个"示误差三角形"。如果示误差三角形的边长不超过 4 cm 时,则取三角形的重心作为所求 P 点位置。

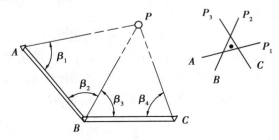

图 10.8 角度交会法放样点的平面位置

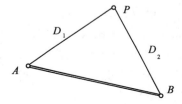

图 10.9 距离交会法放样点的平面位置

(4) 距离交会法

距离交会法是从两个控制点起至放样点的两段距离相交定点的一种方法。当建筑场地平坦、便于量距且放样距离不超过钢尺长度时,用此法较为方便。

如图 10.9 所示,设 A,B 为控制点,P 为放样点。首先根据控制点和放样点坐标直接计算放样数据 D_1,D_2。然后用钢尺从 A,B 点分别放样 D_1,D_2 值,两距离交点即为所求 P 点的位置。

(5) 全站仪放样测量

全站仪放样测量详见第 8 章全站仪在工程测量中的应用一节中。

10.4　已知坡度直线的放样

已知坡度直线的放样就是在地面上定出的直线,其坡度等于已给定的坡度。它广泛应用于道路工程、排水管道和敷设地下工程等的施工中。

如图 10.10 所示,设地面上 A 点的高程为 H_A,A,B 的水平距离为 D,从 A 点沿 AB 方向放样一条坡度为 i 的直线。

首先根据 H_A,已知坡 i 和距离 D 计算 B 点的高程

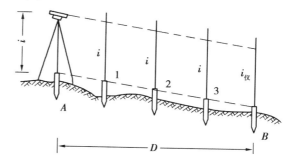

$$H_B = H_A + i \cdot D$$

计算 B 点高程时,注意坡度 i 的正、负,图 10.10 中 i 为负。

按放样已知高程的方法,把 B 点的高程

图 10.10　已知坡度直线的放样

放样到木桩上,则 AB 连线即为已知坡度线 i。若在 AB 间加密 1,2…点,使其坡度为 i,当坡度不大时,可在 A 点上安置水准仪,使一个脚螺旋在 AB 方向线上,另两个脚螺旋的连线大致与 AB 线垂直,量取仪器高 $i_仪$,用望远镜照准 B 点的水准尺,旋转在 AB 方向上的脚螺旋,使 B 点桩上水准尺上的读数等于 $i_仪$,此时仪器的视线即为已知坡度线。在 AB 中间各点打上木桩,并在桩上立尺使读数皆为 $i_仪$,这样的各桩桩顶的连线就是放样的坡度线,当坡度较大时,可用经纬仪定出各点。

思考题与习题

1. 施工测量的任务是什么?它包括哪些基本工作?

2. 施工测量有哪些主要特点?

3. 在地面上欲放样 AB 两点的水平距离为 29.000 m,所用钢尺的名义长度为 30 m,实际长度为 29.995 m,钢尺检定时温度为 20 ℃,放样时温度为 32 ℃,AB 高差为 $h = -0.58$ m,钢尺膨胀系数为 1.25×10^{-5},试计算在地面上应放样的长度。

4. 在地面上设欲放样直角 $\angle AOB$,先按一般方法放样,然后用测回法,共测 4 个测回,得 $\angle AOB'$ 的平均角值为 89°58′58″,若 OB' 为 55 m,为了获得正确的直角,应如何调整?绘图说明。

5. 利用建筑场地某水准点,其高程为 48.525 m,放样室内 ±0 标高于附近的墙壁上,设 ±0标高高程为 48.800 m,仪器安置在水准点与墙壁之间,读得后视读数为 1.242 m,试叙述放样步骤,并绘图说明。

6. 放样点的平面位置方法有哪几种?各适用于什么场合?

7. 设 A,B 控制点的坐标分别为 $A(1\ 112.34, 1\ 334.25)$,$B(1\ 049.43, 1\ 088.72)$,仪器安置在 A 点,用极坐标法放样 P 点,P 点设计坐标为 $(1\ 221.25, 1\ 104.17)$,试计算放样数据,并说明放样步骤。若采用角度交会法和距离交会法分别放样 P 点,试计算相应的放样数据,并绘

出放样略图。

8. 设地面上 A 点高程为 $H_A = 72.420$，AB 方向已知，其长度为 100 m。现欲由 A 到 B 修筑一条路，其坡度为 -4%，每隔 20 m 打一中点桩，试叙述其做法，并绘图说明。

第 **11** 章
民用建筑与工业厂房的施工测量

11.1 概　述

民用建筑是指住宅楼、办公楼、商店、学校、医院等。民用建筑按层次的不同,分低层和高层建筑,高于九层为高层建筑。工业建筑以厂房为主体,也有高、低层之分。由于建筑物类型和用途的不同,其放样精度因此也有区别。但总的放样程序大致是相同的,首先应在建筑场地上建立便于施工放样的施工控制网。工业厂房还要建立矩形控制网,然后进行建筑物定位、放线、基础工程施工测量、墙体施工测量等。在完成施工控制网以后,配合工程施工进行各项施工测量工作,为此,必须做好以下各项准备工作。

①准备并熟悉各种图纸资料,如总平面图、施工图等。

②结合现场制订放样方案。

③计算放样数据、现场放样。

建筑物施工放样及设备安装过程中的测量应符合表 11.1 的要求。

表 11.1　建筑物施工放样的主要技术要求

建筑物结构特征	测距相对中误差	测角中误差 /″	在测站上测定高差中误差 / mm	根据起始水平面在施工水平面上测定高程中误差/ mm	竖向传递轴线点中误差 / mm
金属结构、装配式钢筋混凝土结构、建筑物高度 100 ~ 120 m 或跨度 30 ~ 36 m	1/20 000	5	1	6	4
15 层房屋建筑物高度 60 ~ 100 m 或跨度 18 ~ 30 m	1/10 000	10	2	5	3
5 ~ 15 层房屋、建筑物高度 15 ~ 60 m 或跨度 6 ~ 18 m	1/5 000	20	2.5	4	2.5

续表

建筑物结构特征	测距相对中误差	测角中误差 /″	在测站上测定高差中误差 / mm	根据起始水平面在施工水平面上测定高程中误差/ mm	竖向传递轴线点中误差 / mm
5 层房屋、建筑物高度 15 m 或跨度 6 m 及以下	1/3 000	30	3	3	2
木结构、工业管线或公路铁路专用线	1/2 000	30	5		
施工竖向整平	1/1 000	45	10		

11.2　建筑场地的施工控制测量

在工程勘测设计阶段,为测绘地形图而建立的平面和高程控制网,称为测图控制网。测图控制网布点时主要根据测图之需要而建立,没有考虑到施工测量的要求,这些控制点不管在分布、密度还是精度方面都不一定满足施工测量的要求,因此,在施工之前,必须重新建立施工控制网。施工控制网的建立也为建筑物的变形观测和竣工测量打下了基础。

施工控制网分平面控制和高程控制,它的布设应根据工程的性质、特点以及精度的要求而有所不同。在道路、桥梁以及管线工程建设中的平面控制主要布设三角网或导线控制网;对大、中型建筑施工场地、施工控制多采用建筑方格网;对面积较小、地势窄长的建筑场地上宜布设建筑基线。施工高程控制多采用水准测量方法。

11.2.1　施工控制点的坐标换算

设计和施工部门为了工作方便,在设计总平面图上,建筑物的平面位置常采用施工坐标系统的坐标来表示。所谓施工坐标系就是以建筑物的主轴线作为坐标轴而建立起来的独立坐标系。施工坐标系的坐标轴与主要建筑的主轴线或主要道路、管线方向平行,坐标原点设置在总平面图的西南角上,纵轴记为 A,横轴记为 B,用 A、B 坐标标定各建筑物的位置。施工坐标系与测图坐标系的关系,可用施工坐标系原点 O' 的测图坐标 x_0'、y_0' 和 $O'A$ 轴的坐标方位角 α 来确定。在施工测量时,这些数据由勘测设计单位提供,也可以从设计图上用解析法或图解法求得。由于地面上已知测图控制点的坐标是在测图坐标系中,而设计图纸上设计建筑基线点或建筑方格网点的坐标是在施工坐标系中,因此,在计算放样数据时,应将放样数据统一到同一坐标系统后,才能进行放样工作。

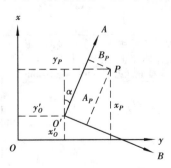

图 11.1　施工坐标与
测图坐标的关系

如图 11.1 所示,$AO'B$ 的施工坐标系,xOy 为测图坐标系。设 P 为建筑基线或建筑方格网上的一个主点,它在施工坐标系中的坐标为 A_P、B_P,在测图坐标系中的坐标为 x_P、y_P,x_0'、y_0' 为原点 O' 在测图坐标系中的坐标,α 为 $O'A$ 轴的坐标方位角。将 P 点的施工坐标转化为测图坐标,其换算公式为:

$$x_P = x'_O + A_P \cos\alpha - B_P \sin\alpha \atop y_P = y'_O + A_P \sin\alpha + B_P \cos\alpha \right\}$$ (11.1)

若将 P 点的测图坐标转化为施工坐标,其换算公式为:

$$A_P = (x_P - x'_O)\cos\alpha + (y_P - y'_O)\sin\alpha \atop B_P = -(x_P - x'_O)\sin\alpha + (y_P - y'_O)\cos\alpha \right\}$$ (11.2)

11.2.2　建筑场地的施工平面控制——建筑基线、建筑方格网

平坦地区或经过土地平整后的工业建筑场地,其拟建主要厂房、运输路线以及各种工业管线都是沿着互相平行或垂直的方向布置,因此,可以根据场地大小及设计建筑物分布的情况,采用建筑基线或建筑方格网作为施工控制网,然后按直角坐标法进行建筑物放样。建筑基线和建筑方格网都具有计算简单、使用方便、放样迅速等优点。

（1）建筑基线

建筑基线是指建筑场地的施工控制基准线。建筑基线常用于面积较小、地势较为平坦的建筑场地。

1）建筑基线的设计

根据建筑设计总平面图的施工坐标系及建筑物的布置情况,建筑基线可以设计成三点"一"字形、三点"L"字形、四点"T"字形及五点"十"字形等形式,如图 11.2 所示。建筑基线的形式可以灵活多样,以适合于各种地形条件。

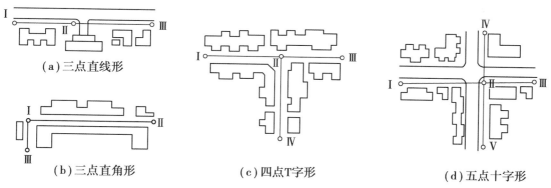

（a）三点直线形　　（b）三点直角形　　（c）四点T字形　　（d）五点十字形

图 11.2　建筑基线布设形式

设计时应该注意以下几点:

①建筑基线应平行或垂直于主要建筑物的轴线;

②建筑基线主点一般不应少于三个,它们间应相互通视;

③主点在不受挖土损坏的条件下,应尽量靠近主要建筑物;

④建筑基线的放样精度应满足施工放样的要求。

2）建筑基线的设置

①极坐标法　　根据测图控制点的分布情况,可采用极坐标法。

②平行推移法　　根据建筑物的墙边线或建筑红线用延长线或平行推移来标定建筑基线。

3）检查三个基线点的直线性

如图 11.3 安置经纬仪于 P' 点,检测 $\angle C'P'D'$,如果观测角值 β 与 180° 之差大于 24″,则应

进行调整。

4）调整三个基线点的位置

先根据三个主点间的距离 a,b 按式(11.3)计算出改正数 δ,即

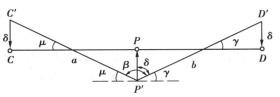

图 11.3　建筑基线主点的调整

$$\delta = \frac{ab}{a+b}\left(90° - \frac{\beta}{2}\right)\frac{1}{\rho''} \qquad (11.3)$$

当 $a = b$,则

$$\delta = \frac{a}{2}\left(90° - \frac{\beta}{2}\right)\frac{1}{\rho''} \qquad (11.4)$$

式中,$\rho'' = 206265''$。然后将定位点 C',P',D' 沿与基线垂直的方向移动 δ 值,而得 C,P,D 三点(注意:P' 点移动的方向与 C',D' 两点相反)。按 δ 值移动三个定位点之后,再重复检查和调整 C、P、D,至误差在允许范围之内为止。

5）调整三个点间的距离

先用钢尺检查 C,P 及 P,D 间的距离,若检查结果与设计长度之差的相对较差大于 1:10 000,则以 P 点为准,按设计长度调整 C,D 两点。

6）放样其余两主点 E,F

如图 11.4 所示,安置经纬仪于 P 点,照准 C 点,分别向左、右测设 90°角,并根据主点间的距离,在实地标定出 E',F' 两点,再精确测量 $\angle CPE'$ 及 $\angle CPF'$ 的角值,分别求出与 90°之差 ε_1 及 ε_2,若 ε_1,ε_2 之值超过 ±5″,则按式(11.5)计算横向偏离法改正数 l_1,l_2。

$$l = L\frac{\varepsilon''}{\rho''} \qquad (11.5)$$

式中:L——PE' 或 PF' 的距离。

将 E',F' 两点分别沿 PE' 及 PF' 的垂直方向移动 l_1,l_2,得 E,F。E',F' 的移动方向按观测角值的大小决定,大于 90°,则向左移动,否则向右移动。最后再检测 $\angle EPF$,其值与 180°之差应小于 5″。

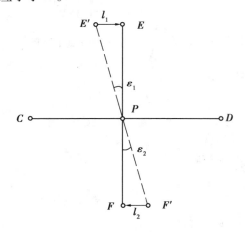

图 11.4　建筑基线主点放样与调整

（2）建筑方格网

1）建筑方格网的布设

建筑方格网的布置,应根据建筑设计总平面图上各建筑物、构筑物、道路及各种管线的布设情况,结合现场的地形情况拟定。布置时应先选定建筑方格网的主轴线 MN 和 CD,然后再布置方格网。方格网的形式可布置成正方形或矩形,当场地面积较大时,常分两级。首级可采用"十"字形、"口"字形或"田"字形,然后再加密方格网。当场地面积不大时,尽量布置成全面方格网。方格网的主轴线应布设在厂区的中部,并与主要建筑物的基本轴线平行。方格网的转折角应严格为 90°。方格网的边长一般为 100 ~ 200 m,矩形方格网的边长视建筑物的大小和分布而定。为了便于使用,边长尽可能为 50 m 或它的整数倍。方格网的边长应保证通视且易于测距和测角,点位标石应能长期

保存。

2）建筑方格网的放样

①主轴线放样

如图 11.5 所示,MN,CD 为建筑方格网的主轴线,它是建筑方格网扩展的基础。当施工场地很大时,主轴线很长,一般只放样其中的一段,如图 11.5 中的 AOB 段。该段上的 A,O,B 点是轴线的主位点,称为主点。主轴线放样与建筑基线放样的方法相同,先放样并调整长轴线 MON,再将经纬仪移至 O

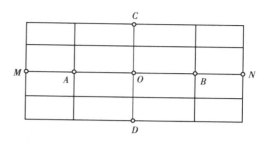

图 11.5　施工坐标与测量坐标的换算

点,放样并调整短轴线点 C 和 D。最后精确检测轴线点的相对位置关系,并与设计值比较,其误差不得超过表 11.2 的规定。

表 11.2　建筑方格网的主要技术要求

等　级	边长/m	测角中误差/″	边长相对中误差	角度检测限差/″	边长检测限差
Ⅰ 级	100～300	5	1/30 000	10	1/15 000
Ⅱ 级	100～300	8	1/20 000	16	1/10 000

②方格网点放样

如图 11.5 所示,主轴线放样好后,分别在主轴线端点 M,N,C,D 上安置经纬仪,后视中点 O 配零,分别向左、向右精确放样出 90°角,这样就可以交会出“田”字形基本方格网点,随后检测角度和边长,其误差均应在允许范围内。再后以基本方格网为基础,用量距法加密方格网中其余各点。

11.2.3　施工高程控制

水准网是建筑场地的高程控制网,一般布设成两级。首级为整个场地的高程基本控制,应布设成闭合水准路线,尽量与国家水准点联测,可按四等水准要求进行观测,但对于连续生产的车间或下水管道等,则需采用三等水准测量的方法测定各水准点的高程,水准点应布设在场地平整范围之外、土质坚固的地方,以免受震,并埋设成永久性标志,便于长期使用。另一级为加密网,以首级网为基础,可布设成附合或闭合路线。加密水准点可埋设临时性标志,尽量靠近建(构)筑物,以方便使用,但要避免施工时被破坏。

此外,为了放样方便和减少误差,在一般厂房的内部或附近应专门设置 ±0.000 标高水准点。但需注意设计中各建(构)筑物的 ±0.000 高程不一定相等,应严格加以区别。

11.3　民用建筑施工测量

11.3.1　放样的准备工作

(1)熟悉图纸

设计图纸是施工放样的主要依据,与放样有关的图纸主要有:建筑总平面图、建筑平面图、基础平面图和基础剖面图。

从建筑总平面图(图11.6)可以查明设计建筑物与原有建筑物的平面位置和高程的关系。它是放样建筑物总体位置的依据。

从建筑平面图(图11.7)可以查明建筑物的总尺寸和内部各定位轴线间的尺寸关系。

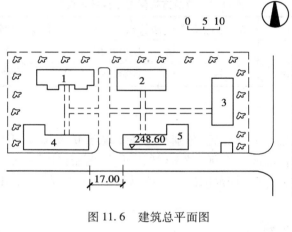

图 11.6　建筑总平面图

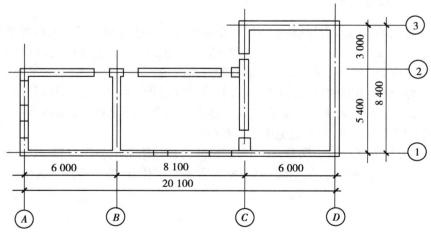

图 11.7　建筑平面图

从基础平面图(图11.8)可以查明基础边线与定位轴线的关系尺寸,以及基础布置与基础剖面的位置关系。

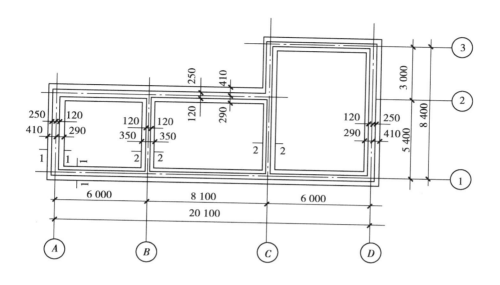

图 11.8　基础平面图

从基础剖面图(图 11.9)可以查明基础立面尺寸、设计标高,以及基础边线与定位轴线的尺寸关系。

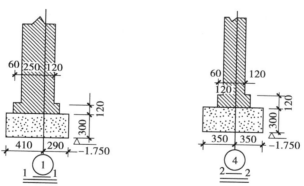

图 11.9　基础剖面图

（2）现场踏勘并确定放样方案

首先了解设计要求和施工进度计划,然后对现场进行踏勘,明确了解现场的地物、地貌和原有测量控制点的分布情况,确定放样方案。民用建筑物放样,也称建筑物定位,主要方法有:根据测量控制点放样;根据建筑方格网或建筑基线放样;根据建筑红线放样;根据已有建筑物放样等。如图 11.9 所示,按设计要求,拟建的 5 号楼与现有 4 号楼平行,两者南墙面平齐,相邻墙面相距 17.00 m,因此,可根据现有建筑物进行放样。

（3）数据准备

数据的准备,包括根据放样方法的需要而进行的数据计算和绘制放样略图。图 11.10 为注明放样尺寸和方法的放样略图。从图 11.8 可以看出,由于拟建房屋的外墙面距离定位轴线为 0.25 m,故在放样略图中将定位尺寸 17.00 m 和 3.00 m 分别加 0.25(即 17.25 m 和 3.25 m)注于图上,满足施工后两楼相距 17 m 和南墙面齐平的设计要求。

191

11.3.2　房屋基础轴线放样

根据放样略图(图 11.10)和现有建筑物,首先放样一条建筑基线,然后用直角坐标法将房屋轴线交点标定在地面上。具体作法如下:

①先沿 4 号楼的东、西墙面向外各量出 3.00 m,在地上定出 1,2 两点作为建筑基线,在 1 点安置经纬仪,照准 2 点,然后沿视线方向,从 2 点起根据图中注明尺寸,按 1/5 000 的精度放样出各基线点 a,c,d,并打下木桩,桩顶钉小钉以表示点位。

②在 a,c,d 三点分别安置经纬仪,用正倒镜分中法放样 90°方向线,并在 90°方向线上放样相应的距离,以定出房屋各轴线的交点 E,F,G,H,I,J 等,并打木桩,桩顶钉小钉以表示点位;

③用钢尺检测各轴线交点的间距,其值与设计长度的相对误差应不超过 1/2 000,如果房屋规模较大,则应不超过 1/5 000,并且将经纬仪安置在 E,F,G,K 四角点,检测各个直角,其角值与 90°之差不应超过 40″。

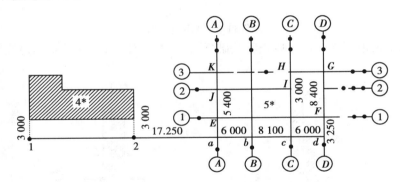

图 11.10　建筑物放样略图

以上是根据已有建筑物定位的一种方法。在没有参照物时,可设置一条平行于建筑物轴线的基线,先在地形图上求出基线端点的坐标,然后根据附近控制点的坐标反算方位角和距离,在实地标定基线,并按基线的精度要求测量基线长度,然后按直角坐标法定出建筑物轴线交点桩。定出的角桩按以上方法进行检核。

11.3.3　龙门板和轴线控制桩的设置

建筑物定位以后,所放样的轴线交点桩(或称角桩),在开挖基槽时将被破坏。施工时为了能方便地恢复各轴线的位置,一般是把轴线延长到安全地点,并做好标志。延长轴线的方法有两种:龙门板法和轴线控制桩法。

(1)龙门板的设置

龙门板法适用于一般小型的民用建筑物,为了施工方便,在建筑物四角与隔墙两端基槽开挖边线以外约 1.5～2 m 处钉设龙门桩,如图 11.11 所示。桩要钉直、钉牢,桩的外侧面与基槽平行。根据建筑场地的水准点,用水准仪在龙门桩上放样建筑物 ±0.000 标高线。根据 ±0.000 标高线把龙门板钉在龙门桩上,使龙门板的顶面在同一个水平面上,且与 ±0.000 标高线一致。安置经纬仪于 N 点,瞄准 P 点,沿视线方向在龙门板上定出一点,用小钉标志,纵转望远镜在 N 点的龙门板上也钉一小钉。同法将各轴线引测到龙门板上。在没有经纬仪的情况下,亦可拉线用

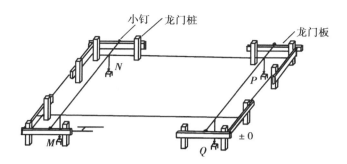

图 11.11　龙门板放样

垂球对准 N,P 点拉紧直线,亦可在龙门板上的线钉上钉子。

（2）轴线控制桩的设置

轴线控制桩设置在基槽外基础轴线的延长线上,作为开槽后各施工阶段确定轴线位置的依据（见图 11.12）。轴线控制桩离基槽外边线的距离根据施工场地的条件而定,如果附近有已建的建筑物,也可将轴线投测在建筑物的墙上。为了保证控制桩的精度,施工中往往将控制桩与定位桩一起放样,有时则先放样控制桩,再放样定位桩。

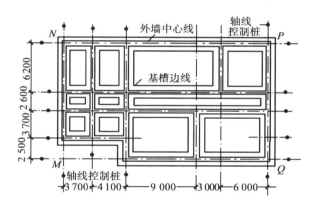

图 11.12　轴线控制桩放样

11.3.4　基础施工测量

基础开挖之前,先按基础剖面图的设计尺寸,计算基槽口的 1/2 开挖宽度 d,然后根据所放基础轴线在地面上放出开挖边线,并撒白灰。如图 11.13 所示,1/2 开挖宽度按式（11.6）计算

$$d = B + mh \tag{11.6}$$

式中　B——1/2 基础底宽,可由基础剖面图查取;

　　　h——挖土深度;

　　　m——挖土边坡的分母。

控制挖深,在基槽开挖至接近槽底时,用水准仪按高程放样方法,根据地面 ± 0 水准点,在基槽壁上每隔 3～5 m 及转角处放样一个腰桩(如图 11.14 所示),也称水平控制桩,使桩的上表面离设计槽底为整分米数(一般为 0.5 m),以作为控制挖深和修平槽底的依据。

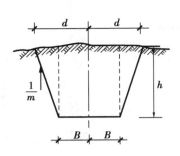

图 11.13　基础施工测量

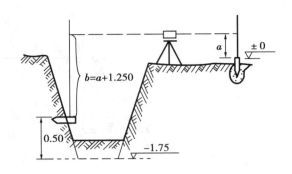

图 11.14　基槽深度控制

11.3.5　楼层轴线投测

投测轴线的方法有:垂线法、经纬仪投测法、激光铅垂仪投测法、光学垂准仪投测法,而最简便方法是吊垂线法。即将垂球悬吊在楼板或柱顶边缘,当垂球尖对准基础上的定位轴线时,线在楼板或柱边缘的位置即为楼层轴线端点位置,画短线作标志;同样投测轴线另一端点,两端点的连线即为定位轴线,同法投测其他轴线,经检查其间距后即可继续施工。当有风或建筑物层数较多,使垂球投线的误差过大时,可用经纬仪投线。经纬仪投测轴线时,安置经纬仪于轴线控制桩或引桩上, 如图 11.15 所示。仪器严格整平后,用望远镜盘左位置照准墙脚上标志轴线的红三角形,固定照准部,然后抬高望远镜,照准

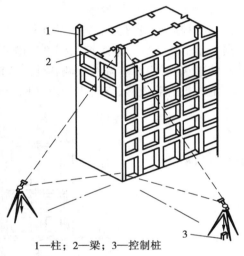

1—柱；2—梁；3—控制桩

图 11.15　经纬仪投测轴线

楼板或柱顶,根据视线在其边缘标记一点,再用望远镜盘右位置,同样在高处再标定一点,如果两点不重合,取其中点,即为定位轴线的端点;同法再投测轴线另一端点,根据两端点弹上墨线,即为楼层的定位轴线。根据此定位轴线吊装该层框架结构的柱子时,可同时用两台经纬仪校正柱子的垂直度,如图 11.15。

11.3.6　楼层高程传递

按高程向上传递的方法,用钢尺和水准仪沿墙体或柱身向楼层传递,作为过梁和门窗口施工的依据。

11.4　工业建筑施工测量

11.4.1　工业厂房控制网的设置

工业厂房一般均采用厂房矩形控制网作为厂房的基本控制,下面着重介绍依据建筑方格

网,采用直角坐标法进行定位的方法。

在图 11.16 中,M,N,P,Q 四点是厂房最外沿的四条轴线的交点,从设计图纸上已知 N,Q 两点的坐标。T,U,R,S 为布置在基坑开挖范围以外的厂房矩形控制网的四个角点,称为厂房控制桩。

根据已知数据计算出 HI,JK,IT,IU,KS,KR 等各段长度。首先在地面上定出 I,K 两点,然后,将经纬仪分别安置在 I,K 两点上,后视方格网点 H,用盘左盘右中分法向右放样 90°角。沿此方向用钢尺精确量出 IT,IU,KS,KR 等四段距离,即得厂房矩形控制网 T,U,R,S 四点,并用大木桩标定。最后,检查 $\angle U,\angle R$ 是否等于 90°,UR 是否等于其设计长度。对一般厂房而言,角度误差不应超过 ±10″,边长误差不得超过 1/10 000。

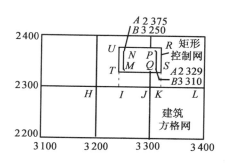

图 11.16　厂房矩形控制网

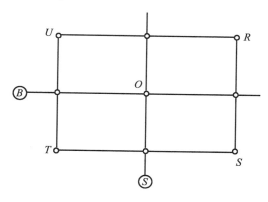

图 11.17　厂房控制网主轴线放样

对于小型厂房,也可采用民用建筑的放样方法,即直接放样厂房四个角点,然后,将轴线投测至轴线控制桩或龙门板上。

对大型或设备基础复杂的厂房,应先放样厂房控制网的主轴线,再根据主轴线放样厂房矩形控制网。如图 11.17 所示,以定位轴线 Ⓑ 和 Ⓢ 轴为主轴线,T,U,R,S 是厂房矩形控制网的四个控制点。

11.4.2　厂房柱列轴线的测设和柱基施工测量

工业厂房有单层工业厂房和多层工业厂房。厂房的柱子按其结构与施工的不同而分为:预制钢筋混凝土柱子、钢结构柱子及现浇钢筋混凝土柱子。各种厂房由于结构和施工工艺的不同,其施工测量方法亦略有差异。本节将以单层钢筋混凝土厂房为例,着重介绍厂房柱列轴线放样、杯型基础的放样,以及柱子吊装测量工作。

图 11.18 是冷作车间的柱列平面图,图中所示为双跨车间,每跨 18 m 宽;车间全长为 84 m,分为 14 个开间,除两端两个开间长为 5.5 m 外,其余每个开间长为 6 m。图 11.18 中柱列轴线(又称定位轴线),有的是柱子中线,如②、③…、⑭和Ⓑ轴线,有的则是柱子边线,如①、⑮、Ⓐ和Ⓒ轴线,对这些情况,放样之前必须熟悉。

(1)柱列轴线的放样

厂房控制网建立之后,根据距离指标桩,用钢尺在其间逐段放样柱间距,以定出各轴线控制桩,并在桩顶钉小钉,作为柱基放样的依据。如图 11.19 所示。

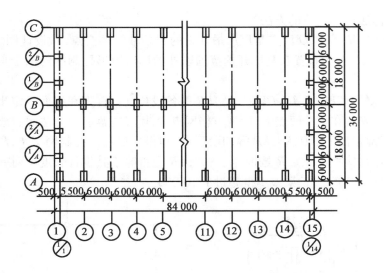

图 11.18　厂房柱列平面图

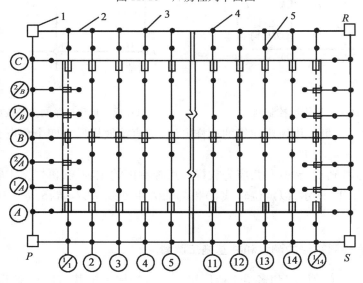

图 11.19　厂房柱列轴线放样图

（2）柱基的放样

用两架经纬仪安置在两条互相垂直的柱列轴线的轴线控制桩上,沿轴线方向交会出柱基定位点(定位轴线交点),再根据定位点和定位轴线,按基础详图(图 11.20)上的平面尺寸和基坑放坡宽度,用特制角尺放出基坑开挖边线,并撒上白灰;同时在基坑外的轴线上,离开挖边线约 2 m 处,各打下一个基坑定位小木桩,桩顶钉小钉作为修坑和立模的依据,如图 11.21所示。

11.4.3　工业厂房构件的安装测量

装配式单层工业厂房主要由柱、吊车梁、屋架、天窗架和屋面板等主要构件组成。在吊装每个构件时,有绑扎、起吊、就位、临时固定、校正和最后固定等几道操作工序。下面着重介绍

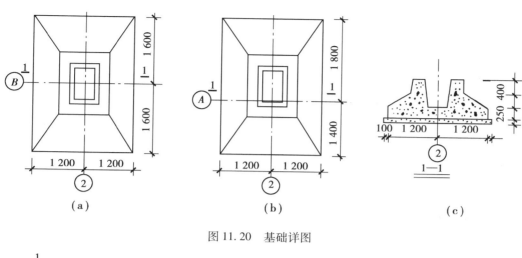

图 11.20　基础详图

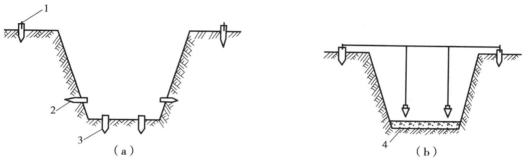

图 11.21　柱基放样

1—基坑定位桩;2—水平桩;3—垫层标高桩;4—垫层

柱子、吊车梁及吊车轨道等构件在安装时的测量工作。

(1)柱子安装测量

1)柱子安装的精度应符合表 11.3 要求。

表 11.3　柱子、桁架或梁的安装测量允许偏差

测 量 内 容	允 许 偏 差 / mm
钢柱垫板标高	±2
钢柱 ±0 标高检查	±2
混凝土柱(预制) ±0 标高	±3
混凝土柱、钢柱垂直度	±3
桁架和实腹梁、桁架和钢架的支承结点间相邻高差的偏差	±5
梁间距	±3
梁面垫板标高	±2

2)吊装前的准备工作

柱子吊装前,应根据轴线控制桩,把定位轴线投测到杯形基础的顶面上,并用红油漆画上"▲"标明,如图 11.22 所示。同时还要在杯口内壁,测出一条高程线,从高程线起向下量取一整分米数即到杯底的设计高程。

在柱子的三个侧面弹出柱中心线,每一面又需分为上、中、下三点,并画小三角形"▲"标志,以便安装校正,如图 11.23 所示。

3)柱长的检查与杯底找平

通常柱底到牛腿面的设计长度 l 加上杯底高程 H_1 应等于牛腿面的高程 H_2,如图 11.24 所示,即 $H_2 = H_1 + l$。但柱子在预制时,由于模板制作和模板变形等原因,不可能使柱子的实际尺寸与设计尺寸一样,为了解决这个问题,往往在浇铸基础时把杯形基础底面高程降低 $2 \sim 5$ cm,然后用钢尺从牛腿顶面沿柱边量到柱底,根据这根柱子的实际长度,用 $1:2$ 水泥砂浆在杯底进行找平,使牛腿

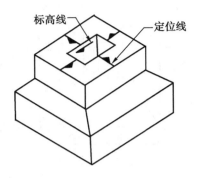

图 11.22 定位轴线投测

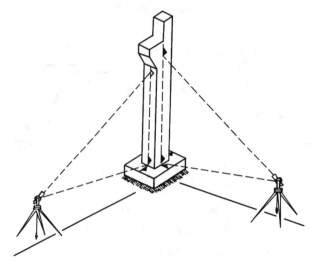

图 11.23 柱子竖直校正

面符合设计高程。

4)安装柱子时的竖直校正

柱子插入杯口后,首先应使柱身基本竖直,再令其侧面所弹的中心线与基础轴线重合。用木楔或钢楔初步固定,然后进行竖直校正。校正时离柱子的距离约为柱高的 1.5 倍处用两架经纬仪分别安置在柱基纵、横轴线附近,如图 11.23 所示。先瞄准柱子中心线的底部,然后固定照准部,再仰视柱子中心线顶部,如重合,则柱子在这个方向上是竖直的。如不重合,应进行调整,直到柱子两个侧面的中心线都竖直为止。

由于纵轴方向上柱距很小,通常把仪器安置在纵轴的一侧,在此方向上,安置一次仪器可校正数根柱子,如图 11.25 所示。

5)柱子校正应注意事项

①校正用的经纬仪事前应经过严格检校,因为校正柱子竖直时,往往只用盘左或盘右观测,仪器误差影响很大,操作时还应注意使照准部水准管气泡严格居中。

②柱子在两个方向的垂直度校好后,应再复查平面位置,看柱子下部的中线是否仍对准基础的轴线。

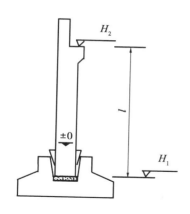

图 11.24　杯底找平

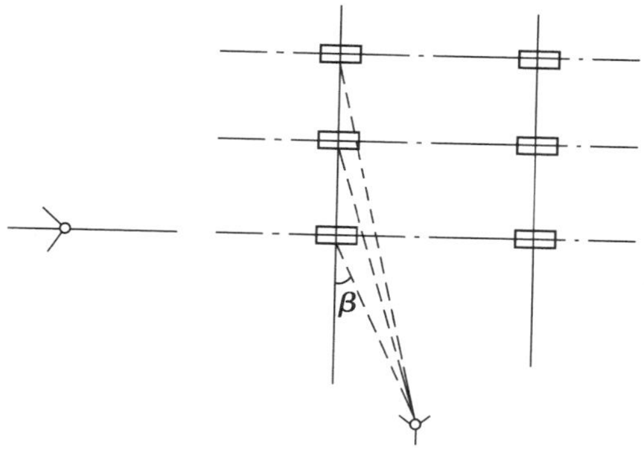

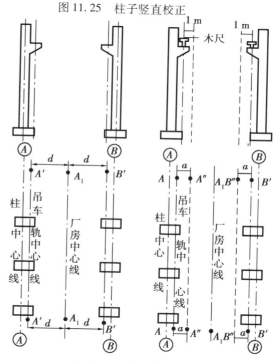

图 11.25　柱子竖直校正

③当校正变截面的柱子时,经纬仪必须放在轴线上校正,否则容易产生差错。

④在阳光照射下校正柱子垂直度时,要考虑温度影响,因为柱子受太阳照射后,柱子向阴面弯曲,使柱顶有一个水平位移,为此应在早晨或阴天时校正。

⑤当安置一次仪器校正几根柱子时,仪器偏离轴线的角度 β 最好不超过 15°,如图 11.25 所示。

(2)吊车梁的安装测量

吊车梁的安装测量的任务是把吊车梁按设计的平面位置和高程准确地安装在牛腿上,使梁的上下中心线与吊车轨道中心线在同一竖直面上。如图 11.26 所示,利用厂房中心线 A_1A_1,根据设计轨距 d 在地面上放样出吊车轨道中心线 $A'A'$ 和 $B'B'$;然后分别安置经纬仪于吊车轨中线的一个端点 A',B' 上,瞄准另一端点 A',B',仰起望远镜,即可将吊车

图 11.26　吊车轨道安装

轨道中线投测到每根柱子的牛腿面上并弹出墨线;最后,根据牛腿面上的中心线和两端中心线,将吊车梁安装在牛腿上。吊车梁安装完后,用钢尺悬空丈量两根吊车梁或轨道中线间距是否符合行车跨度,其偏差不得超过 ±5 mm。

(3)吊车轨道安装测量

安装吊车轨道前,须先对梁上的中心线进行检测,此项检测多用平行线法。如图 11.26 所示,首先在地面上从吊车轨中心线向厂房中心线方向量出长度 a(1 m),得平行线 $A''A''$ 和 $B''B''$;然后安置经纬仪于平行线一端 $A''B''$ 上,瞄准另一端点,固定照准部,仰起望远镜投测。此时另一人在梁上移动横放的木尺,当视线正对准尺上一米刻划时,尺的零点应与梁面上的中线重合。如不重合应予以改正,可用撬杠移动吊车梁,使吊车梁中线至 $A''A''$(或 $B''B''$)的间距等于 1 m 为止。

吊车轨道按中心线安装就位后,可将水准仪安置在吊车梁上,水准尺直接放在轨顶上进行检测,每 3 m 测一点高程,与设计高程相比较,误差不得超过 ±5 mm。

11.5 高层建筑垂直度控制测量

高层建筑施工测量包括垂直测量和平面测量两部分。目前,高层建筑的外形多为格式新异的几何图形,如扇面形、S 形、圆筒形、多面体形等,使建筑物的定位较复杂。因此在基础施工时,平面测量应利用平面控制网,用灵活的极坐标法,通过设计要素(如轮廓坐标、曲线半径、圆心半径等)与控制网点的关系,计算放样数据,达到主轴线定位和基础放样的目的。而垂直测量因精度要求高,施工环境复杂,受制约因素多等,远比平面测量复杂。因此,高层建筑施工测量的主要问题是控制垂直度。本节主要介绍垂直测量控制的内容。

11.5.1 高层建筑垂直度的要求

高层建筑的垂直度偏差应控制在一定范围内。鉴于建筑物高度、结构形式、施工方法、环境条件等因素,高层建筑总垂直度要求一般介于 $H/1\ 000 \sim H/3\ 000$ 之间(H 为建筑物总高,以 m 为单位);另外,对层间偏差和总垂直度偏差规定一个限值,以防止垂直度偏差在某一方向积累,如钢筋混凝土高层建筑结构设计与施工规定,层间偏差值不得超过 ±5 mm,全楼的累积误差不得超过 ±20 mm。一些超高层建筑要求总偏差不得大于 ±50 mm。

11.5.2 高层建筑垂直测量控制的主要方法

高层建筑垂直测量控制,主要是将建筑物基础轴线准确地向高层引测,各层相应的轴线位于同一竖直面内,使轴线向上投测的偏差值不超限,以保证建筑物在施工中的整体垂直度、几何形状和截面尺寸符合设计要求。为此,首先要建立较高精度的轴线控制网进行控制和定线放样。

高层建筑基础轴线一般使其与设计柱列轴线平行,组成矩形轴线控制网。放样轴线时,距离精度要求较高,一般不得低于 1/10 000;测角用 J₂ 光学经纬仪按测回法测两个测回,使纵、横轴线交角与 90°角之差 ≤20″。

高层建筑垂直测量控制的形式主要有外控投测法和内控投点法两种。

(1)外控投测法

外控投测法是在建筑物外基础轴线延长方向上选择合适地点埋设轴线控制桩,安置经纬仪在轴线控制桩上向上进行垂直投测或交会定点,把建筑物纵、横轴线传递到不同高度的楼层,作为确定垂直度和施工放样的依据。如图 11.27,基础施工完成后,把经纬仪安置在 4 个轴线控制桩上,将③轴和Ⓑ轴精确地投测在建筑物底部,并标定为 a,a' 和 b,b',随着建筑物的不断升高,用盘左盘右中分法向上投测到每层楼面上,即得投测在该层上的轴线点。楼面上各相应的纵、横主轴线点连接构成的交点,即是该层楼面的施工轴线控制网点。

当楼层升至相当高度(一般为 10 层以上)时,经纬仪向上投测时仰角增大,投点精度会降低且不便操作,因此须将主轴线控制桩引测延伸至远处的稳固地点或附近大楼的顶面上,以减小投测时仰角。

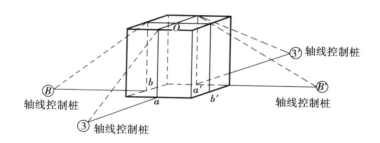

图 11.27　外控投测轴线

外控投测所用经纬仪必须经过严格的检验校正,尤其是照准部水准管轴应垂直于竖轴。投测时,应严格整平。

外控投测形式简便,仪器设备简单,但要求施工场地较开阔,通视条件良好。由于仰角原因,放样距离要远,所以轴线控制桩位置距建筑物宜在 $(0.8 \sim 1.5)H(\mathrm{m})$ 外(H 为建筑物总高)。此形式受天气影响大,一般须在阴天或无风天气下进行。

（2）内控投点法

内控投点法是在建筑物内 ±0 平面建立轴线控制网,轴线交点即控制点预埋标志,以后在各层楼板形成轴线控制网的控制点的相应位置上预留 $200\ \mathrm{mm} \times 200\ \mathrm{mm}$ 的传递孔,在控制点上直接用垂准仪或锤球通过预留孔将其点位垂直投递至任一楼层,如图 11.28。

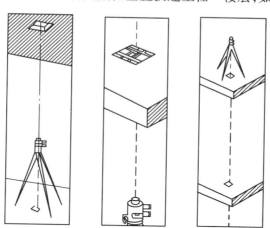

图 11.28　内控竖向投点

内控投点法不受施工场地大小影响和制约,特别是不用顾虑施工脚手架、排栅、安全网遮挡仪器通视问题,少受外界环境干扰,有利于提高测量精度等优点。但各层相应位置要求预留传递孔,给施工带来麻烦。

内控投点的仪器主要有光学垂准仪和激光铅垂仪两种。这两种仪器具有精度高、专用性强等特点,并需要较高的操作使用要求。

对高层建筑垂直测量控制方法的选择,除了主要考虑建筑物高度、施工方法、具体条件、外界环境等因素外,仍须随着条件(特别是施工方法)的变化而改变形式及采取相应措施。

11.5.3 垂直控制测量的施测(内控投点)

(1)光学垂准仪投测

光学垂准仪能自动设置铅垂线,主要由水平望远镜和五角棱镜组成(图 11.29)。光学垂准仪利用仪器内的自动安平敏感元件装置,保证入射光线水平,入射光线经五角棱镜后,出射光线垂直于入射光线,提供了一条可以指向天顶,也可以指向地心的铅垂线,将控制点垂直投测标定到所需要的楼面上。

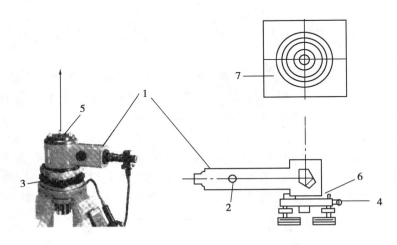

图 11.29 光学垂准仪

1—望远镜;2—调焦螺旋;3—圆水准器;4—光学对中器;5—物镜;6—强制对中柱头;7—投点觇板

投测时,在首层控制点 C_0 上安置光学垂准仪(如图 11.30(a)所示)。调焦后,观测者由目镜端指挥助手在所需引投的施工楼层面上标定 C 点,C 与 C_0 即位于同一条铅垂线上。

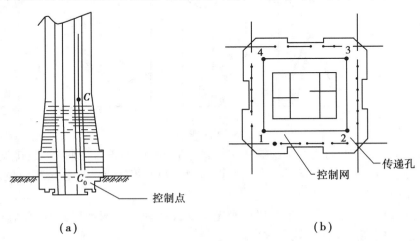

(a)   (b)

图 11.30 垂准仪投点

光学垂准仪受大气温度梯度影响,当投向很大高度时,折光的影响会使仪器投测精度大大降低。所以,利用仪器最有效可靠测程(50~80 m),有利于提高垂直测量控制的精度。由此,

202

为提高工效,防止误差积累,顾及仪器性能条件及削弱施工环境(如风力、温度等)的影响,一般高层建筑的垂直测量采取分段控制、分段投点的施测方案。当一段施工完毕,在此段首层四个控制点(见图 11.30(b)中 1、2、3、4)上安置 WILD—ZL 型光学垂准仪,每点点位由仪器按 0°~180°、90°~270°对径位置精确投测至上面一段的起始楼层,上一楼层根据指示方向移动投点觇板,使觇板十字刻线中心对准投点,取四次投得点位的矢量平均为最后点位,作好标志。当楼层标定四个控制点后,检测调校所组成的控制网的几何关系,使符合控制网的放样要求,并及时进行垂直度偏差的调整,以避免出现全楼系统性偏差。然后,重新标定经调校后的控制点,作为该段各楼层的垂直测量控制和施工放样的依据,亦作为再上一段楼层轴线投测的控制点位。

(2)激光铅垂仪投测

激光铅垂仪是一种专用的铅垂定位仪器,适用于高层建筑或高耸构筑物的铅直定位测量。仪器采用整体悬挂结构,令重心与激光束重合以实现自动铅直。激光铅垂仪可以从两个方向(向上或向下)发射铅垂激光束,作为铅垂基准线。

激光铅垂仪基本构造如图 11.31 所示。主要由氦氖激光器、竖轴、发射望远镜等组成。竖轴为一空心筒轴、上下两端分别与发射望远镜和氦氖激光器套筒相连接,二者位置可对调,构成向上或向下发射激光束的铅垂仪。仪器配有专用的激光电源。

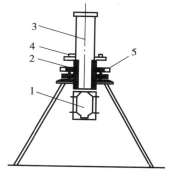

图 11.31　激光铅垂仪
1—氦氖激光器;2—竖轴;3—发射望远镜;4—水准管;5—基座

投测时,在首层控制点上安置激光铅垂仪,严格对中、整平后接通电源,启辉激光器发射激光束,通过发射望远镜调焦,使激光束会聚成红色耀目光斑,投射到上层施工楼面预留孔的接受靶上,移动接受靶,使靶心与红色光斑重合,靶心位置即为该层楼面上的一个控制点。

北京市建筑工程研究所研制的 BJ—500 型、JD—91 型激光铅垂仪。其中 BJ—500 型射程 500 m,自动铅直精度优于 4″;JD—91 型射程分 100 m、200 m 两档,铅直精度分 ±20″、±15″、±10″、±5″四档。激光束平行发射,在 200 m 处,光束直径约 20 mm,通过出光窗口设置的可变径光阑,在接收靶上的光斑可形成规则的同心圆簇,中心清晰易辨。

激光测控优点很多,如直观,光斑醒目,由于减少了瞄准、调焦、读数等环节的误差因素,减少置平、判读操作,所以投测准确、快速且基本不受场地限制。但激光测量中,由于环境、温度的影响,导致激光束漂移;而在建筑施工现场,空气中的水、烟尘含量大且变化无常,激光束通过空气这种介质传播时,光斑即失稳、拌动、畸变,这对高层轴线投测的精度影响很大,故投测时应采取适当措施,以尽量减小这种影响。

当建筑物不太高(一般 100 m 以内),垂直控制测量精度要求又不太高时,亦可用重锤法代替垂准仪投测。悬挂重锤的钢丝表示铅垂线,重锤重量随施工楼面高度而异,高度在 50 m 以内时约 15 kg,100 m 以内时约 25 kg,钢丝直径为 1 mm,投测时,重锤浸在废机油中和采取挡风措施,以减少摆动。

11.6　烟囱、水塔施工测量

烟囱是截圆锥形的高耸构筑物,如图 11.32 所示,由于基础小、筒身长、重心高、稳定性差,因此,施工时必须由测量工作严格控制筒身中心的垂直偏差,以保证烟囱的稳定性。如某厂建造的一座超高烟囱,高度为 240 m,底外径 23.21 m,顶口内衬直径 6 m,采用滑模施工工艺,用激光铅垂仪导向,竣工后检查,筒身实际垂直偏差最大为 25 cm,顶端为 2 cm,比国家标准提高了 2 倍。国家规范规定烟囱筒身中心线的垂直度偏差:

当高度 H 为 100 m 或 100 m 以下时,误差值应 $<0.15H\%$;

当高度 H 为 100 m 以上时,误差值应 $<0.1H\%$,但不能超过 50 cm。

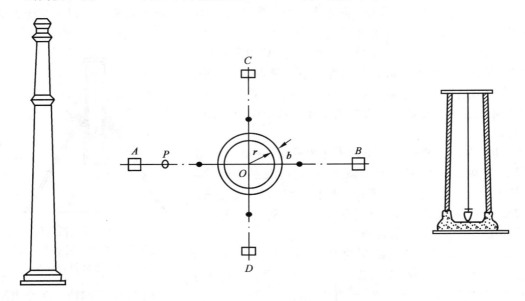

图 11.32　烟囱　　　　　图 11.33　烟囱基础施工测量　　　　图 11.34　烟囱筒身施工测量

11.6.1　基础施工测量

首先,根据设计数据在地面上定出烟囱中心点 O 和烟道起点 P 的位置,并按 OP 的设计距离进行检核,如图 11.33 所示。其次,安置经纬仪于 O 点,根据 OP 方向在地面上放样出在 O 点正交的两条定位轴线 AB 和 CD,轴线控制点 A,B,C,D 应选在不易碰动和便于安置仪器的地方,离中心点 O 的距离应大于烟囱的高度。以 O 为圆心,烟囱底部半径 r 与基坑放坡宽度 b 之和为半径(即 $r+b$),在地面上画圆,并撒灰线,以标明开挖边线;同时在开挖边线外侧定位轴线方向上钉 4 个定位小木桩,作为修坑和恢复基础中心用。最后,当挖土接近设计深度时,在坑的四壁放样水平标高桩,作为检查挖土深度和确定浇灌混凝土垫层标高用。浇灌混凝土基础时,根据定位小木桩,在基础表面中心埋设角桩,用经纬仪将烟囱中心投在角桩上,并刻上十字,作为筒身施工时垂直导向和控制半径的依据。

11.6.2 筒身施工测量

在烟囱筒身施工过程中,每提升一次模板或步架时,都要用吊垂线(图 11.34)或激光导向,将烟囱中心垂直引测到工作面上,以引测的中心为圆心,工作面上烟囱的设计半径为半径,用木尺杆画圆,以检查烟囱壁的位置,并作下一步搭架或滑模的依据。吊垂线法是在施工工作面的木方上用细钢丝悬吊 8 ~ 12 kg 重的垂球,调整木方,当垂球尖对准基础中心时,钢丝在木方上的位置即为烟囱的中心,如图 11.34 所示。此法是一种比较原始但非常简便的方法,由于垂球容易摆动,只适用于高度在 100 m 以下的烟囱,而且每提升 10 ~ 20 m,要用经纬仪作一次复核,以免出错。当筒身较高时,宜用激光铅垂仪投测。

激光铅垂仪是安置在烟囱中心点 O 上,接通电源后,进行对中、整平,将激光束导致铅垂位置,调整木方,当激光光斑中心与靶中心重合时,靶中心即烟囱中心。再次指出:引测之前,应对仪器进行模拟测试。在用吊垂线法或激光导向法进行投点之后,常用经纬仪投点法进行检核。即分别将经纬仪安置在轴线控制点 A,B,C,D 上,如图 11.33 示,用盘左、盘右投点分中的方法,将基础轴线方向投射在工作面的四周,并作标记,用细线连相对标记,两细线的交点即为烟囱的中心。它应与用垂线或激光引测的中心重合,否则,其偏差也不应超过国家规定的限差。

筒身的标高放样,先是用水准仪和水准尺将 +0.5 m 的标高线画在烟囱的外壁上,然后从该标高线起用钢尺向上量取高度。

水塔施工测量的方法与此相同。

11.7 激光定位技术在施工中的应用

激光定位仪器主要由氦氖激光器和发射望远镜构成,这种仪器提供了一条空间可见的有色激光束。该光束发散角很小,可成为理想的定位基准线。如果配以光电接收装置,不仅可以提高精度,还可在机械化、自动化施工中进行动态导向定位。基于这些优点,所以激光定位仪器得到了迅速发展,相继出现了多种激光定位仪器。下面介绍几种典型激光定位仪器及其应用。

(1)激光水准仪

激光水准仪是在水准仪的望远镜筒上固装激光装置而成。激光装置由氦氖激光器和光导管组成。

使用时,按水准仪的操作方法安置、整平并瞄准目标。后接通电源激光器启辉输出的激光经光导管反射导入望远镜,便可进行测量。激光水准仪又可用于建筑场地与大型构件装配中的水平面和水平线、倾斜线的设置。

(2)激光经纬仪

激光经纬仪的构造和使用与激光水准仪大致相似,可用于定线、定位、测角、放样已知水平角和坡度等。与光电接收器相配合可进行准直工作,亦可用于观测建筑物的水平位移。

(3)激光铅垂仪

激光铅垂仪是一种专用的铅直定位仪器,适用于烟囱、高塔架和高层建筑的铅直定位测量。见 11.5 节介绍。

(4)激光扫平仪

激光扫平仪是一种新型的平面定位仪器,激光扫平仪从主机的旋转发射筒中连续射击平行激光束,在扫描范围(工作半径100~300 m)内提供水平面、铅垂面或倾斜面,能快速完成非常繁锁的平面测量工作,为施工和装修提供大范围的平面、立面和倾斜基准面。

激光扫平仪主要由激光准直器、转镜扫描装置、安平机构和电源等部件组成。

思考题与习题

1. 图11.35 中已绘出新建筑物与原建筑物的相对位置关系(墙厚37cm,轴线偏里),试述放样新建筑物的方法和步骤。

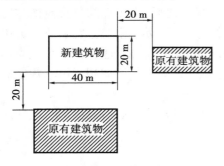

图 11.35 习题 1 图

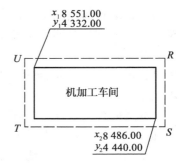

图 11.36 习题 2 图

2. 已知某厂金加工车间两相对房角的坐标为:$x_1 = 8\ 551.00$ m, $x_2 = 8\ 486.00$ m; $y_1 = 4\ 332.00$ m, $y_2 = 4\ 440.00$ m。放样时顾及基坑开挖范围,拟将矩形控制网设置在厂房角点以外6 m 处,如图11.36 所示,求出厂房控制网4 角点 T, U, R, S 的坐标值。

3. 民用建筑的定位方法有哪几种?

4. 试述工业厂房控制网的放样方法。

5. 试述柱基的放样方法。

6. 在房屋放样中,设置轴线控制桩的作用是什么? 如何放样?

7. 如何进行柱子的竖直校正工作? 校正时应注意哪些问题?

8. 试述吊车梁的吊装测量工作。

9. 高层建筑垂直度控制测量有几种方法? 各有何特点。

第 **12** 章
道路工程测量

12.1　概　述

　　道路主要包括铁路、公路、城市及乡村道路,一条道路一般由路线本身(路基、路面)、桥梁、隧道及其他附属工程组成。

　　为了获得一条最经济、最合理的线路,必须进行路线勘测。道路勘测分两阶段和一阶段勘测两种。对于较高等级的公路一般都采用两阶段勘测,即初测和定测。

　　所谓初测,就是根据初步提出的各条路线方案,沿路线布设控制点,测定控制点的坐标和高程,根据控制点测绘较为详细的带状地形图,并收集沿线的水文、地质资料,为路线作进一步研究和比较提供详细的实地资料,以确定最佳的路线方案。

　　定测就是将图上确定的路线位置放样到实地上。在定测过程中,亦可根据实际情况对局部线路进地修改,以定出最佳的路线。而对于方案明确、工程简单的项目可采用一阶段勘测,即在实地上对路线作一次定测。

　　道路平面线型,因受地形、地物、水文、地质及其他因素的制约而改变其路线方向,在直线改变方向处以曲线连接,称为平曲线。平曲线线型一般有圆曲线的弧段、圆曲线带缓和曲线或不同半径的部分圆弧曲线。与直线上(下)坡转向下(上)坡时,也以曲线连接,称之为竖曲线。

12.2　中线测量

　　公路中线是由直线和曲线组成。中线测量是将直线和曲线放样到地面上,作为测绘纵、横断面的基础。中线测量的主要工作包括:设置中线交点和转点、量距里程桩、测量路线转角和曲线设置等。

12.2.1 交点和转点的设置

(1)交点的标定

路线的转折点称为交点,以 JD 表示,它是布设路线,详细放样直线和曲线的控制点。交点的标定是根据纸上定线后采取下述方法再到实地标定交点位置。

1)放点穿线定交点

这种方法是利用地形图上的导线点或一些明显的地物点与图上确定的线路一些点间的角度、距离之间的关系,在实地上应用相应的仪器、工具便可把路线的点放样到地面上。然后根据定出两直线便可定出交点的位置。

①放点　常用放样点的平面位置的方法有支距法和极坐标法。如图 12.1 所示,A,B,C,D,E 为图上的导线点,$1,2,\cdots,6$ 为直线上的临时点。支距法,如图 12.1(a)所示,就是过导线点作导线边的垂线及垂距 D_1,D_2,D_3 放出 $1,2,3$ 等点位。放点前,先在图上用量角器量作出垂线,用比例尺量出垂距并标在示意图上。在实地上用支距法放点时,可用方向架,以一边与导线边在同一直线上,则另一边为垂直于导线边的临时点的方向,在此方面量出垂距便可定出点位。用极坐标法放样点位时用经纬仪拨角,距离用皮尺量距便可定出临时点位置,如图 12.1(b)所示。不管采用何种方法,为了便于检查,一条直线最少应选择不少于三个临时点。

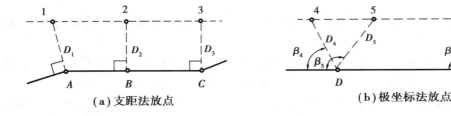

(a)支距法放点　　　　　　　　**(b)极坐标法放点**

图 12.1　放点

②穿线　由于量测数据和放样时存在有误差。在图上同一直线上的各临时点放样到地面后不在同一直线上。因此,必须定出一条尽可能通过或接近临时点的直线,这就是所谓穿线。穿线可用目估或经纬仪进行。用目估法时,如图 12.2 所示,在各临时点的适中位置选择 ZD_1,ZD_2 并竖立花杆,一人在直线的端点目测 ZD_1,ZD_2 是否靠近各临时点,否则移动花杆,直到符合要求为止,此时在 ZD_1,ZD_2 打上木桩,称为直线转点桩;若用经纬仪定线时,仪器安置在靠近多数临时点的方向,纵转望远镜后,如视线穿过或靠近另一端多数临时点时,则该点即为所求点,否则,移动仪器,重复以上步骤直至达到要求为止。

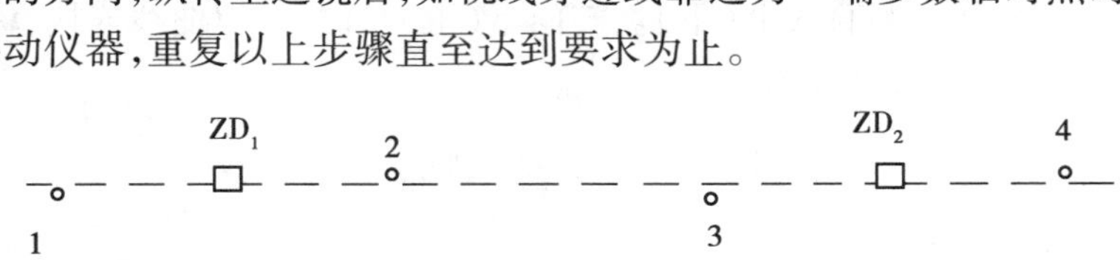

图 12.2　穿线

③定交点　按以上方法定出各直线转点桩后,即可将相邻直线延长交会定出交点。如图 12.3 所示,仪器安置在于 ZD_2,盘左照准 ZD_1 点,纵转望远镜或沿此视线方向,在交点概略位置打上两木桩,桩顶标出两点 a_1,b_1。盘右同法标出 a_2,b_2 点。分别取 a_1,a_2,b_1,b_2 中点 a,b,并钉上小钉,用细线连接。仪器安置在于 ZD_3,后视 ZD_4,采用同样的方法定出 c,d 两点,拉上

细线,相交处即为交点 JD。

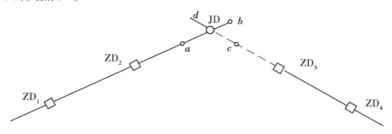

图 12.3　延长直线定交点

②拨角放线定交点

这种方法是在地形图上求出交点的坐标,根据其坐标反算交点间的距离、方位角或转角;然后将仪器安置在路线的起点或已确定的交点上,拨出转角,放样距离,依次定出各个交点。

这种方法适宜于交点间通视,又便于量距的情况,此法外业工作迅速,但其误差随着点数的不断增加,误差积累也愈大。为此,每隔一定距离应与所布设的导线附合,组成闭合导线,以检查其闭合差。若角度闭合差和距离相对误差在允许范围之内时,应进行调整,使定出的交点达到精度要求。

③全站仪定交点

全站仪定交点,通常是仪器安置在靠近交点的导线点上,根据导线点和交点的坐标,按极坐标法或坐标放样法直接定出交点。

(2)转点的设置

当相邻两交点互不通视时,需要在其连线或延长线上定出一点或数点以供交点测角、量距或延长直线时瞄准之用。这些点的称为转点,转点的标定方法通常有以下两种。

1)在两交点间设置转点

如图 12.4 所示,JD_5,JD_6 为相邻不通视的两个交点,欲在两点直线上设置转点 ZD,其方法是:先在 JD_5 和 JD_6 之间用目估法定出初定转点 ZD′,然后安置经纬仪于 ZD′上,用正倒镜分中法做出 JD_5-ZD′的延长线,在延长线上定出 JD_6'。设 JD_6' 与 JD_6 的偏差为 f,若 f 在容许范围内,则 ZD′可作为转点,否则要调整 ZD′。调整前,先用视距测量法测定距离 a 和 b,再按(12.1)式求出调整值 e

$$e = \frac{a}{a + b} \cdot f \qquad (12.1)$$

将 ZD′移动距离 e 至 ZD,再将仪器安置在 ZD 上,按上述方法逐渐趋近,直至符合要求为止。

2)在延长线上设置转点

如图 12.5 所示,JD_8,JD_9 为相邻不通视的两个交点,ZD′为其延长线上的初定转点。设置延长线上转点 ZD 的方法是:在 ZD′上安置经纬仪,用正倒镜分中法确定直线 JD_8-ZD′在 JD_9 处的点位 JD_9',设 JD_9' 与 JD_9 的偏差为 f,若 f 在容许范围之内,即可将 ZD′作为转点,否则要调整。调整前,先用视距法测定距离 a 和 b,再按(12.2)式求出调整值 e

$$e = \frac{a}{a - b} \cdot f \qquad (12.2)$$

将 ZD′移动距离 e 至 ZD,再将仪器移 ZD,重复上述方法,直至偏差 f 符合要求为止。

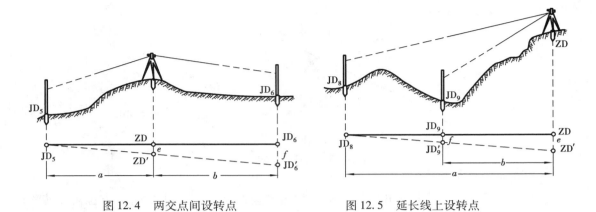

图 12.4　两交点间设转点　　　　图 12.5　延长线上设转点

12.2.2　路线转角的测定和里程桩设置

（1）路线转角的测定

由一直线方向转向另一直线方向的夹角，称为转角或称偏转角，常用 α 表示。转角有左、右之分，如图 12.6（a）所示，当偏转后的方向位于原方向左侧时，为左转角 α_z；位于右侧时，称为右转角 α_y。

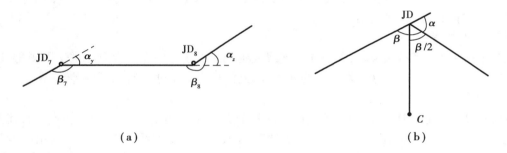

（a）　　　　　　　　　　　　　　（b）

图 12.6

转角是计算曲线的重要元素之一。在路线测量中，转角通常是测定路线前进方向的右角 β。用 J_6 经纬仪按测回法观测一个测回，其不符值视公路等级而定，一般不超过 $1'$，并取平均值作为最后结果。并按式（12.3）计算转角：

$$\left. \begin{array}{l} \beta < 180° \text{ 时}, \alpha_y = 180° - \beta \\ \beta > 180° \text{ 时}, \alpha_z = \beta - 180° \end{array} \right\} \tag{12.3}$$

当相邻转点坐标为已知时，应用坐标反算方位角，亦可计算转角。定出转角后，为设置曲线需要，在设置曲线方向，要求在不变动水平度盘位置的情况下，定出 β 角的分角线，设为 C 点，如图 12.6（b）所示。

（2）里程桩的设置

路线交点、转点的设置即确定了路线的方向、位置，但这还不能满足纵横断面设计、估算土石方量及施工的需要。为此，还必须以一定距离在地面上设置一些桩，以标定路线的中心位置，这就是里程桩。桩上写有桩号，表示该桩至路线起点的水平距离，如某桩距起点的水平距离为 1 523.48 m，桩号记为 $K1 + 523.48$，"$+$" 前为公里数，其后为不足公里数。

里程桩分为整桩和加桩两种。整桩按规定每隔 20 m,30 m,50 m 确定一桩。百米桩、公里桩等,桩号为整数而设置的里程桩属于整桩,如图 12.7 所示。

加桩分为地物加桩、地形加桩、曲线加桩和关系加桩等。地物加桩是在中线上桥梁、涵洞等人工构造物处,以及与公路、铁路交叉处设置的桩;地形加桩是在中线地形变化点设置的桩;曲线加桩是在曲线起点、中点、终点设置的桩;转点和交点上设置的桩为关系加桩,如图 12.8。在书写曲线和关系加桩时,先写其缩写名称。我国公路采用汉语拼音的缩写名称,如 ZH 为直线与缓和曲线的交点。

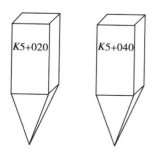
图 12.7　里程桩

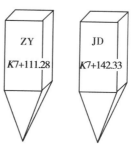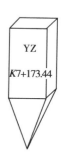
图 12.8　曲线关系加桩

对起控制作用的交点桩、转点桩以及一些重要地物加桩,如桥位桩以及隧道定位桩,钉桩时均用方桩。桩顶与地面齐平,顶面钉一小钉以表示点位,在距离方桩 20 cm 左右处设置指示桩,并朝方桩的侧面写出桩名和桩号,在直线上应打在路线同侧,在曲线上则应打在曲线的外侧。其余各称桩号以露出地面为宜,桩号要朝向路线起点方向,易于识别。

里程桩的设置是在标定中线的基础上进行的,一般是边丈量边设置。量距的仪器和工具根据公路的等级而定,对于高等级公路可用钢尺或全站仪测定,应用全站仪可安置在中线上或在中线之外均可测量桩间的距离;对于低等级公路可用皮尺或测绳丈量。

12.3　圆曲线的设置

当路线由一个方向转向另一个方向时,必须用曲线连接,曲线的形式较多,其中,圆曲线是最基本的平面曲线。圆曲线设置分两步进行,先设置曲线的主点,再依据主点设置曲线上每隔一定距离的里程桩,详细标定曲线位置。

12.3.1　圆曲线主点的设置

圆曲线主点包括:曲线的起点,称直圆点(ZY);曲线的中点,称曲中点(QZ);曲线的终点,称圆直点(YZ)。

(1)曲线主点的放样元素

如图 12.9 所示,设交点 JD 的转角为 α,曲线半径为 R,则曲线的放样元素可按式(12.4)计算

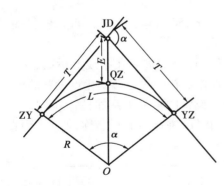

$$\left.\begin{array}{lll}
\text{切线长} & T = R \cdot \tan\dfrac{\alpha}{2} \\[2mm]
\text{曲线长} & L = R \cdot \alpha \dfrac{\pi}{180°} \\[2mm]
\text{外矢距} & E = R\left(\sec\dfrac{\alpha}{2} - 1\right) \\[2mm]
\text{切曲差} & D = 2T - L
\end{array}\right\} \qquad (12.4)$$

式中,α 以度为单位。

（2）主点设置

1）主点里程计算

交点 JD 里程在中线测量中已测定,根据交点里程和曲线放样元素,便可计算各主点里程。

$$\text{ZY 里程} = \text{JD 里程} - T$$
$$\text{YZ 里程} = \text{ZY 里程} + L$$
$$\text{QZ 里程} = \text{YZ 里程} - \dfrac{L}{2}$$
$$\text{JD 里程} = \text{QZ 里程} + \dfrac{D}{2}（\text{校核}）$$

图 12.9　圆曲线主点元素

【**例** 12.1】　已知交点里程为 $K3 + 182.76$,右转角 $\alpha = 25°48'10''$,选定圆曲线半径 $R = 300$ m,求曲线主点放样元素及主点里程。

解:①根据以上数据,代入式(12.4)得

$$T = 68.72 \text{ m}$$
$$L = 135.10 \text{ m}$$
$$E = 7.77 \text{ m}$$
$$D = 2.34 \text{ m}$$

②主点里程

JD	$K3 + 182.76$
$-)\,T$	68.72
ZY	$K3 + 114.04$
$+)\,L$	135.10
YZ	$K3 + 249.14$
$-)\,L/2$	67.55
QZ	$K3 + 181.59$
$+)\,D/2$	1.17
JD	$K3 + 182.76$（计算无误）

2）设置主点

将经纬仪或测距仪安置在交点 JD_i,望远镜照准后视交点 JD_{i-1} 或转点,在此方向量取切线长 T,得曲线起点 ZY_i,插一测钎。丈量测钎至最后的一直线桩的距离,如两桩号之差等于所丈量距离或相差在容许范围内时,即在测钎处打下 ZY_i 点方桩,如超过容许范围,应查明原因,以保证点位的正确性。同法转动仪器照准部照准前一方向交点 JD_{i+1} 或该方向的转点,沿视线方

向量切线长 T，得曲线终点 YZ_i。设置中点时，可自交点 JD_i 沿分角线量取外距 E，便可定出曲中点 QZ_i，并打下木桩。

12.3.2　圆曲线里程桩的详细设置

若地形变化不大、曲线长度小于 40 m 时，设置曲线的三个主点已能满足设计和施工的需要。如果曲线较长，地形变化大，则除了设置三个主点以外，还需要按一定的桩距在曲线上设置整桩和加桩。设置曲线的整桩和加桩的工作，称为圆曲线细部设置。《公路测量规范》对曲线上细部点的桩距离有明确规定：若 $R > 60$ m 时，桩距离为 20 m；30 m $< R < 60$ m 时，桩距为 10 m；$R < 30$ m 时，桩距为 5 m。设置里程桩的编号通常有整桩号法和整桩距法。整桩号法就是靠近起点的第一个桩的里程凑整为整桩里程号数，然后按整桩距连续向曲线终点设置。整桩距法就是以曲线起点的第一个桩起均按整数桩距设桩。在中线测量中常用的是整桩号法。

圆曲线里程桩的设置，常用的有切线支距法和偏角法。

（1）切线支距法

切线支距法又称直角坐标法，它是以曲线的起点（ZY）、终点（YZ）或曲中点（QZ）为坐标原点，以过该点的切线为 x 轴，过原点的曲线半径为 y 轴，利用曲线上各点坐标 x, y 设置曲线里程桩。

1）过 ZY 点或 YZ 点的切线为 x 轴设置曲线

如图 12.10（a）所示，设 P_i 为曲线上待设置的点，按整桩距法设桩，P_i 点至 ZY 或 YZ 点的弧长为 l_i，其所对的圆心角为 φ_i，圆曲线半径为 R，则 P_i 点的坐标为：

$$\left.\begin{aligned} x_i &= R\sin\varphi_i \\ y_i &= R(1 - \cos\varphi_i) \end{aligned}\right\} \tag{12.5}$$

式中，$\varphi_i = \dfrac{l_i}{R} \cdot \dfrac{180°}{\pi}$。

【**例 12.2**】　若按例 12.1 中的圆曲线数据，采用切线支距法设桩，试计算各点坐标。

解：根据式（12.5）在表 12.1 中计算各点坐标。

根据表中计算得各点坐标，即可放样出曲线上各点：

①从 ZY（或 YZ）点起用钢尺或皮尺沿切线方向量取 P_i 点的横坐标 x_i，得垂足 N_i。

②在各垂足 N_i 上用方向架或经纬仪定出垂直方向，在各方向上分别量出纵坐标 y_i，即可定出 P_i 点。

③曲线上各点放样完毕后，应量取相邻各桩之间的距离，与相应的桩号作比较，若较差均在限差之内，则曲线合乎要求，否则应检查原因，予以纠正。

这种方法适用于平坦地，具有误差不累积的优点。

对于曲线较长时，可按下述方法设置曲线较为简便。

表 12.1 切线支距法放样圆曲线数据计算表

桩　　号	各桩至 ZY 或 YZ 的曲线长度 l_i /m	圆心角 φ_i	x_i/m	y_i/m
ZY　$K3+114.04$	0	0°00′00″	0	0
$+120$	5.96	1°08′18″	5.96	0.06
$+140$	25.96	4°57′29″	25.92	1.12
$+160$	45.96	8°46′40″	45.78	3.51
$+180$	65.96	12°35′51″	65.43	7.22
QZ　$K3+181.59$	67.55	12°54′04″	66.98	7.57
$+200$	49.14	9°23′06″	48.93	4.02
$+220$	29.14	5°33′55″	29.10	1.41
$+240$	9.14	1°44′44″	9.14	0.14
YZ　$K3+249.14$	0	0°00′00″	0	0

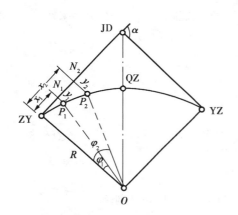 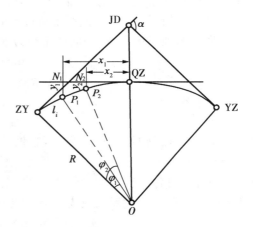

(a)过 ZY(YZ)点切线支距法设置曲线　　　　(b)过 QZ 点切线支距法设置曲线

图 12.10

2)过曲线中点(QZ)的切线为 x 轴设置曲线

该方法是以曲线中点(QZ)为直角坐标原点,如图 12.10(b)所示,以原点的切线为 x 轴,过原点的半径 R 为 y 轴。设按整距法设置曲线,P_i 为曲线待设点,该点至 ZY 或 YZ 点的弧长为 l_i,φ_i 为 l_i 所对圆心角,R 为圆曲线半径,则 P_i 点的坐标可按式(12.6)计算

$$\left.\begin{array}{l} x_i = R\sin\left(\dfrac{\alpha}{2} - \varphi_i\right) \\[3mm] y_i = R\left[1 - \cos\left(\dfrac{\alpha}{2} - \varphi_i\right)\right] \end{array}\right\} \tag{12.6}$$

式中,$\varphi_i = \dfrac{l_i}{R} \cdot \dfrac{180°}{\pi}$。

根据以上公式计算曲线各待定点坐标,仪器安置在 QZ 点,若后视 JD 点,水平度盘配置 $0°00'00''$ 则转 270° 或 90°;若后视 ZY 点,水平度盘配置 $360° - \alpha/4$(α 右转角),转到 $0°00'00''$;若后视 YZ 点水平度盘配置 $\alpha/4$,转到 $0°00'00''$ 同样可定出切线方向。从 QZ 点开始用钢尺或皮尺,沿切线方向量取 P_i 点 x_i 坐标便得垂足 N_i。在各垂足 N_i 上用方向架定出垂直方向,量取 y_i,即可定得 P_i 点。另一部分曲线上的各点,经纬仪不动,纵转望远镜,定出切线方向,按以上方法,即可定出曲线上各点。但要注意与曲线中点的里程桩进行校核。

(2)偏角法

偏角法是以曲线起点 ZY、终点 YZ 或曲线中点 QZ 至曲线任一待定点 P_i 的弦线与切线之间的弦切角(偏角)和弦长 C_i 确定 p_i 的点位。根据曲线的长可选用以下方法设置:

1)在起点(ZY)或终点(YZ)设置曲线

如图 12.11(a)所示,设曲线上任一待定点 P_i 的弦线与切线 T 的偏角为 Δ_i,P_i 至 ZY 或 YZ 为弧长,R 为圆曲线半径,则偏角 Δ_i 可按式(12.7)计算

$$\Delta_i = \frac{\varphi_i}{2} = \frac{l_i}{R} \frac{90°}{\pi} \qquad (12.7)$$

弦长 C_i 可按式(12.8)计算

$$C_i = 2R\sin\frac{\varphi_i}{2} \qquad (12.8)$$

将上式中 $\sin\frac{\varphi}{2}$ 用级数展开,舍去高次项,并以 $\varphi = \frac{l}{R}$ 代入,则

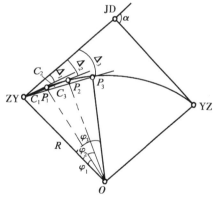

$$
\begin{aligned}
C &= 2R\left[\frac{\varphi}{2!} - \frac{\left(\frac{\varphi}{2}\right)^3}{3!} + \cdots\right] \\
&= 2R\left(\frac{l}{2R} - \frac{l^3}{48R^3} + \cdots\right) \\
&= l - \frac{l^3}{24R^2} + \cdots
\end{aligned}
$$

弧弦差　$\delta = l - c = \dfrac{l^3}{24R^2}$　(12.9)

图 12.11(a)　偏角法设置曲线

在实际工作中,弦长 C 一般按式(12.8)求得,亦可先按式(12.9)计算 δ,再计算弦长。

【例 12.3】　按例 12.1 中的数据为例,若采用偏角法,按整桩号法设桩,计算各偏角及弦长。

解:设曲线由 ZY 点和 YZ 点向 QZ 点设置,计算各偏角值和弦长,见表 12.2。

表 12.2 偏角法放样圆曲线数据计算表

桩 号	各桩至 ZY 或 YZ 的曲线长度 l_i/m	偏角值 /° ′ ″	水平度盘读数 /° ′ ″	相邻桩间弧长/m	相邻桩间弦长/m
ZY K3 +114.04	0	0 00 00	0 00 00	5.96	5.96
+120	5.96	0 34 09	0 34 09	20	20
+140	25.96	2 28 44	2 28 44	20	20
+160	45.96	4 23 20	4 23 20	20	20
+180	65.96	6 17 55	6 17 55	1.59	1.59
QZ K3 +181.59	67.55	6 27 02	6 27 02		
			353 32 58	18.41	18.41
+200	49.14	4 41 33	355 18 27	20	20
+220	29.14	2 46 58	357 13 02	20	20
+240	9.14	0 52 22	359 07 38	9.14	9.14
YZ K3 +249.14	0	0 00 00	0 00 00		

　　根据偏角和弦长计算公式按上表算得各桩点的偏角和弦长即可进行圆曲线的里程桩设置,结合上例其设置程序如下:

　　①将经纬仪置于 ZY 点上,照准交点 JD,配置水平度盘读数为 0°00′00″。

　　②顺时针转动照准部(照准部顺时针转动,偏角读数随之增加称为正拨),使水平度盘读数为桩 +120 的偏角读数 0°34′09″。从 ZY 点沿此方向量取弦长 5.96 m 与视线方向相交,定出 K3 +120 桩。

　　③转动照准部使度盘读数为 +140 桩的偏角读数 2°28′44″,从 +120 桩量取弦长 20 m 与视线方向相交点定出 K3 +140。按此方法逐一定出 +160, +180,K3 +181.59 桩。定出 K3 +181.59 桩应与 QZ 点桩重合,若不重合,其闭合差一般不应超过以下规定:

$$纵向(切线方向) \pm \frac{L}{1\ 000}$$

$$横向(半径方向) \pm 0.1\ m$$

　　④将仪器安置在 YZ 点,照准交点 JD,并使水平度盘读数为 0°00′00″。

　　⑤转动照准部(照准部逆时针转动,偏角读数,随之减小,称为反拨偏角读数,为 360° − 偏角值)。使度盘读数为桩 +240 的读数为 360° − 0°52′22″ = 359°07′38″,从 YZ 点沿此方向量取弦长 9.14 m 与放线方向相交,定出 K_3 +240 桩。

　　⑥按以上方法逐一定出其他各桩,并注意与 QZ 点检核。

　　偏角法是一种精度较高设置曲线的方法,但各点的距离是逐点量出的,当曲线较长时,量距的累积误差随量距次数的增加而增大。为减少累积误差的影响,可从 ZY 点、YZ 点向 QZ 点设置,这样设站数相应增加了,为此,下面介绍在曲中点(QZ)设站,由 QZ 分别向 ZY,YZ 设置曲线。

　　2)过 QZ 点设置曲线

如图 12.11（b），该方法是过曲中点（QZ）作圆曲线的切线。

根据式（12.7），（12.8）式计算由近而远的偏角和弦长，结合上例，表 12.3 为以整桩号法计算各桩的偏角值和弦长。

设置曲线时，经纬仪置于 QZ 点，若后视交点 JD，水平度盘读数配置为 270°；或后视 YZ 点，水平度盘读数配置为 $\alpha/4$（α 为路线右转角值），此时，度盘读数为 0°00′00″时的视线方向即为曲线右侧的切线方向。根据表 12.3 中计算的偏角值按正拨偏角便得相应的方向，在此方向与相应点的距离相交便得其点位。若后视交点 JD 点，水平度盘读数配置为 90°或后视 ZY 点，水平度盘读

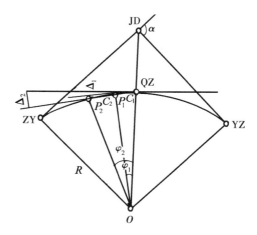

图 12.11（b）　过 QZ 点设置曲线

数配置为 360° − $\alpha/4$，此时，度盘读数为 0°00′00″时的方向即为过 QZ 点圆的左侧切线方向，根据表 12.3 中计算的偏角值和弦长，按反拨偏角可得相应偏角方向，量出相应弦长可定出曲线左侧各点。在设置至 ZY 点或 YZ 点时要注意检核。

上例为右转角情况，若为左转角，则把 ZY 点视为 YZ 点，YZ 点视为 ZY 点即可。

表 12.3　过 QZ 点设置曲线偏角、弦长计算表

桩　号	相邻桩间弧长/m	各桩至 QZ 点曲线长 l_i /m	偏角值 /° ′ ″			偏角读数 /° ′ ″			相邻桩间弦长/m	备　注
QZK13 + 285.73	14.27	0	0	00	00	0	00	00	0	
+300	20.00	14.27	1	21	46	1	21	46	14.27	从 QZ 至 YZ（正拨）
+320	20.00	34.27	3	16	21	3	16	21	20.00	
+340	20.00	54.27	5	10	57	5	10	57	20.00	
YZK13 + 285.73	13.66	67.93	6	29	13	6	29	13	13.66	
QZK13 + 285.73	5.73	0	0	0	0	180	00	00	0	从 QZ 至 ZY 点（反拨）偏角读数 = 180° − 偏角值
+280	20.00	5.73	0	32	50	179	27	10	5.73	
+260	20.00	25.73	3	27	25	177	32	35	20.00	
+240	20.00	45.73	4	22	01	175	37	59	20.00	
+220	20.00	65.73	6	16	36	173	43	24	20.00	
ZYK13 + 217.80	2.20	67.93	0	29	43	173	30	47	2.20	

（3）全站仪法

仪器安置在控制点或自由设站上放样曲线，首先必须把曲线上任意点坐标归算到控制点的坐标系统，才能应用全站仪进行放样。如若自由设站，测站点坐标可用第六章介绍的用单点测定方法利用控制点测定其坐标。

①圆曲线的起、终点坐标计算。已经 $JD_{i-1}(x_{JD_{i-1}}, y_{JD_{i-1}})$，$JD_i(x_{JD_i}, y_{JD_i})$ 和 $JD_{i+1}(x_{JD_{i+1}},$

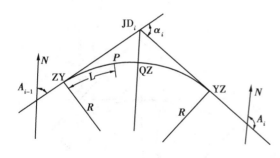

图 12.12　全站仪放样圆曲线

$y_{JD_{i+1}}$），JD_i 的两相邻直线的方位角分别为 $A_{JD_{i-1}}$ 和 A_{JD_i}，如图 12.12 所示。则 ZY 和 YZ 点的坐标为

$$\left.\begin{aligned}
x_{ZY} &= x_{JD_i} + T\cos(A_{i-1} + 180°)\\
y_{ZY} &= y_{JD_i} + T\sin(A_{i-1} + 180°)\\
x_{YZ} &= x_{JD_i} + T\cos A_i\\
y_{YZ} &= y_{JD_i} + T\sin A_i
\end{aligned}\right\} \quad (12.10)$$

②圆曲线任一点 P 的坐标计算

$$\left.\begin{aligned}
x &= x_{ZY} + 2R \cdot \sin\frac{90L}{\pi R} \times \cos A_{i-1} + \frac{\xi 90L}{\pi R}\\
y &= y_{ZY} + 2R \cdot \sin\frac{90L}{\pi R} \times \sin A_{i-1} + \frac{\xi 90L}{\pi R}
\end{aligned}\right\} \quad (12.11)$$

式中　L——圆曲线上任一点 P 至 ZY 点的长度；

　　　ξ——转角符号，右偏为"＋"，左偏为"－"。

③全站仪实地放样

如图 13.13 所示,公路中线一侧有已知导线点 A、B,i 为待放样的公路中曲线上任一点,其坐标为(x_i,y_i),放样方法如下

①在导线点 A 安置全站仪。

②自基本模式输入测站点和后视点坐标。

③自基本模式输入放样点的坐标并存入存储器中。

④仪器自动计算并存储放样水平角和平距数据,恢复基本模式,仪器照准后视点 B。

⑤放样水平角,显示器显示棱镜点与放样点所夹角度。

⑥转动照准部,当显示的放样角值为"0"时,该方向为放样点方向,在该方向上安置棱镜。

⑦恢复基本功能。

⑧按功能键测距,显示屏显示棱镜点与放样点的距离。

⑨前后移动棱镜,直至显示为"0"值,角度仍保持为"0",则棱镜点正好是要放样的坐标点。

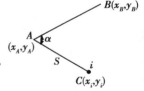

图 12.13　全站仪放样

12.4　虚　交

定出路线交点 JD 的目的在于测定其里程、转角、设置曲线主点以加密曲线里程桩。但若交点落在水中、建筑物上等,不能设点或安置仪器困难时,交点作为虚交处理,以辅助方法求得曲线各设置元素,定出曲线主点。下面介绍常见的虚交的解决方法。

12.4.1　圆外基线法

如图 12.14 所示,路线交点落在河中,不能设点,为此在曲线外侧两切线上各选一辅助点

A,B。用经纬仪测量 α_A,α_B 角,用钢尺往返丈量基线 AB,所测角度、距离均应符合规定的限差要求。

由图 12.14 可知

$$\alpha = \alpha_A + \alpha_B \qquad (12.12)$$

$$\left. \begin{aligned} a &= AB\,\frac{\sin\alpha_B}{\sin\alpha} \\ b &= AB\,\frac{\sin\alpha_A}{\sin\alpha} \end{aligned} \right\} \qquad (12.13)$$

根据转角 α 和选定的曲线半径 R,可计算切线长 T 和曲线长 L。再由 a,b,T 计算辅助点 A,B 至 ZY 和 YZ 点的距离 t_1,t_2。

$$\left. \begin{aligned} t_1 &= T - a \\ t_2 &= T - b \end{aligned} \right\} \qquad (12.14)$$

按以上计算的 t_1 或 t_2 出现负值,说明曲线的 ZY 点或 YZ 点位于辅助点与虚交点之间。根据 t_1,t_2 值,即可定出曲线主点 ZY,YZ,其里程可由 A 点里程推算而得。

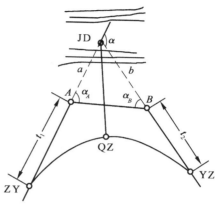

图 12.14　圆外基线法

设置 ZY,YZ 点后,仪器安置在 ZY 或 YZ 点,后视辅助 A 或 B 点,分别拨出 $\alpha/4$ 角,沿此方向量取 $2R\sin\dfrac{\alpha}{2}$,即得 QZ 点。

曲线 3 个主点定出后,可采用切线支距法或偏角法详细设置曲线。

12.4.2　切基线法

圆外基线法,基线是设在圆曲线外,切基线法基线是设在与圆相切处。它与圆外基线法比较,具有计算简单、容易控制曲线位置等特点,从而在实践中是常用的一种方法。

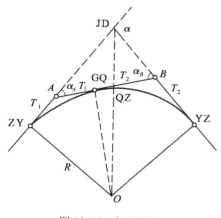

图 12.15　切基线法

如图 12.15 所示,基线 AB 与圆曲线相切于 GQ 点,称为公切点。GQ 点将曲线分为两部分半径相同的曲线,其切线长分别为 T_1,T_2。经纬仪安置于 A,B 点,可测得 α_A,α_B,用钢尺往返丈量基线 AB,由此可求得两部分曲线相同半径 R。

$$T_1 = R\tan\frac{\alpha_A}{2} \qquad T_2 = R\tan\frac{\alpha_B}{2}$$

从而得

$$R = \frac{AB}{\tan\dfrac{\alpha_A}{2} + \tan\dfrac{\alpha_B}{2}} \qquad (12.15)$$

根据 R,α_A,α_B 可算得切线长 T_1,T_2 与曲线长 L_1,L_2 以及总长 L。

设置曲线时,由 A 点沿切线方向向后量 T_1,得 ZY 点;由 A 点沿 AB 方向量 T_1,得 GQ 点;由 B 点沿切线方向向前量 T_2,得 YZ 点。两个主点定出后,仪器安置在 ZY 点或 YZ 点后视切线方

向 A 或 B 拨出偏角 $\alpha/4$，（α 为右转角时反拨 $360° - \dfrac{\alpha}{4}$），沿此视线方向从 ZY 点或 YZ 点起量出 $2R\sin\alpha/4$，即得 QZ 点。主点定出后，采用切线支距法或偏角法设置曲线里程桩。

12.5　复曲线的设置

　　由两个或两个以上不同半径的同向圆曲线连接而成的曲线，称为复曲线。设置复曲线时，必须先选定其中一个圆曲线的半径，该曲线称为主曲线，其余称为副曲线。副曲线的半径是通过主曲线和测量的有关数据计算求得。复曲线设置方法有多种，下面主要介绍基线法。

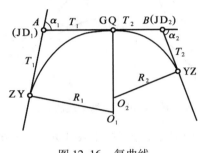

图 12.16　复曲线

　　如图 12.16 所示，设 A,B 为主副曲线的交点，并相切于公切点 GQ，用经纬仪分别测量偏角 α_1,α_2。用钢尺往返丈量基线 AB。在确定主曲线半径 R_1 后，按下述步骤计算副曲线半径 R_2 及放样元素。

　　1）根据主曲线半径 R_1 和偏角 α_1 计算主曲线放样元素 T_1,L_1,E_1,D_1。由 JD$_1$ 起分别向后、向前沿切线方向量出 T_1 定 ZY 点和 GQ 点。

　　2）计算副曲线切线长 T_2，$T_2 = AB - T_1$。由 JD$_2$ 向前量出 T_2 定出 YZ 点。

　　3）根据副曲线切线长 T_2 和偏角 α_2 计算副曲线半径 $R_2 = T_2/\tan\dfrac{\alpha_2}{2}$。

　　4）根据副曲线 R_2 和 α_2 计算副曲线放样元素 L_2,E_2 和 D_2。

　　曲线主点定出后，按切线支距法或偏角法设置曲线里程桩。

12.6　缓和曲线的设置

　　当车辆从直线驶入圆曲线后，将会产生离心力，由于离心力的影响，致使车辆将向曲线外侧倾倒，影响到车辆的行驶安全和舒适。为了减小离心力的影响，曲线路面必须在曲线外侧加高，称为超高。由于离心力的大小在车速一定时是与曲率半径成反比，即半径愈小，离心力愈大，超高也愈大。但是超高不能在直线段进入曲线段或曲线段进入直线段时突然出现或消失，这样就会致使外侧出现台阶，以影响车辆的横向震动。为此，必须使超高均匀地增加或减小，以使行车舒适，即在直线与曲线之间插入一段半径由无穷大逐渐减小为圆曲线半径的曲线，这段曲线称为缓和曲线。

　　缓和曲线可采用回旋曲线（亦称辐射螺旋线）、双纽线、三次抛物线等线型。目前我国公路和铁路均采用回旋曲线作为缓和曲线。

12.6.1   缓和曲线公式

(1)基本公式

回旋曲线是曲率半径随曲线长度的增大而成反比均匀减小的曲线。即曲线上任一点的曲率半径 ρ 与曲线长度 l 成反比。以公式表示为

$$\rho = \frac{c}{l}$$

或

$$\rho l = c \qquad (12.16)$$

式中,c 为回旋曲线参数。确定方法:在缓和曲线终点即缓圆(HY)点或圆缓(YH)点的曲率半径 ρ_0 等于圆曲线半径 R,即 $\rho = R$,该点的曲线长度即为缓和曲线全长 l_s,即 $l = l_s$,按式(12.16)得

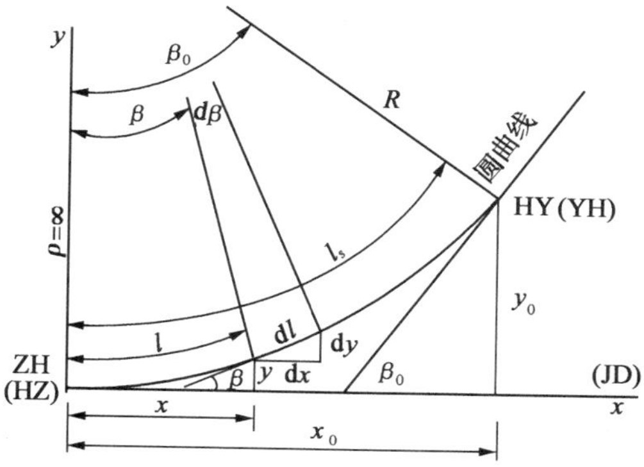

$$C = Rls \qquad (12.17)$$

图 12.17   缓和曲线

C 为常数,表示缓和曲线半径的变化率,与车速有关。目前我国公路采用

$$C = 0.035V^3$$

式中,V 为计算行车速度,以公里/时为单位。

缓和曲线全长

$$l_s = 0.035 \frac{V^3}{R} \qquad (12.18)$$

我国交通部颁发的《公路工程技术标准》(JLJ 01—88)中规定:缓和曲线采用回旋曲线,缓和曲线的长度应根据相应等级公路的计算行车速度求算,并应大于表 12.4 中所列的数值。

表 12.4   缓和曲线长度选定

公路等级		高速公路	一	二	三	四
地 形	平原微丘	100	85	70	50	35
	山岭重丘	70	50	35	25	20

(2)切线角公式

如图 12.17 所示,设曲线上任一点 P 处的切线与起点 ZH 或 HZ 切线的交角为 β,称为切线角。β 值与 P 点至曲线长 l 所对的中心角相等。在 P 点处取一微分弧段 dl,所对的中心角为 $d\beta$,则

$$d\beta = \frac{dl}{\rho} = \frac{l \cdot dl}{c}$$

积分得

$$\beta = \frac{l^2}{2c} = \frac{l^2}{2Rl_s} \quad 或 \quad \beta = \frac{l^2}{2Rl_s} \times \frac{180°}{\pi} \qquad (12.19)$$

当 $l = l_s$ 时,β 以 β_0 表示,则

$$\beta_0 = \frac{l_s}{2R} \quad 或 \quad \beta_0 = \frac{l_s}{2R} \times \frac{180°}{\pi} \qquad (12.20)$$

β_0 为缓和曲线全长 l_s 所对的中心角,即缓和曲线切线角。

(3)参数方程

如图 12.17 所示,设缓和曲线起点为坐标原点,过该点的切线为 x 轴,半径为 y 轴,在曲线上任取一点 P 的坐标为 x,y,则微分弧段 dl 在坐标轴上的投影长度分别为

$$\left.\begin{array}{l} dx = dl\cos\beta \\ dy = dl\sin\beta \end{array}\right\} \tag{12.21}$$

将 $\cos\beta,\sin\beta$ 分别按级数展开得

$$\cos\beta = 1 - \frac{\beta^2}{2!} + \frac{\beta^4}{4!} - \frac{\beta^6}{6!} + \cdots$$

$$\sin\beta = \beta - \frac{\beta^3}{3!} + \frac{\beta^5}{5!} - \frac{\beta^7}{7!} + \cdots$$

将上式及式(12.19)代入式(12.21)积分,略去高次项得缓和曲线的参数方程

$$\left.\begin{array}{l} x = l - \dfrac{l^5}{40R^2 l_s^2} \\ y = \dfrac{l^3}{6Rl_s} \end{array}\right\} \tag{12.22}$$

当 $l = l_s$ 时,得到缓和曲线终点(HY)坐标

$$\left.\begin{array}{l} x_0 = l - \dfrac{l_s^3}{40R^2} \\ y_0 = \dfrac{l_s^2}{6R} \end{array}\right\} \tag{12.23}$$

12.6.2 圆曲线带有缓和曲线的主点设置

(1)内移值和切线增值

如图 12.18 所示,在直线与圆曲线之间插入缓和曲线后,为使缓和曲线起点位于切线上,

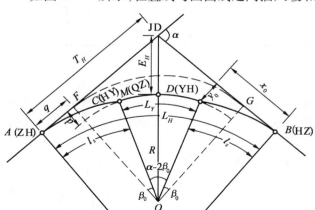

图 12.18 圆曲线带有缓和曲线

必须将原有的圆曲线向内移动距离 P(内移值),这时切线增长 q(增值),即未设缓和曲线时的圆曲线 $\overset{\frown}{FG}$ 半径为 $(R+P)$;插入缓和曲线后,圆曲线向内移,其保留部分 $\overset{\frown}{CMD}$,半径为 R,所对圆心角为 $(\alpha - 2\beta_0)$。设计时,必须满足 $(\alpha - 2\beta_0) > 0$,由图可知

$$\left.\begin{array}{l} P = y_0 - R(1 - \cos\beta_0) \\ q = x_0 - R\sin\beta_0 \end{array}\right\} \tag{12.24}$$

将式(12.24)中 $\sin\beta_0,\cos\beta_0$ 按级数展开,略去高次项,再按式(12.20)、式(12.23),把 β_0,x_0,y_0 代入得

$$P = \frac{l_s^2}{24R}$$

$$q = \frac{l_s}{2} - \frac{l_s^3}{240R^2}$$

$$(12.25)$$

（2）曲线主点放样元素计算

圆曲线插入缓和曲线后，就连接成一条整体曲线。曲线主点放样元素包括切线长 T_H、曲线长 L_H、外矢距 E_H 等。根据测得的偏角 α 和确定的圆曲线半径 R 以及缓和曲线长 l_s，按下列公式计算主点放样元素。

$$切线长\ T_H = (R + P)\tan\frac{\alpha}{2} + q$$

$$曲线长\ L_H = R(\alpha - 2\beta_0)\frac{\pi}{180°} + 2l_s$$

$$或\ L_H = R\alpha\frac{\pi}{180°} + l_s$$

$$圆曲线长\ L_Y = R(\alpha - 2\beta_0)\frac{\pi}{180°}$$

$$外距\ E_H = (R + P)\sec\frac{\alpha}{2} - R$$

$$切曲差\ D_H = 2T_H - L_H$$

$$(12.26)$$

（3）主点设置

根据交点里程和曲线的放样元素，计算主点里程

$$直缓点\ ZH = JD - T_H$$
$$缓圆点\ HY = ZH + l_s$$
$$圆缓点\ YH = HY + L_Y$$
$$缓直点\ HZ = YH + l_s$$
$$曲中点\ QZ = HZ - \frac{L_H}{2}$$

$$交点\ JD = QZ + \frac{D_H}{2}（校核）$$

HY 点和 YH 点的设置可根据式（12.23）计算得 x_0, y_0，按切线支距法分别从 JD 向切线方向量出 $(T_H - x_0)$ 定垂足，后仪器安置在垂足点，放样 90°，用钢尺量出 y_0，便可定得 HY，YH 点，其他主点的设置方法和圆曲线主点设置方法相同。

12.6.3　带有缓和曲线的曲线的详细设置

设置曲线里程桩常用的方法有切线支距法和偏角法。

（1）切线支距法

切线支距法是以缓和曲线直缓点（ZH）或缓直点（HZ）为坐标原点，以过原点的切线为 x 轴，过原点的曲线半径为 y 轴，利用缓和曲线段和圆曲线段上各点的 x, y 坐标设置曲线，缓和曲线上各点坐标可按式（12.22）求得

$$x = l - \frac{l^5}{40Rl_s^2}$$

$$y = \frac{l^3}{6Rl_s}$$

圆曲线上各点的坐标,如图 12.19,按下式可求得圆曲线任意点 P 的坐标

$$\left.\begin{array}{l} x = R\sin\varphi + q \\ y = R(1 - \cos\varphi) + p \end{array}\right\} \tag{12.27}$$

式中,$\varphi = \frac{l}{R} \cdot \frac{180°}{\pi} + \beta_0$,$l$ 为 P 点至 HY 或 YH 点的圆曲线长。

圆曲线里程桩的设置亦可以过 HY,YH 或 QZ 点为坐标原点用切线支距法进行。过以上各点为坐标原点,必须定出过 HY 或 YH 点圆曲线的切线。此时仪器安置在 HY(或 YH)点后视 ZH(或 HZ)点,若由 ZH(或 HZ)点逆转照准部对切线方向时,使度盘配置为 $180° + \frac{2}{3}\beta_0$;若由 ZH(或 HZ)点顺转照准部对切线方向时,使度盘配置为 $180° - \frac{2}{3}\beta_0$。后纵转望远镜水平度盘读数为 $0°00'00''$,此方向即为过 HY 点或 YH 点的切线方向。过 QZ 点的切线方向见图曲线里程桩的设置,定出切线方向,切线支距法设置曲线与圆曲线设置方法相同。

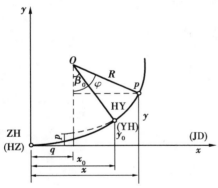

图 12.19　切线支距法设置圆曲线　　　　图 12.20　偏角法设置缓和曲线

(2)偏角法

如图 12.20 所示,设缓和曲线上任一点 P 的偏角为 δ,至 ZH 或 HZ 点的弧长为 l,以弧代弦,则

$$\sin\delta = \frac{y}{l}$$

因 δ 很小,则 $\sin\delta = \delta$,顾及 $y = \frac{l^3}{6Rl_s}$则

$$\delta = \frac{l^2}{6Rl_s} \tag{12.28}$$

过 HY 点或 YH 点的偏角 δ_0 为缓和曲线的总偏角,以 l_s 代 l,总偏角为

$$\delta_0 = \frac{l_s}{6R} \tag{12.29}$$

顾及切线角

$$\beta_0 = \frac{l_s}{2R}$$

则
$$\delta_0 = \frac{1}{3}\beta_0 \tag{12.30}$$

从式(12.28),式(12.29)的关系得
$$\delta = (\frac{l}{l_s})^2\delta_0 \tag{12.31}$$

由式(12.31)可知,缓和曲线上任一点的偏角,与该点至曲线起点的曲线长的平方成正比,当 R,l_s 确定后,δ_0 为定值。

当用整桩距法设置曲线时,设 $l_2 = 2l_1, l_3 = 3l_1, l_4 = 4l_1$ 等,根据式(12.31)可求得相应各点的偏角值

$$\left.\begin{array}{l} \delta_1 = (\frac{l_1}{l_s})^2\delta_0 \\[2mm] \delta_2 = 2^2\delta_1 \\[2mm] \delta_3 = 3^3\delta_1 \\[1mm] \vdots \\[1mm] \delta_n = n^2\delta_1 \end{array}\right\} \tag{12.32}$$

由于缓和曲线上弦长
$$C = l - \frac{l^5}{90R^2l_s^2} \tag{12.33}$$

由式(12.33)看出,弦长近似等于相应的弧长,因而在设置曲线时,相应的弦长一般用相应的弧长代替。

圆曲线上的各点设置采用偏角法时,主要是过 HY(YH)点或 QZ 点定出切线,定切线的方法见切线支距法。

12.7　全站仪设置公路中线

应用全站仪逐点设置公路中线里程桩,就是仪器安置在近中线的测量控制点上,逐点放样出各点里程桩。这些控制点一般都在公路勘测时已建立,并测定各交点(JD)的坐标。在没有建立控制的情况下,必须首先布设控制,并与国家控制点进行联测,以统一到国家的坐标系统。同时还要计算出中线各点里程桩的测量系统坐标,才能进行放样。

12.7.1　公路中线逐点里程桩坐标计算

公路中线其平面线型包括直线和曲线(圆曲线、圆曲线带缓和曲线等)组成,点的坐标计算就是根据已知点坐标与待定点间的距离和方位角,算得坐标增量从而求得待定点坐标。在直线段点间的距离就是里程桩里程之差,曲线部分,在切线支距法中,是建立以 ZH(HZ)为坐标原点、过该点的切线方向为 x 轴、垂直于切线方向为 y 轴的坐标系,用全站仪设置曲线里程桩必须把该坐标系换算为测量坐标系。为了区别与前面使用的符号,设 i 表示点号,A,S 表示方位角和点间距离。

（1）直线段坐标计算

设直线上 $i-1 \sim i$ 点的距离和方位角为 $S_{i-1,i}, A_{i-1,i}$，则 i 点坐标为

$$\left.\begin{array}{l} X_i = X_{i-1} + S_{i-1,i} \quad \cos A_{i-1,i} \\ Y_i = Y_{i-1} + S_{i-1,i} \quad \sin A_{i-1,i} \end{array}\right\} \tag{12.34}$$

（2）ZH 点至 YH 点间曲线里程桩坐标计算

圆曲线段和第一缓和曲线段都必须按式（12.22）、式（12.27）先算出坐标 x_i, y_i，然后通过坐标变换（或按推算路线）将其转换为测量坐标系的坐标 X_i, Y_i

$$\begin{bmatrix} X_i \\ Y_i \end{bmatrix} = \begin{bmatrix} X_{ZH_i} \\ Y_{ZH_i} \end{bmatrix} + \begin{bmatrix} \cos A_{i-1,i} & -\sin A_{i-1,i} \\ \sin A_{i-1,i} & \cos A_{i-1,i} \end{bmatrix} \begin{bmatrix} x_i \\ y_i \end{bmatrix} \tag{12.35}$$

应用式（12.35）计算时，当曲线为左转角，应以 $y_i = -y_i$ 代入。

（3）YH 点至 HZ 点间曲线里程桩坐标计算

计算此段曲线坐标时，仍按式（12.22）计算切线支距法坐标，再按坐标变换公式（或按推算路线）计算为统一的测量坐标

$$\begin{bmatrix} X_i \\ Y_i \end{bmatrix} = \begin{bmatrix} X_{HZ_i} \\ Y_{HZ_i} \end{bmatrix} - \begin{bmatrix} \cos A_{i,i+1} & -\sin A_{i,i+1} \\ \sin A_{i,i+1} & \cos A_{i,i+1} \end{bmatrix} \begin{bmatrix} x_i \\ y_i \end{bmatrix} \tag{12.36}$$

当曲线为右转角时，式中以 $y_i = -y_i$ 代入。式（12.36）中 X_{HZ_i}, Y_{HZ_i} 点坐标可按式（12.37）求得

$$\left.\begin{array}{l} X_{HZ_i} = X_{ZH_i} + T_H \left[\cos A_{i-1,i} + \cos(A_{i-1,i} \pm \alpha) \right] \\ Y_{HZ_i} = Y_{ZH_i} + T_H \left[\sin A_{i-1,i} + \sin(A_{i-1,i} \pm \alpha) \right] \end{array}\right\} \tag{12.37}$$

式中，α 为路线转角，右转角取" $+$ "，左转角取" $-$ "。

直线或曲线部分里程桩坐标计算，各段的方位角相同的，其函数值也相同，坐标是随直线距离及曲线 x, y 而变化，所以曲线段 l_i 是坐标的函数。故此根据 l_i 计算而得的 x, y，以 x, y 代入相应坐标计算公式（可列表计算）。各里程桩的坐标计算式，根据方位角推算式，便可得相应曲线段 (x, y) 的方位角。中线各里程桩的坐标可通过计算机程序计算，并可将结果打印出来。

（4）中线里程桩设置

中线里程桩坐标求得后，即可用全站仪进行设置，设置时，仪器置在导线点 N_i 上，如图 12.21 所示，按中桩坐标进行设置，具体操作可参照全站仪放样圆曲线的方法进行。在中桩定出后，随即测出各里桩的地面高程，这样也完成了纵断面测量。

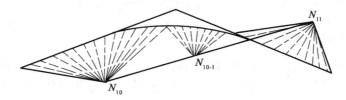

图 12.21 全站仪设置里程桩

中线测量关键是曲线部分里程桩设置，在没有全站仪的情况下，应用经纬仪设置时，经纬仪可安置在交点或在中线附近的控制点上。根据测站点和中桩坐标反算边长和方位角，应用

极坐标法,一次便可测完全曲线。

12.8 路线纵、横断面测量

12.8.1 概述

路线纵断面测量就是测定各里程桩的地面高程,为绘制纵断面图和路线纵坡设计提供资料。在纵断面测量的基础上还要进行横断面测量。横断测量就是测定中线各里程桩两侧垂直于中线坡度变化点的距离和高差,绘制横断面图,供路基设计、土石方量计算以及施工放出边桩使用。

在路线纵断面测量中,为了保证测量精度和进行测量成果的检核,也必须遵循"先控制后碎部"的原则。即先在路线方向设置高程控制点,进行水准测量,这项工作称为基平测量;然后以这些高程控制点的依据,测量各里程桩的地面高程,这项工作称为中平测量。

12.8.2 基平测量

(1)水准点的设置

路线水准点的设置,应根据需要和用途,可布置永久性和临时性水准点。路线的起、终点、大桥两岸、隧道两端和需要长期观测的重点工程附近均应埋设永久性水准点。在一般地区也应每隔 5 km 设置一个永久性水准点。永久性水准点要埋设标石,也可设置在永久性建筑物上或用金属标志嵌在基岩上。临时水准点可埋设大木桩,桩顶钉入铁钉以作标志。

水准点的密度,应根据地形情况和工程需要而定。一般在重点区每隔 0.5 ~ 1 km 设置一个;在平原微丘区每隔 1 ~ 2 km 设置一个;大桥、隧道口、垭口及其他大型构造物附近,还应增设水准点。水准点应选在稳固、醒目、便于施测又不易受破坏的地方。

(2)基平测量

水准点应与附近的国家水准点连测,以获取绝对高程,并要进行路线检核。当与国家水准点引测确有困难时,也可参照以绝对高程测绘的地形图上的明显地物点的高程作为起始点的高程。

水准点高程测量,通常采用一台水准仪进行往、返观测,也可使用两台水准仪单程观测。具体观测方法可参阅水准测量。

水准测量的精度要求,对往、返观测或两台仪器单程观测所得高差的不符值,其限差按下式计算

$$f_{h容} = \pm 30\sqrt{L} \text{ mm}$$

$$f_{h容} = \pm 8\sqrt{n} \text{ mm}$$

对于重点工程附近的水准,可采用

$$f_{h容} = \pm 20\sqrt{L} \text{ mm}$$

$$f_{h容} = \pm 6\sqrt{n} \text{ mm}$$

式中 L——单程水准路线长度,以 km 为单位,n 为测站数。

对于大型线路工程、铁路、高速公路等根据其要求,采用等级水准测量,详见第 6 章。

227

12.8.3 中平测量

中平测量就是应用仪器直接测定里程桩的地面高程。中平测量是以相邻两个水准点为一测段,从一个水准点开始,逐个测定中桩的地面高程,附合于下一个水准点上。由于两水准点

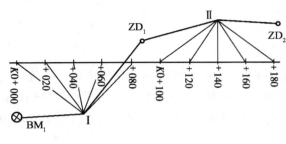

图 12.22 中平测量

间距离较远,一测站难于附合,所以在两水准点间设置一些转点。相邻两转点间观测的中桩,称为中间点,观测时应先观测转点,后观测中间点。转点的读数至 mm,视线长不应超过 150 m,标尺应立于尺垫、稳固的桩顶或坚石上;中间点读数至 cm,视线可适当放长,立尺应紧靠桩连接的地面上。

如图 12.22 所示,水准仪安置于 I 站,后视水准点 BM_1,前视转点 ZD_1,读数记录在表

12.5 相应栏内。再观测 BM_1 与 ZD_1 间的中间点 $K0 + 000$,$+020$,$+040$,$+060$,$+080$ 等的标尺,将读数分别记入中视。仪器搬至 II 站,先后视 ZD_1,再前视 ZD_2,接着观测各中间点,并将读数记录在相应栏内,用同样方法测至 BM_2 为止。

表 12.5 中平测量记录

测 点	水准尺读数 / m			视线高程 / m	高程 / m	备 注
	后视	中视	前视			
BM_1	1.845			545.183	543.338	
$K0 + 000$		1.63			543.55	
020		1.92			543.26	
040		0.54			544.64	
060		2.64			542.54	
080		0.77			544.41	
ZD_1	2.486		1.626	546.043	543.557	
+100		0.66			545.38	
+120		0.94			545.10	
+140		1.38			544.66	
+160		1.97			544.07	
+180		1.10			544.94	
+200		0.72			545.31	
ZD_2	2.798		1.112	547.729	544.931	
…	…	…	…	…	…	…
$K1 + 240$		2.22			545.71	基本测量测得
BM_2			0.838		546.891	H_{BM_2} 为 546.860

基平测得 BM_2 高程为 546.860 m

复核:　$\sum h_{\Phi} = 546.891 - 543.338 = 3.553$ m

$\sum a - \sum b = (1.845 + 2.486 + 2.798 + \cdots) -$

$(1.626 + 1.112 + \cdots + 0.838) = 3.553$ m

$f_h = 546.891 - 546.860 = +31$ mm

$$f_{h容} = \pm 50\sqrt{1.24} = \pm 55 \text{ mm}$$

中平测量只作单程观测,测段观测结束后,应进行检核计算和评定精度。测段高差闭合差容许值为 $\pm 50\sqrt{L}$ mm,若超过容许值应进行重测。中桩地面高程误差不应超过 ± 10 cm。

中桩地面高程以及前视点高程应按所属测站的视线高程计算,每一测站的计算按下列公式进行:

视线高程 = 后视点高程 + 后视读数
中桩高程 = 视线高程 − 中视读数
转点高程 = 视线高程 − 前视读数

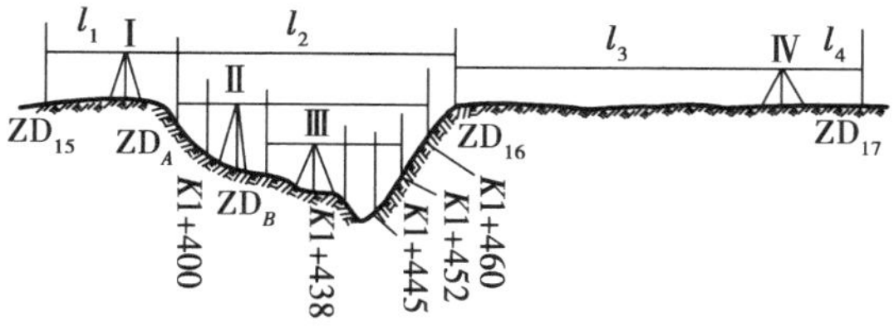

12.8.4　跨沟谷测量

当路线经过沟谷时,一般采用沟内沟外分

图 12.23　跨沟谷测量

开进行测量,如图 12.23 所示。当测至沟谷边缘时,仪器安置于 Ⅰ,后视 ZD_{15},前视同时测至 ZD_A 和 ZD_{16} 两个转点,这样 ZD_{16} 施测沟外,ZD_A 施测沟内。施测沟内时,仪器安置于 Ⅱ,后视 ZD_A 观测沟内两侧中桩并设置 ZD_B 转点,将仪器置于 Ⅲ,后视 ZD_B,观测沟底各中桩;然后仪器置于 Ⅳ,后视转点 ZD_{16},前视转点 ZD_{17} 继续向前进行施测。

用以上方法施测沟内时,是引测支水准路线,缺乏检核,故施测时要倍加注意,记录计算沟外要分开进行。此外,为了减少前、后距离不等引起的误差,仪器至于 Ⅳ 站时,尽可能使 $l_3 = l_2$,$l_4 = l_1$。

12.8.5　纵断面图的绘制

在地形图应用中绘制的纵断面图,是根据地形图量测的数据绘制而成。而公路中线的纵断面图则是根据中线里程桩的实测里程和高程绘制的,它表示出各路段坡度的大小和中线位置的填挖尺寸,是公路设计和施工的重要资料。

如图 12.24 所示,在图的上半部,从左至右有两条贯穿全图的线。一条是细折线,表示中线方向的实际地面线,是以里程为横坐标,高程为纵坐标,根据中平测量的中桩地面高程绘制的。为了明显反映地面的高低起伏变化,一般高程比例尺比里程比例尺大 10 倍。图中另一条是粗线,是包含竖曲线在内的纵坡设计线,是在设计时绘制的。此外,在图上还注有水准点的位置和高程,桥涵的类型,孔经、跨数、长度、里程桩号和设计水位,竖曲线示意图及其曲线元素,及公路、铁路交叉点的位置、里程及有关说明等。

图的下部注有有关测量及纵坡设计的资料,主要包括以下内容:

①直线与曲线　按里程表明路线的直线和曲线部分。曲线部分用折线表示,上凸表示路线右转,下凸表示路线左转,并注明交叉编号和圆曲线半径,带有缓和曲线者应注明其长度。在不设曲线的交点位置,用锐角折线表示。

②里程　按里程比例尺标注百米桩和公里桩。

③地面高程　按中平测量成果填写相应里程桩的地面高程。

④设计高程　根据设计纵坡和相应的平距推算出的里程桩设计高程。

⑤坡度　从左至右向上斜的直线表示上坡(正坡),下斜的表示下坡(负坡),水平的表示平坡。斜线或水平线上面的数字表示坡度的百分数,下面的数字表示坡长。

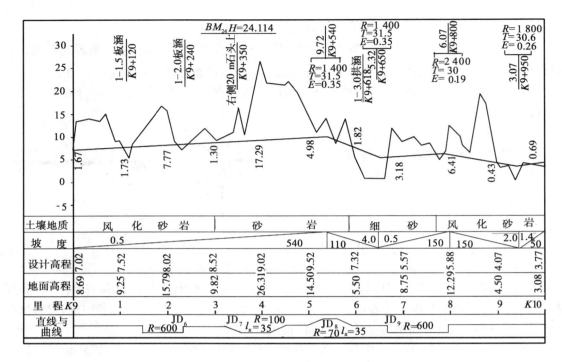

图 12.24　中线绘制面图

⑥土壤地质说明　表明路段的土壤地质情况。

纵断面图的绘制一般按以下步骤进行：

1)打制表格或选用毫方格纸作为图纸,在表格上是以里程为横坐标,选定比例尺,为了明显反映地面起伏变化,一般选1:5 000,1:2 000,1:1 000 几种,高程为纵坐标,比例尺一般选1:500,1:200 或 1:100。

在表格上,填写里程、地面高程、直线或曲线、土壤地质说明等资料。

2)绘出地面线　首先在图上确定高程的起始位置,使绘出的地面线位于图上适当位置,一般是以 10 m 整倍数的高程在 5 cm 方格的粗线上,便于绘图和阅图。然后根据中桩的里程和高程,在图上按纵、横比例尺依次点出各中桩的地面位置,用直线连接相邻点即为绘出的地面线。在高差变化较大的地区,如果纵向受到图幅限制时,可在适当地段变更图上高程起算位置,此时地面线将构成台阶形式。

3)计算设计高程　当路线的纵坡确定后,即可根据设计纵坡 i(以%表示)和起算点高程 H_A,由此推算点 B 至起点 A 的水平距离 D_{AB},按式(12.38)计算推算点 B 的设计高程 H_B。

$$H_B = H_A + i \cdot D_{AB} \tag{12.38}$$

式中,上坡时 i 为正,下坡时为负。

4)计算各桩的填、挖尺寸　同一桩号的设计高程与地面高程之差,即为该桩号填的高度(正)或挖的深度(负),填土高度一般写在相应点纵坡设计线之上,挖土深度写在相应点之下。填控尺寸也有填在专列表格之中。

5)在图上注记有关资料,如水准点、桥涵等。

12.8.6 横断面测量

横断面测量,就是测定中桩两侧垂直于中线的地面线,按比例绘制横断面图,为路基边坡、特殊构筑物的设计、土石方计算和施工放样提供资料。

测定中桩两侧垂直于中线的地面线,首先要确定横断面方向,然后在此方向上测定地面坡度变化点间的距离和高差,横断面测量的宽度,应根据路基宽度、中桩挖、填高度、边坡大小、地形变化情况及有关工程的特殊要求而定,一般要求中线两侧各测 10 ~ 50 m。横断面测绘的密度,除各中桩应施测外,在大、中桥头隧道洞口,挡土墙等重点工程地段,可根据需要加密,对于地面点距离和高差的测定,一般只须精确到 0.1 m。

图 12.25 直线段横断面方向的测定

(1)横断面方向的测定

1)直线段横断面方向的测定

垂直于中线两侧的横断面方向,一般采用方向架测定,方向架是有两个相互垂直的固定木板制作而成。如图 12.25 所示,测定时,使方向架直立在中桩上,用其中一个瞄准中线上任一中线,如图 12.23 中的 $K4 + 420$,则另一个所指的方向即为该点的横断面方向。

2)圆曲线横断面方向的测定

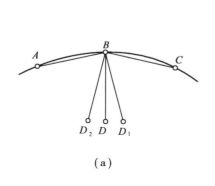

(a)

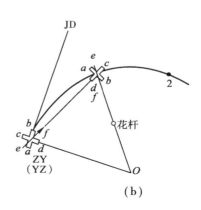

(b)

图 12.26 圆曲线横断面方向的测定

圆曲线上一点的横断面方向为过该点指向曲线半径的方向。为确定这一方向,一般采用方向架来确定,如图 12.26(a)所示,圆曲线上 B 点至 A,C 点等距,欲求 B 点的横断面方向,在 B 点置方向架,从一方向瞄准 A 点,则方向架的另一方向定出 D_1 点。同法用方向架瞄准 C 点,另一方向定出 D_2 点,使 $BD_1 = BD_2$,平分 D_1D_2 定 D 点,则 BD 方向即为 B 点的横断面方向。

当前后距离不等或设加桩时,如图 12.26(b)所示,可用方向架上的一个活动杆 ef 来测定。施测时,方向架安置在 ZY(或 YZ)点,用 ab 杆照准切线方向,则 cd 方向为指向圆心方向,转动活动杆 ef 瞄准 1 点,并固定之;然后置方向架于 1 点,以 cd 瞄准 ZY(或 YZ)点,则 ef 方向即为 1 点的横断面方向。

3)缓和曲线段横断面方向的测定

缓和曲线上任一点横断面方向,即过该点的法线方向。故此,只要得知该点至前视(或后

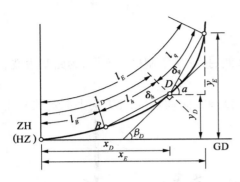

图 12.27 缓和曲线段横断面方向的测定

视)点的偏角,即可确定过该点的法线方向。

如图 12.27 所示,设缓和曲线上任一点 D,前视 E 点的偏角为 δ_q,后视 B 点的偏角为 δ_h。δ_q,δ_h 可从式 (12.39)、式(12.40)求得:

$$\delta_q = \frac{l_q}{6Rl_s} \cdot \frac{180°}{\pi}(3l_D + l_q) \qquad (12.39)$$

$$\delta_h = \frac{l_h}{6Rl_s} \cdot \frac{180°}{\pi}(3l_D - l_h) \qquad (12.40)$$

式中,l_h,l_q 分别为 D 至 E,D 至 B 点的曲线长,l_D 为 D 至起点曲线长。

施测时,经纬仪安置于 D 点,以 $0°00'00''$ 照准前视点 E(或后视点 B),再顺时针转动照准部使度盘读数为 $90° + \delta_q$(或 $90° - \delta_h$),经纬仪的视线方向即为过 D 点的横断面方向。

缓和曲线横断面方向的确定还可以应用偏角法中的公式求得 $b = \dfrac{l^2}{3Rl_s} \cdot \dfrac{180°}{\pi}$($l$ 为该点至起点曲线长)。经纬仪安置于 D 点后视 ZY(或 YZ)点,使度盘读数为 b(或 $360° - b$),转动照准部,当度盘读数为 $270°$(或 $90°$)时,视线方向即为过该点的法线方向。

(2)横断面测量

1)花杆皮尺法(也称抬杆法)

花杆皮尺法,就是用花杆测定坡变点间的高差,用直尺测定水平距离。如图 12.28 所示,

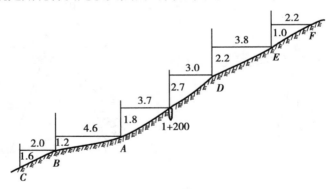

图 12.28 横断面测量

1 + 200 为里程桩,A,B,C,D,E,F 为垂直于中线两侧的变坡点,花杆立于 A 点,从中桩起用皮尺平量置 A 点到中桩的距离和高差,分别记录于表格中。同法测量 A,B 点的距离和高差,量完左边再量右边,直至所需的宽度为止。

记录表格如表 12.6,表中按前进方向分左侧与右侧,分数中分母表示水平距离,分子表示两点间的高差,高差为正的表示升坡,负的为降坡。

表 12.6　横断面测量记录

左　　侧			桩　号	右　　侧		
…	…	…	…	…	…	…
$\dfrac{-1.6}{2}$	$\dfrac{-1.2}{4.6}$	$\dfrac{-1.8}{3.7}$	$K1+200$	$\dfrac{+2.7}{3.0}$	$\dfrac{+2.2}{3.8}$	$\dfrac{+1.0}{2.2}$
$\dfrac{-1.2}{4.8}$	$\dfrac{-1.2}{3.2}$	$\dfrac{-0.8}{2.6}$	$K1+220$	$\dfrac{+0.7}{5.0}$	$\dfrac{+1.2}{5.4}$	$\dfrac{+0.8}{3.0}$

2）水准测量法

水准测量法,就是用水准仪测定变坡点间的高差,用钢尺或皮尺测定点间距离的一种方法。

当横断面测量精度要求较高,变坡点高差变化不大时,可采用此法。施测时,水准仪置于适当位置,读取中桩标尺上的读数为后视读数,求得视线高程,视线高程减去变坡点标尺上的读数(前视读数),即得变坡点高程。用钢尺或皮尺分别量得点间的距离,测得的距离和高差记录于表格中。

3）经纬仪法

在地形复杂、较陡的山坡地段宜采用此法。施测时,将经纬仪安置在中桩上,用视距测量方法测定变坡点至中桩的水平距离和高差。

（3）横断面图绘制

根据横断面的测量记录绘制横断面图。断面图的绘制可在毫米方格纸上进行,在纸上先定出中桩位置,在中桩的两侧根据距离和高差按同一比例尺(一般选 1:200 或 1:100)逐一定出变坡点位置,然后用直线连接相邻的点,即为横断面地面线。图 12.29 为经横断面设计后,在地面线上、下绘有路基横断面图形。

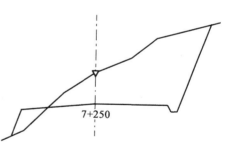

图 12.29　平均值横断面图绘制

横断面图绘出后,可分别计算其挖、填面积,面积计算详见第 9 章,根据相邻挖方断面或填方断面的面积的平均值,分别乘以相邻断面间的距离便可计算得该段的挖、填土方量。然后把各段的挖方、填方相加,即得全路线的挖、填土方量。

12.9　路基边桩、边坡与路面放样

（1）路基边桩放样

路基边桩放样就是将每一个横断面的路基边坡线与地面的交点在地面上标定出来,便于公路施工。边桩的位置由中桩沿横断面方向至边桩的距离来确定,常用的边桩的放样方法有以下几种。

1）图解法

图解法就是直接在横断面图上量取中桩至边桩的水平距离,然后在实地用皮尺沿横断面方向量出相应的距离即把边桩标定出来。这种方法常用于填挖方不大时的情况。

2）解析法

路基边桩至中桩的距离是根据路基填挖高度、边坡率、路基宽度结合以下两种地形情况求得，然后在实地上沿横断面方向量出相应的距离将边桩标定出来。

①平坦地段路基边桩的放样

填方路基称为路堤，如图 12.30 所示，路堤边桩至中桩的水平距离为

$$D = \frac{B}{2} + m \cdot H \tag{12.41}$$

挖方路基称为路堑，如图 12.31 所示，路堑边桩至中桩的水平距离为

$$D = \frac{B}{2} + s + m \cdot H \tag{12.42}$$

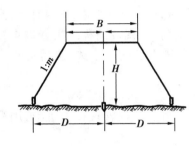
图 12.30 路堤边桩放样

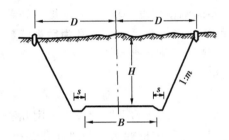
图 12.31 路堑边桩放样

以上两式中，B 为路基设计宽度；$1:m$ 为路基边坡坡度；H 为填土高度或挖土深度；s 为路堑边沟顶宽。

以上是断面位于直线段时求算 D 值的方法。若断面位于弯道上有加宽时，按上述方法求得 D 值后，还应在加宽一侧的 D 值加上加宽值。

放样时，沿横断面方向从中桩向两侧量出相应的距离，便可定出边桩。

②倾斜地段路基边桩的放样

倾斜地段，边桩至中桩的距离在路基宽、边坡为定值时，它是随地面坡度而变化的，如图 12.32 所示，路堤边桩至中桩的水平距离为

$$
\begin{aligned}
\text{上侧：} D_{上} &= \frac{B}{2} + m(H - h_{上}) \\
\text{下侧：} D_{下} &= \frac{B}{2} + m(H + h_{下})
\end{aligned}
\right\} \tag{12.43}
$$

如图 12.33 所示，路堑边桩至中桩的水平距离为

$$
\begin{aligned}
\text{上侧：} D_{上} &= \frac{B}{2} + s + m(H + h_{上}) \\
\text{下侧：} D_{下} &= \frac{B}{2} + s + m(H - h_{下})
\end{aligned}
\right\} \tag{12.44}
$$

式中，B，s 和 m 均为已知，而 $h_{上}$，$h_{下}$ 分别为上、下侧坡顶或坡脚至中桩的高差，是随坡度变化而变化，在边桩未定出之前是未知数，因而在实际中可选用花杆法或试探法定出边桩。

a. 花标皮尺法

由以上两式可知，当设计断面确定后，$\frac{B}{2} + s + m \cdot H$ 是定值；由 $D = \frac{B}{2} + s + m \cdot (H \pm h)$ 得

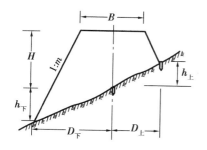

图 12.32　倾斜地段路堤边桩的放样

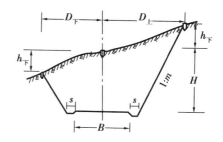

图 12.33　倾斜地面路堑边桩的放样

知,若用抬杆法从中桩沿横断面方向两侧在变坡点处逐点丈量距离 D_i 和测量的高差 h_i(i 为上或下),以此代入下式

$$\sum_{i=1}^{n} D_i = \frac{B}{2} + s + m \cdot H \pm m \sum_{i=1}^{n} h_i \ \text{成立时}\ (\text{即}\ \sum_{i=1}^{n} D_i \mp m \sum_{i=1}^{n} h_i = \frac{B}{2} + s + m \cdot H)$$

最后定出的点即为边桩位置。式中的 ± 号根据(12.41)、(12.42)公式决定。

b. 试探法

倾斜地段路基边桩亦可用试探法确定。先根据地面实际情况,并参考横断面图中桩至边桩的距离,估计边桩的位置。然后测量中桩与估计点的高差,并以此作为 $h_{上}$(或 $h_{下}$)代入以上相应公式,求得 $D_{上}$(或 $D_{下}$),若求得的距离与实地丈量的距离相等,则该估计边桩位置即为所求,否则应从新选点边桩位置,按上述步骤,直至满足条件为止。

（2）路基边坡的放样

放样出边桩后,为了保证填、挖的边坡达到设计要求,还应把设计边坡在实地标定出来,以方便施工。

1)用竹竿、绳索放样边坡

如图 12.34 所示,O 为中桩,A,B 为边桩,CD 为路基宽度。放样时在 C,D 处竖立竹竿,其高度等于中桩填土高度 H 之处的 C',D' 点用绳索连接,同时由点 C',D' 用绳索连接到边桩 A,B 上。使其坡度为设计边坡。

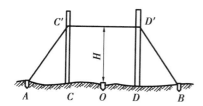

图 12.34　用竹竿、绳索放样边坡

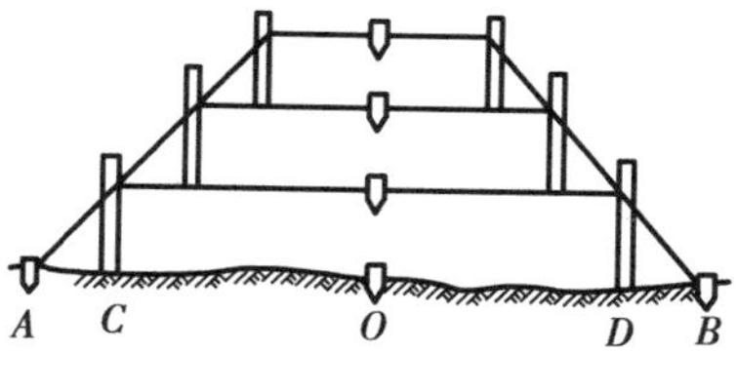

图 12.35　分层放样边坡

当路堤填土不高时,可按上述方法一次挂线。当路堤填土较高时,可随路基分层填筑分层挂线,如图 12.35 所示。

2)用边坡样板放样边坡

施工前按照设计边坡坡度做好边坡样板,施工时,按照边坡样板进行放样。

用活动边坡尺放样边坡:做法如图 12.36 所示,当水准器气泡居中时,边坡尺的斜边所指示的坡度正好为设计边坡坡度,故借此可指示与检核路堤的填筑。同理边坡尺也可指示与检核路堑的开挖。

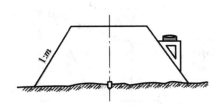

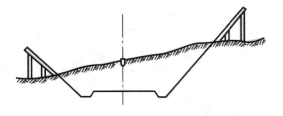

图 12.36　用活动边坡尺放样边坡　　　　　图 12.37　用固定边坡板放样边坡

用固定边坡样板放样边坡:做法如图 12.37 所示,在开挖路堑时,于坡顶桩外侧按设计坡度设立固定样板,施工时可随时指示并检核开挖和整修情况。

(3)路面放样

在路面底基层(或垫层)施工前,首先应进行路床放样,包括:中线恢复这样、中平测量及路床横坡放样。各结构层(除面层外)横坡按直线形式放样。路拱(面层顶面横坡)须根据具体类型(有抛物线型、屋顶线型和折线型 3 种)进行计算和放样。

(4)竣工测量

路基土石方工程完成后,应进行全线的竣工测量,包括中线测量、中平测量及横断面测量。路面完工后,应检测路面高程和宽度等。另外,还应对导线点、水准点、曲线交点及长直线转点等进行加固,并重新编制各种固定点表。

12.10　桥梁测量

桥梁是公路跨越河流的重要建筑物,它是兴建公路的重要组成部分。桥梁按其用途分为铁路桥、公路桥、铁路和公路两用桥,在城市中还架设了诸多的立交桥;按桥轴线(桥梁中心线)的长短,还分为特大型桥、大型桥、中型桥和小型桥等 4 类。桥梁施工测量的方法和精度,也取决于桥轴线的长短及结构。其主要内容包括平面控制测量和高程控制测量,墩、台定位,轴线放样等。

12.10.1　桥梁施工控制网的建立

(1)桥位三角网

建立桥位控制网的目的是为了按规定的精度求出桥轴线的长度和放样出墩、台的位置以及进行各阶段施工测量等。对于大中型桥梁,由于桥轴线长,跨度大,墩、台定位精度要求较高,所以在施工最需要布置平面控制网和高程控制网。桥位控制网形式通常采用如图 12.38 几种。*AB* 为桥轴线,图 12.38(a)为双三角形,图 12.38(b)为四边形,图 12.38(c)为较大河流上的双四边形。桥位三角形的布设,除满足三角测量本身的要求外,还要求控制点应选在不被水淹,不受施工干扰的地方,桥轴线应与基线一端尽可能正交。基线长度一般不小于桥轴线长度的 0.7 倍,困难地段不小于 0.5 倍。

桥位三角网主要技术要求应符合表 12.7 规定。

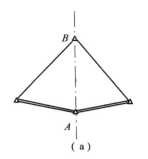 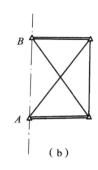 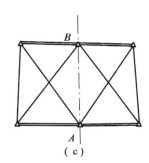

（a）　　　　　　　　（b）　　　　　　　　　　（c）

图 12.38　桥位三角网

表 12.7　桥位三角网的技术要求

等级	桥轴线长度／m	测角中误差／（″）	桥轴线相对中误差	基线相对中误差	三角形最大的闭合差／（″）
五	501－1 000	±5.0	1/20 000	1/40 000	±15.0
六	201－500	±10.0	1/10 000	1/20 000	±30.0
七	≤200	±20.0	1/5 000	1/10 000	±60.0

桥位三角网基线测量采用精密的量距方法或用测距仪测定。水平角观测采用全圆观测法。桥轴线、基线测量及水平角观测应符合表 12.8 的要求。

表 12.8　桥轴线、基线、水平角观测回数

等级	丈量测回数		测距仪测回数		方向观测法测回数		
	桥轴线	基　线	桥轴线	基　线	J_1	J_2	J_6
五	2	3	2	3	4	6	9
六	1	2	2	2	2	4	6
七	1	1	1-2	1-2		2	4

桥位三角网的平差方法随三角网的等级、图形条件不同而不同。五、六、七等桥位三角网的平差方法可采用小三角测量近似平差法，最后用平差后的角值，计算桥轴线长度及控制点坐标。桥位的平面控制亦可用测边网或用 GPS 定位技术布设。

（2）高程控制

在桥址两岸布设一系列同一基准的基本水准点和施工水准点，一方面既能满足施工高程放样的需要，另一方面基本水准点亦供桥梁建成后对墩、台变形观测使用。因此，桥址水准点应选在地质条件好，地基稳定，全桥观测使用方便之处。对于大中型桥梁用精密水准测量联测，组成高程控制网。所有桥址高程水准点不论是基本水准点还是施工水准点，都应根据其稳定性和应用情况定期检测，以保证高程放样测量和以后桥梁墩台变形观测的精度。

水准测量，从河的一岸测到另一岸时，由于跨河距离较长，在水准尺上读数困难，前后视距离悬殊，必须采用跨河水准测量方法或光电测距三角高程测量方法。

1）跨河水准测量

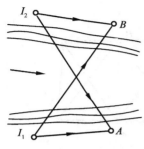

图 12.39　跨河水准测量
观测点布设

两岸测站应选在开阔、通视良好的地带,测站至水边的距离应尽量相等。两岸仪器离水面的高度应相等,测站点与观测点布置为图12.39所示,I_1,I_2 为测站点,A,B 为立尺点,跨河视线 I_1B,I_2A 力求相等,岸上视线 I_1A,I_2B 也应相等,且不要小于 10 m。

若用一台仪器观测,先在 I_1 设站照准近尺 A 点,读数为 a_1,再照准 B 点,读数为 b_1,得高差 $h_1 = a_1 - b_1$,此为半测回。然后仪器搬至 I_2,且对光螺旋保持不变,此时将标尺对调。先观测 A 点,后观测 B 点,同法得下半测回,高差 $h_2 = a_2 - b_2$,此时,完成了一个测回观测。为了提高精度,一般应进行 2~4 个测回观测。

若用两台仪器观测时,仪器安置在对岸作对向观测为一侧回,读数时对每一读数应读 2~4次。四等跨河水准测量,两测回间高差不符值不应超过16 mm,在不符值之内,取其平均值作为最后值。

当河面较宽,读取水准尺读数有困难时,可借助觇牌(如图12.40)进行读数,以提高读数精度。

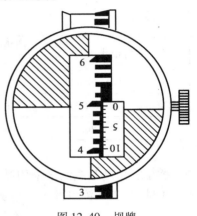

图 12.40　觇牌

2)光电测距三角高程测量

应用光电测距仪测量点间的距离和竖直角有较高的精度,亦可用光电测距仪测定对河两岸点间的高差。为了消除外界条件的影响,应及时进行对向观测,两高差在容许范围之内时,取高差的平均值作为最后的高差。

12.10.2　桥梁墩、台定位

桥梁墩、台定位测量是桥梁施工中的重要工作。直线桥梁的墩台中心均位于桥轴线方向上,如图 12.41 所示,墩、台与控制桩 A,B 间距离可由相邻两点间的里程求得。墩、台的定位方法,可根据河宽、水深及墩、台具体位置情况而定。根据条件一般可采用直接丈量法,电磁波测距法或方向交会法等。

(1)直接丈量法

根据墩台与控制桩的距离,用钢尺直接定出点位,此法是在浅水河滩,或水面较窄的情况下用检定过的钢尺跨越丈量,丈量方法采用第 10 章介绍的精确放样方法。放样方向应与桥轴线保持一致,墩、台点位的大木桩并钉小钉作为点位标志。在丈量过程中,要注意检核,一般每测段不要小于 2 次,以保证丈量精度。

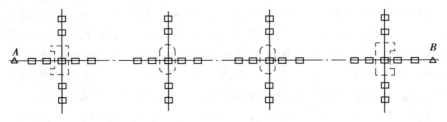

图 12.41　桥梁控制桩

（2）电磁波测距法

在墩台中心位置能安置反光镜时,应用此法最为迅速、方便。应用全站仪放样点位,应先计算出墩台点的坐标,测站点可选在任意控制点上,用直角坐标法或极坐标定出点位。放样时,应根据当时测定的气象参数和放样距离求出气象改正值,将参数输入全站仪。

为了确定放样点位的准确性,应采用换站法进行校核,两次放出的点位应在允许范围之内。

（3）方向交会法

方向交会法如图 12.42 就是利用已有的平面控制点及墩位的已知坐标,计算出在控制点上应放样的角度 α,β 交角定出 p_i 点,AB 为桥轴线,在 A,B,C 3 点上分别安置一台经纬仪,A 点上的经纬仪照准 B 点,定出桥轴线方向;C,D 经纬仪分别拨出 α,β 角,以正倒钟分中法定出交会方向线。

由于测量有误差,三方向线一般不可能正好交于一点,从而构成误差三角形 $\triangle P_1P_2P_3$。如误差三角形在桥轴线上的边长(P_1P_3),对墩底定位不宜超过 25 mm,对于墩顶定位不超过 15 mm。由 P_2 向桥轴线作垂线 P_2P,P 点即为桥墩中心位置。

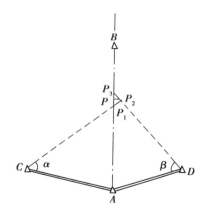
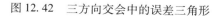
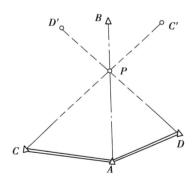

图 12.42　三方向交会中的误差三角形　　　　图 12.43　方向交会的固定位置

在桥墩的施工过程中,随着桥墩的升高,需要多次交会出桥墩中心位置,为了提高工作效率,把第一次求得的中心位置 P,将 CP,DP 延伸到对岸,设立固定标志 C',D',如图 12.43 所示。这样在以后交会时,只要对准对岸的固定点即可恢复 P 点。

12.11　隧道施工测量

12.11.1　概述

当公路遇到山体障碍物时,为了缩短路线长度,往往采取挖洞穿越山体,这称为隧道。在隧道施工中,为提高施工进度,一般采用两个或多个相向掘进的工作面进行开挖,如图 12.44 所示,使其按设计要求在预定地点彼此接通,称为隧道贯通。为实施贯通所进行的测量工作称之为贯通测量。在相向开挖的隧道贯通面上,中线不能吻合,这种误差称为贯通误差。贯通误

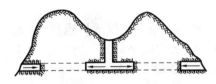

图 12.44　隧道开挖方向

差在隧道中线方向的投影长度称为纵向贯通误差;在垂直于中线方向的投影长度称为横向误差;在高程方向的投影长度称为高程误差。纵向误差只对贯通有影响;高程误差对坡度有影响;横向误差对隧道质量有影响。根据工程的性质、长度和施工方法对贯通误差都有具体的规定。为使隧道按设计的方向以规定的精度贯通,首先要建立地面的平面控制和高程控制。以测定相向洞口各控制点的位置,并以建立洞内控制,使隧道按设计方向和坡度进行掘进,以达到隧道按设计方向贯通,并作为洞内衬砌建筑物放样的依据。

12.11.2　地面控制测量

(1)平面控制

1)直接定线法

直接定线法就是将在同一直线上的相对开挖洞口的中线点标定在地面上,作为洞口引测方向线的定向点。对于长度较短的隧道,采用此法较为适宜。

如图 12.45 所示,A,D 为设计直线的洞口控制点,B,C 为待标定的洞顶中线方向控制点。A,D 互不通视,为使定出的 B,C 点在 AD 直线上,通常采用正、倒镜分中延长直线法从洞口一端控制点向另一端洞口延长直线。仪器置于 A 点,根据 AD 概略方位确定 B' 点。仪器搬至 B' 点,用正倒镜分中法延长直线到 C' 点。经纬仪搬至 C' 点,同法在近口

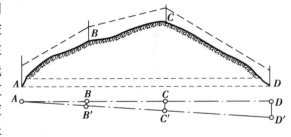

图 12.45　直接定线法

点旁定出 D' 点,并量出 $D'D$ 长度。在延长直线的同时,用经纬仪视距法或测距仪测量出 AB'、$B'C'$、$C'D'$ 的距离。用距离按比例求出 B',C' 点至距离 B,C 的位移值。根据求得的位移值,分别过 B',C' 点作 AD 垂线,定出 B,C 点。仪器安置在 C 点用分中法延长 DC 至 B,再从 B 延长至 A,若与 A 重合,则 B,C 为所求,否则作第二次趋近,直至满足要求为止。A,B,C,D 的分段距离用测距仪测定,测距的相对误差不应大于 1/5 000。

2)导线法

在直线隧道中,导线布设应与洞口控制点连接一条或大致平行两条直伸导线。当两端洞口附近为曲线,中部为直线的隧道,两端曲线部分可沿切线、中部直线部分沿中线布设导线点;对于曲线隧道,应沿曲线的切线方向布设,最好能把曲线的起、终点定为导线点,这样曲线转折点上的总偏角可以根据导线测量结果来计算。

为了提高精度和增加校核条件,一般都将导线布置成闭合或附合导线,也可采用复测支导线,导线的转折角用 J_2 级经纬仪以测回法观测,距离用光电测距仪测定,相对误差不大于 1/10 000。

3)三角网法

当隧道较长,地形起伏多变,地面平面控制可布置成三角网形式。三角网一般布置成与路线同一方向延伸的三角锁。直线隧道以单锁为主,三角点尽量先靠近中线;曲线隧道的三角锁以沿两端洞口的连线方向连接较为有利,较短的曲线隧道可布设成中心多边形锁,长的曲线隧

道,包括一部分是直线,一部分是曲线的隧道,可布设成任意三角形锁。三角点应分布均匀,边长大致相等,选在方便施工引测、稳定、不受施工影响的地方。三角锁应观测各三角形全部内角或测定若干条边。使之成为边角网。其内、外业可参阅有关章节内容。

4)GPS 定位法

GPS 全球定位系统定位。不受点间相互通视等地形条件的限制,具有方便、灵活、精度高等特点,是布设平面控制优于常规的方法,这种方法在长隧道中已得到应用,并取得较满意的效果。

（2）高程控制测量

高程控制测量的任务,是按规定的精度要求测定隧道进出洞口及其他开挖工作面附近水准点的高程。作为高程引测进洞的依据。

水准路线应选择在连接洞口最平坦、最短的线路,以达到设站少、观测快、精度高的要求,每一洞口埋设的水准点应不少于两个,且以安置一次仪口联测为宜。两端洞口间的距离大于1 km 时,应在中间增设临时水准点。洞外高程控制通常采用三、四等水准测量方法施测。

12.11.3 隧道施工测量

隧道在施工过程中,测量工作的主要任务就是根据地面布设的控制点随时给定开挖方向,定出中线桩,确定在预定的地点使隧道贯通。

（1）掘进方向及腰线的标定

1)掘进方向的标定

洞外平面和高程控制测量完成后,即可把相向开挖洞口附近的路线中线点(各洞口最少两个),用平面和高程控制网精确求得它们的坐标和高程,同时计算洞内待定点的设计坐标。按坐标反算公式,可求出洞内待定点与洞外控制点之间的距离和夹角。由此,便可用极坐标法或其他方法给出进洞的开挖方向并设置洞内待定点点位。从而使隧道中线按设计位置在洞内

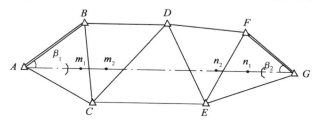

图 12.46 直接隧道掘进方向的标定

延伸。如图 12.46 为直线隧道,$A,B,C,\cdots,G$ 为地面平面控制点,m_1,m_2 为洞口设计中线点,为求得 A 点洞口中线掘进方向及掘进后中线点 m_1。用坐标反算公式求得放样数据

$$\alpha_{AB} = \arctan \frac{y_B - y_A}{x_B - x_A}$$

$$\alpha_{AG} = \arctan \frac{y_G - y_A}{x_G - x_A}$$

$$D_{Am_1} = \sqrt{(x_{m_1} - x_A)^2 + (y_{m_1} - y_A)^2}$$

对于 G 点洞口的掘进数据,亦按同法求得。

仪器置于 A 点或 G 点,后视 B 点或 F 点,拨出 β_1 或 β_2 即得掘进方向。

对中间设置曲线的隧道,如图 12.47 所示,中线转折点 C 的坐标和曲线半径由设计中得到。根据已知坐标和设计坐标同样可求得掘进方向距离 AB 和 ED。当掘进至 B,D 点时,曲线部分的掘进方向可按圆曲线设置方法指导开挖。

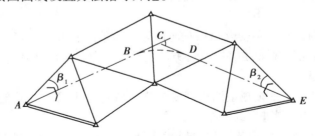

图 12.47　曲线隧道掘进方向标定

中线方向的精度直接决定隧道横向贯通的精度,因此,在隧道口要埋设若干个固定点,将中线方向标定于地面,并且在其垂直方向上也埋设若干个固定点,以检核中线方向的正确性。

2)腰线标定

在隧道施工中,是在隧道岩壁上每隔一定距离标出高于设计纵坡 1 m 的标高线,以指示垂直方向贯通的方向线,称为腰线。腰线的标定,是用水准仪根据洞口水准点的高程和纵坡及距离定出的。如隧道有一定的设计坡度,腰线是随里程的变化而变化,它与隧道的设计地坪标高线是平行的。

当隧道不断向前掘进,由于工作面狭小,光线减弱,给定向带来诸多不便。因此,在隧道定向中普遍使用激光指向仪,以指示中线和腰线方向。它具有方向好、亮度高、直观等优点,成为指示方向较理想的仪器。如若掘进隧道,采用机械化设备,用固定在一定位置上的激光指向仪,配以装在掘进机上的光电接收靶,当掘进机向前推进中,如果方向偏离了指向仪发出的激光束,则光电接收靶会自动指示出偏移方向及偏移值,为掘进机提供自动控制的信息。

(2)洞内施工导线和水准测量

1)洞内导线测量

当隧道掘至一定深度后,必须建立洞内导线,以必要的精度建立洞内外统一的坐标系统,精确标定中线及衬砌位置,控制隧道按设计方向延伸,保证在设计面上贯通。

洞内导线点应尽可能沿线路中线布设,也可以利用埋设的中线桩作为导线点。为了提高导线测量的精度和加强对导线点的校核,导线可布设成用闭合环或主副导线闭合环。副导线只测角,不量边。如是布设支导线,缺乏检核条件,观测转折角时,必须观测左角和右角,丈量边长应往返丈量。根据导线点的坐标定出正确的中线桩,以使隧道按设计的方向掘进。

2)洞内水准测量

洞内水准测量是将洞口水准点高程引测到洞内,测定洞内各水准点的高程,作为标定腰线和施工放样的依据,保证隧道在竖向正确贯通。在洞内每隔约 10 m 设置一个临时水准点,每隔 50 m 设置一个固定水准点。在通常情况下,可利用导线点作为水准点,水准点可埋设在顶板、底板或洞壁上,但应力求稳固和便于观测。水准点按三等或四等水准测量往返施测,当水准点设在顶板上时,要倒立水准尺,以尺底零端顶住测点,计算高差时,倒立尺的读数应记为负值。对所布设的水准点均应经常复测,以检查水准点有无变动。

12. 11. 4 竖井联系测量

在长隧道施工中,除采用平硐、斜井等形式以增加工作面、缩短施工期外,还采用竖井的方法分段开挖,如地铁开挖和矿藏的开采等。竖井的联系测量,就是把井上的坐标和高程导入井下,以达到井上、下的坐标和高程成为统一系统。

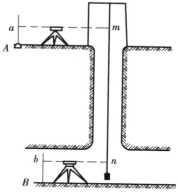

(1)高程联系测量

高程导入的方法有:钢尺导入法、钢丝导入法、测长器导入法和光电测距仪导入法等,这里仅介绍钢尺导入法。

如图 12.48 所示,钢尺悬挂在井口支架上,尺的下端挂上 10 kg 的垂球,使钢尺拉直呈自由悬挂状态。垂球稳定后,分别在地面、井下安置水准仪。设水准仪在已知高程为 H_A 的水准点 A 标尺上的读数为 a,在钢尺的读数为 m;在井下水准仪在钢尺上的读数为 n,在 B 点标尺的读数为 b,则 AB 的高差按式(12.45)计算。

图 12.48　竖井高程联系测量

$$h_{AB} = (n - m) + (a - b) - \sum \Delta l \tag{12.45}$$

式中,$\sum \Delta l$ 为钢尺的总改正数,包括尺长、温度、拉力和钢尺自重等 4 项改正数。

导入高程应独立进行两次,第二次观测时需改变仪器高,并加入各项改正数,两次高差较差应不大于 5 mm。高差在允许值之内时,取其平均值作为最后高差并计算 B 点高程。

(2)竖井定向测量

竖井定向测量是把地面控制网的坐标和方位角通过竖井传递到井下导线起算点和起算边,使井下与井上成为统一坐标系统。

竖井定向测量常采用的方法有瞄直法、连接三角形法和陀螺经纬仪定向法,下面侧重介绍连接三角形法。

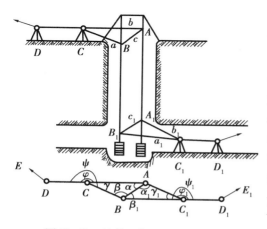

图 12.49　竖井三角形法联系测量

如图 12.49 所示,A,B 为井中悬挂的两根重锤线,C,C_1 为井上、井下定向连接点,从而形成了以 AB 为公共边的两个联系三角形 ABC 与 $A_1B_1C_1$。D 点坐标和方位角 α_{DE} 为已知。经纬仪安置在 C 点较精确观测连接角 ψ,φ 和三角形 ABC 内角 γ,用钢尺丈量 a,b,c,用正弦定律计算 α,β。根据 C 点坐标和 CD 方位角算得 A、B 的坐标和 AB 方位角。在井下经纬仪安置在 C_1 点,较精确测量连接角 ψ_1,φ_1 和井下三角形内角 γ_1,丈量边长 a_1,b_1,c_1,按正弦定理可求得 α_1,β_1。在井下根据 B 点坐标和 AB 方位角便可推算 C_1,D_1 点的坐标及 D_1E_1 的方位角。

为了提高定向精度,在点的设置和观测作如下要求:

①两重锤之间距离尽可能大;

②选定两重锤一连线所对的 γ, γ_1 角应尽可能小,最大一应大于 3°,以构成最有利的延伸三角形;

③a/c, b_1/c_1 的比值不超过 1.5;

④丈量 a, b, c 边长时,应用检定过的钢尺,并施加标准拉力,在垂线稳定时,用钢尺不同起点丈量 6 次,读数估读 0.5 mm,每次较差不应大于 2 mm,取平均值作为最后结果。

⑤测量水平角时,应用 J_2 经纬仪施测,每一水平角应观测 3~4 个测回。

用陀螺经纬仪作竖井定向,是应用陀螺经纬仪测定地面上一点与连接点的真方位角和量得两点距离从而计算得连接点的坐标。在井下用陀螺经纬仪测定连接点与井下一点的真方位角和量取距离,根据连接点的坐标和方位角,从而达到坐标传递的目的。

如图 12.49 所示,陀螺经纬仪安置在 C 点,测定 C, B 的真方位角和丈量其距离。在井下仪器安置于 C_1 点,测定 BC_1 真方位角和距离,根据连点 B 的坐标推算井下坐标。但值得注意的是,陀螺经纬仪测得的是真方位角,若地面的控制网是坐标方位角,应化算为一致。

思考题与习题

1. 简述放点穿线法设置交点的步骤。

2. 路线的转角是什么? 如何确定转角是左转角和右转角,已知导线的右角 $\beta = 238°36'$,试计算距线转角,并说明是左转角还是右转角。

3. 里程桩分为整桩和加桩两类,加桩有哪几种? 为什么要设置地形加桩? 并说明 $K3 + 250$ 中数字含义。

4. 什么是整桩号法和整桩距法?

5. 已知交点的桩号为 $K3 + 240.26$,转角 $\alpha_y = 17°25'$,圆曲线半径 $R = 500$ m,若采用过 ZY 点用切线支距法按整桩号法设桩,桩距 20 m,试计算各里程桩坐标。

6. 根据上题已知数据,若过 QZ 点,用切线支距法按整桩号法设桩,试计算各桩坐标,并说明设置步骤。

7. 已知交点的桩号为 $K7 + 542.38$,转角 $\alpha_y = 20°30'$,圆曲线半径 $R = 500$ m,若采用过 ZY 点及 YZ 用偏角法按整桩号法设桩,桩距 20 m,试计算各桩的偏角及弦长。并说明设桩步骤。

8. 根据上题已知数据,若采用过 QZ 点切线用偏角法按整桩号法设桩,试计算各桩的偏角及弦长,并说明设桩步骤。

9. 什么是正拨和反拨?

10. 什么是虚交? 切线支距法和圆外基线法比较,有何优点?

11. 什么是复曲线?

12. 为什么要设置缓和曲线? 缓和曲线的长度是根据什么确定的?

13. 设交点的桩号为 $K12 + 483.22$,转角 $\alpha_Y = 26°33'$,圆曲线半径为 $R = 350$ m,缓和曲线长 $l_s = 70$ m,试计算曲线的设置元素、主点里程及(以 ZH 点为坐标原点)切线方向为 X 轴,HY,QZ,YH,HZ 点的坐标。并说明主点设置方法。

14. 按 13 题数据,若采用切线支距法按整桩号详细设置曲线,桩距 20 m,缓和曲线以 ZH 或 HZ 点为坐标原点,圆曲线以 QZ 点为坐标原点设置曲线,按 20 m 设桩,试计算各桩坐标。

15. 根据 14 题,若采用偏角法设置曲线,试计算各桩偏角及弦长。

16. 根据 13 题数据,以 ZH 点为坐标原点,试计算该曲线各里程桩坐标(桩距按 20 m 设置里程桩)。

17. 若仪器置于交点 JD 或附近的控制点设置全曲线,如何设置?

18. 路线纵断面测量的任务是什么?试述中平测量的施测方法?

19. 表 12.9 为中平测量记录,试在表中计算各里程桩高程。

表 12.9　中平测量记录

桩　号	水准尺读数			高程 / m	备　注
	后视	中视	前视		
BM_7	1.382			78.464	
$K5 + 100$		1.17			
$+ 120$		1.38			
$+ 140$		0.86			
$+ 160$		1.98			
$+ 180$		1.42			
ZD_1	0.937		1.426		
$+ 200$		1.07			
$+ 220$		1.01			
$+ 240$		0.86			
ZD_2			1.288		
…	…	…	…	…	
$K6 + 020$		1.89			基平测量测得
BM_8			0.987		BM_8 高程 78.350 m

20. 试述纵断面绘制方法。

21. 如何确定圆曲线、缓和曲线的横断面方向?

22. 横断面测量的任务什么?横断面施测方法有哪几种?各适用于什么情况?

23. 如何绘制横断面图?表 12.10 为横断面测量记录,在厘米方格纸上绘制比例 1:200 横断面图,设 $K1 + 140$, $K1 + 160$ 挖深分别为 3.2 m,3.12 m,路面宽为 5 m,排水沟顶宽、深为 0.2 m,边坡按 1:1.5 设计,试计算两断面间挖方量。

表 12.10　横断面测量记录表

左　侧				桩　号	右　侧			
…	…	…	…	…		…	…	…
$\dfrac{-0.5}{3.7}$	$\dfrac{-1.0}{2.4}$	$\dfrac{-0.8}{2.8}$	$\dfrac{-1.2}{2.2}$	$K1 + 140$	$\dfrac{+1.0}{3.0}$	$\dfrac{+1.4}{3.7}$	$\dfrac{+0.8}{2.6}$	$\dfrac{+0.6}{3.0}$
$\dfrac{-0.3}{5.0}$	$\dfrac{-0.5}{1.8}$	$\dfrac{-1.2}{2.8}$	$\dfrac{-0.6}{2.4}$	$K1 + 160$	$\dfrac{+0.6}{2.2}$	$\dfrac{+0.8}{2.9}$	$\dfrac{+1.4}{3.2}$	$\dfrac{+1.0}{4.5}$

24. 试述倾斜地面路基边桩的设置方法。

25. 一桥梁三角网,为图 12.50,观测各内角值,及基线数据为下:

$a_1 = 44°49'32''$　　$a_2 = 33°49'47''$

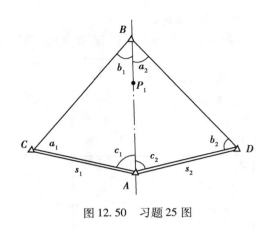

$b_1 = 37°26'18''$　$b_2 = 63°32'53''$

$c_1 = 97°44'09''$　$c_2 = 82°37'23''$

$s_1 = 57.065$ m　$s_2 = 41.147$ m

试调整三角网闭合差,计算桥轴线 AB 长度。设 $AP_1 = 26$ m,试计算用角度高确定出桥墩 P_1 位置的数据。

26. 桥梁的墩台定位有几种方法,各适用于什么情况?

27. 隧道测量为什么要建立地面控制?

28. 隧道测量建立地面控制分平面控制和高程控制,平面控制和高程控制有什么要求?

图 12.50　习题 25 图

29. 建立隧洞内控制测量的目的是什么?

30. 贯通误差包括哪些误差? 什么是主要误差?

31. 竖井联系测量目的是什么? 简述联系三角形法的要点及要求。

32. 井下高程测量应注意哪些问题。

第 **13** 章

建筑物变形观测和竣工总平面图编绘

13.1 概 述

建筑物的变形观测,随着高大建(构)筑物的不断兴建,越来越受到人们的重视。各种大型的建(构)筑物,如水坝、高层建筑、大型桥梁、隧道在其施工和运营过程中,都会不同程度地出现变形。这些变形总有一个由量变到质变的过程,以至于最终酿成事故。因而及时地对建(构)筑物进行变形观测,掌握变形规律,以便及时分析研究和采取相应措施是非常必要的。同时也为检验设计的合理性,为提高设计质量提供科学的依据。

13.1.1 建筑物产生变形的原因

建筑物发生变形的原因主要有两方面,一是自然条件及其变化,即建筑物地基的工程地质,水文地质及土壤的物理性质等;二是与建筑物本身相联系的原因,即建筑物本身的荷重,建筑物的结构,型式及动荷载(如风力、震动等)。此外,由于勘测、设计、施工以及运营管理等方面工作做得不合理还会引起建筑物产生额外的变形。所谓变形观测,就是用测量仪器或专用仪器测定建(构)筑物及其地基在建(构)筑物荷载和外力作用下随时间变形的工作。"变形"是一个总体的概念,包括地基沉降回弹,也包括建筑物的裂缝、位移以及扭曲等。变形按时间长短可分为:长周期变形(建筑物自重引起的沉降和变形)、短周期变形(温度变化所引起的变形)和瞬时变形(风震引起的变形等)。按类型来区分,可分为静态变形和动态变形两类。静态变形是时间的函数,观测结果只表示在某一期间内的变形;动态变形是指在外力影响下而产生的变形,这是以外力为函数来表示,对于时间的变化,其观测结果表示在某一时刻的瞬时变形。

变形观测的任务是周期性地对观测点进行重复观测,求得其在两个观测周期间的变化量。而为了求得瞬时变形,则应采用多种自动记录仪器记录其瞬时位置,本章主要说明静态变形的观测方法。

247

13.1.2 变形观测的精度要求及内容

变形观测的精度要求,取决于工程建筑的预计允许变形值的大小和进行观测的目的。若为建(构)筑物的安全监测,其观测中误差一般应小于允许变形值 1/10 ~ 1/20;若是研究建(构)筑物的变形过程和规律,则精度要求还要高。通常"以当时达到的最高精度为标准进行观测"。根据国家标准《工程测量规范》,变形观测的等级划分及精度要求见表 13.1。

表 13.1 变形测量的等级划分及精度要求

变形测量等级	垂直位移测量		水平位移测量	适 用 范 围
	变形点的高程中误差/mm	相邻变形点高程中误差/mm	变形点的点位中误差/mm	
一等	±0.3	±0.1	±1.5	变形特别敏感的高层建筑、工业建筑、高耸构筑物、重要古建筑、精密工程设施等
二等	±0.5	±0.3	±3.0	变形比较敏感的高层建筑、高耸构筑物、古建筑、重要工程设施和重要建筑场地的滑坡监测等
三等	±1.0	±0.5	±6.0	一般性的高层建筑、工业建筑、高耸构筑物、滑坡监测等
四等	±2.0	±1.0	±12.0	观测精度要求较低的建筑物、构筑物和滑坡监测等

变形观测的内容有建(构)筑物的沉降观测、倾斜观测、水平位移观测、裂缝观测和挠度观测等。

变形观测和观测周期,应根据建(构)筑物的特征、变形速率、观测精度要求和工程地质条件等因素综合考虑。在观测过程中,应根据变形量的大小适当调整观测周期。

根据观测结果,应对变形观测的数据进行分析,得出变形的规律和变形大小、以判定建筑物是否趋于稳定,还是变形继续扩大。如果变形继续扩大,且变形速率加快,则说明变形超出允许值,会妨碍建筑物的正常使用。如果变形量逐渐缩小,说明建筑物趋于稳定,到达一定程度,即可终止观测。

13.2 建筑物沉降观测

建筑物沉降观测也称为垂直位移观测,它是根据水准基点定期测出设置在变形体上的变形点的高程变化值。建筑物的沉降观测宜采用几何水准或液体静力水准测量方法。单个构件,可采用测微水准仪或机械倾斜仪器等测量。

13.2.1 水准基点及沉降观测点的布设

(1)水准基点的布设和要求

水准基点是垂直位移观测的基准,因此,水准基点应设在建筑物变形影响范围之外,例如:设在建(构)筑物基础压力影响之外;锻锤铁路、公路等影响范围之外;埋设深度至少在地下水位变化范围以下 0.5 m,距变形观测点 20 ~ 100 m 之间,保证稳固不变,并永久保存,不受施工影响的安全地点,以提高沉降观测的精度。可按二、三等水准点标规格埋设标石,也可设在稳固的建筑物或基岩上,为了对水准基点进行校核一般点数不少于 3 个。

(2)沉降观测点布设和要求

观测点布设在变形体上,并能正确反映其变形的有代表性的特征点。点的位置和数量应根据地质情况、支护结构形式、基坑周边环境和建(构)筑物荷载情况而定。高层建筑物应沿其周围每隔 10~20 m 设置一点,房角、纵横墙连接处以及沉降缝的两旁,工业厂房可布置在基础柱子、承重墙及厂房转角处。烟囱、水塔、电视塔、工业高炉等高耸建筑物可在基础轴线对称部位设点,对桥梁应沿墩台上、下处布点;对于水坝,应沿坝轴线平行在能反映坝体部位。且与水平位移观测点合设在标墩上。观测点应埋设稳固、不受破坏且能长期保存。点的高度,在朝向上要便于垂直立尺观测。观测点的埋设形式应根据建(构)筑物结构、形式而设置,一般有以下几种形式,角钢埋设观测点(如图 13.1(a)所示),设备基础观测点(如图 13.1(b)所示)和永久性观测点(如图 13.1(c)所示)。

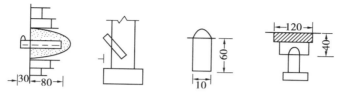

(a)承重墙观测点　(b)基础上观测点　(c)永久性观测点
图 13.1　沉降观测点形式

13.2.2　沉降观测

精度要求及施测方法:

沉降观测就是根据水准基点定期对建(构)筑物进行水准测量,测量出建筑物上观测点的高程,从而计算其下沉量。对于高层建筑、深基坑开挖、桥梁和水坝的沉降观测,通常采用精密水准仪,按国家二等水准测量的要求进行施测,将各观测点布设成闭合或附合水准路线联测到水准基点上。观测精度要求和观测方法见表 13.2,对精度要求较低的建筑物可采用三等水准施测。

表 13.2　沉降观测精度要求及观测方法

等级	高程中误差 / mm	相邻点高差中误差 / mm	观　测　方　法	往返较差、附合或环线闭合差 / mm
一等	±0.3	±0.15	除按国家一等精密水准测量的技术要求实施外,尚需设双转点,视线≤15 m,前后视差≤0.3 m,视距累积差≤1.5 m,精密液体静力水准测量,微水准测量等	≤0.15 $\sqrt{n}$
二等	±0.5	±0.30	按国家一等精密水准测量的技术要求实施精密体静力水准测量	≤0.30 $\sqrt{n}$
三等	±1.0	±0.50	按国家二等水准测量的技术要求实施液体静力水准测量	≤0.60 $\sqrt{n}$
四等	±2.0	±1.00	按国家三等水准测量的技术要求实施短视线三角高程测量	≤0.14 $\sqrt{n}$

观测时间应选择在成像清晰、稳定的时间内进行,同时应尽量不转站,视线长度应小于 50 m。前、后视距离应保持相等。为了提高精度,采取固定人员、固定仪器和固定施测路线的"三固定"方法。

沉降观测的周期,应根据建(构)筑物的特征、观测精度等因素综合考虑。例如,高层建筑主体结构施工时,每 1~2 层楼面结构浇筑完毕就须观测一次(或者得在加载达到一定的数目就须观测一次),在施工完成后一年内每季观测一次,在竣工后的第二年内分旱雨两季各观测一次至沉降稳定为止。其他建筑的观测总次数,不应少于 5 次。对水坝的观测周期,应符合下列规定:①坝体竣工初期,应每半个月或一个月观测一次,坝体已基本稳定时,宜每季度观测一次;②土坝宜在每年风前、风后各观测一次;③当发生水库空库、最高水位、高温、低温、水位骤变、位移量显著增大或地震等情况时,应及时增加观测次数。

13.2.3 沉降观测的成果整理

(1)成果整理

观测工作结束后,应及时检查和整理外业观测手簿,确认无误后再进行内业计算。内业计算位移量的数值取位,如依照一、二等水准测量的要求施测则取到 0.01 mm;如依照三、四等水准测量的要求施测则取到 0.10 mm。内业数据处理的方法有经典法严密平差和采用自由网平差时的统计检验方法,以及经典法和统计检验相结合的方法。最后的计算结果应符合表 13.2 的要求。

(2)计算沉降量

第一次观测后,经过计算,就对各个沉降观测点赋予了一个起始值(相当于一个基准),在以后每次观测结束后,都可以根据基准点高程算出各观测点高程,然后分别计算各观测点相邻两次观测的沉降量(本次观测高程减去上次观测高程)和累积沉降量(本次观测高程减去第一次观测的起始值)并将计算结果填入表 13.3 中。

表 13.3 沉降量观测记录表

观测次数	观测时间	各观测点的沉降情况									施工进展情况	荷载情况 / (t·m⁻²)
		NO:1			NO:2			NO:3				
		高程 /m	本次下沉 /mm	累计下沉 /mm	高程 /m	本次下沉 /mm	累计下沉 /mm	高程 /m	本次下沉 /mm	累计下沉 /mm		
1	1995.1.10	70.454	0	0	70.473	0	0	70.467	0	0	一层平口	
2	1995.2.23	70.448	−6	−6	70.467	−6	−6	70.462	−5	−5	三层平口	40
3	1995.3.16	70.443	−5	−11	70.462	−5	−11	70.457	−5	−10	五层平口	60
4	1995.4.14	70.440	−3	−14	70.459	−3	−14	70.453	−4	−14	七层平口	70
5	1995.5.14	70.438	−2	−16	70.456	−3	−17	70.450	−3	−17	九层平口	80
6	1995.6.4	70.434	−4	−20	70.452	−4	−21	70.446	−4	21	主体完	110
7	1995.8.30	70.429	−5	−25	70.447	−5	−26	70.441	−5	−26	竣工	
8	1995.11.6	70.425	−4	−29	70.445	−2	−28	70.438	−3	−29	使用	
9	1995.2.28	70.423	−2	−31	70.444	−1	−29	70.436	−2	−31		
10	1996.5.6	70.422	−1	−32	70.443	−1	−30	70.435	−1	−32		
11	1996.8.5	70.421	−1	−33	70.443	0	−30	70.434	−1	−33		
12	1996.12.25	70.421	0	−33	70.443	0	−30	70.434	0	−33		

（3）绘制沉降曲线

为了更形象地表示沉降、荷重、时间之间的关系，可绘制荷重、时间、沉降量关系曲线图，如图 13.2 所示。时间——沉降量关系曲线是以沉降量为纵轴，时间 t 为横轴，根据每次观测日期和相应的沉降量按比例画出各点位，然后连接各点，构成 s-t 曲线图。

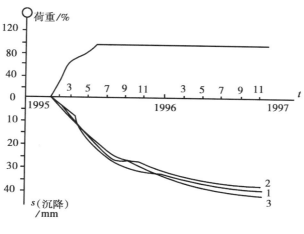

图 13.2 沉降曲线

13.3 建筑物倾斜观测

建筑物主体倾斜观测，就是测定建筑物顶部相对于底部或各层间的水平位移量，分别计算整体或分层的倾斜度、倾斜方向以及倾斜速度。对具有刚性建筑物的整体倾斜，亦可通过测量顶面或基础的相对沉降间接确定。

13.3.1 倾斜观测方法

根据建筑物高低和精度要求不同，倾斜观测可采用一般性投点法、倾斜仪观测法和激光铅垂仪法等。

（1）投点法

所谓投点法就是根据经纬仪的视准轴绕横轴旋转的竖直面原理将高层建筑物上的变形点（倾斜点）投影到低点（作为固定点），从而求得偏距，确定其倾斜度。

对墙体相互垂直的高层建筑，如图 13.3 所示。M，P 为观测点，经纬仪安置在大于建筑物高度 $1.5 \sim 2$ 倍的 A 点，照准高层 M，用盘左盘右分中法定出低点 N。在另一侧面仪器安置在 B 点，由点 P 同法定 Q 点。经过一段时间后，仪器分别安置在 A，B 点，按正、倒镜方法分别定出 N'，Q' 点。若 N' 与 N，Q' 和 Q 不重合，说明建筑物产生倾斜，此时，用钢尺量出其位移值 a，b，从而求得建筑物总的倾斜位移量

$$\Delta = \sqrt{a^2 + b^2}$$

（13.1）

设建筑物高度为 H，则倾斜度为

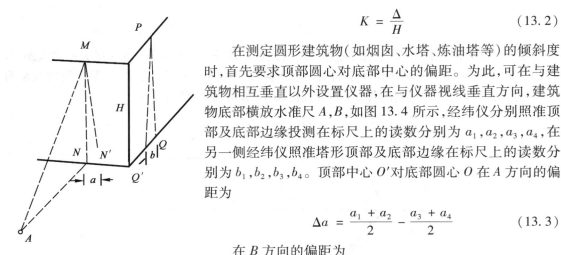

图 13.3　方体倾斜观测

$$K = \frac{\Delta}{H} \qquad (13.2)$$

在测定圆形建筑物(如烟囱、水塔、炼油塔等)的倾斜度时,首先要求顶部圆心对底部中心的偏距。为此,可在与建筑物相互垂直以外设置仪器,在与仪器视线垂直方向,建筑物底部横放水准尺 A,B,如图 13.4 所示,经纬仪分别照准顶部及底部边缘投测在标尺上的读数分别为 a_1,a_2,a_3,a_4,在另一侧经纬仪照准塔形顶部及底部边缘在标尺上的读数分别为 b_1,b_2,b_3,b_4。顶部中心 O' 对底部圆心 O 在 A 方向的偏距为

$$\Delta a = \frac{a_1 + a_2}{2} - \frac{a_3 + a_4}{2} \qquad (13.3)$$

在 B 方向的偏距为

$$\Delta b = \frac{b_1 + b_2}{2} - \frac{b_3 + b_4}{2} \qquad (13.4)$$

顶部中心相对底部中心的总偏距 Δ 和体面斜度分别按式(13.1)和式(13.2)求得。

(2)倾斜仪观测法

常见的倾斜仪有水准管式倾斜仪、气泡式倾斜仪和电子倾斜仪等。倾斜仪一般具有能连续读数、自动记录和数字传输等特点,有较高的观测精度,因而在倾斜观测中得到广泛应用。下面就气泡式倾斜仪作一简单介绍。

气泡式倾斜仪由一个高灵敏度的气泡水准管 e 和一套精密的测微器组成(如图 13.5 所示)。气泡水准管固定在架 a 上,a 可绕 c 转动,a 下装一弹簧片 d,在下为置放装置 m,测微器中包括测微杆 g、读数盘 h 和指标 k。观

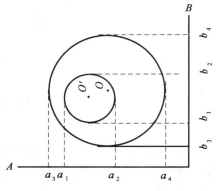

图 13.4　圆形建筑倾斜观测

测时将倾斜仪安置在需观测的位置上,转动读数盘,使测微杆向上(向下)移动,直至气泡居中。此时,在读数盘上即可读出该位置的倾斜度。

(3)激光铅垂仪法

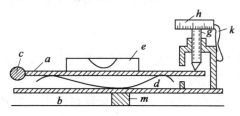

图 13.5　气泡倾斜仪

激光铅垂仪法是在顶部适当位置安置接收靶,在其垂线下的地面或地板上安置激光铅垂仪或激光经纬仪,按一定的周期观测,在接收靶上直接读取或量出顶部的水平位移量和位移方向。作业中仪器应严格置平、对中。

当建筑物立面上观测点数量较多或倾斜变形比较明显时,也可采用近景摄影测量的方法进行建筑物的倾斜观测。

建筑物倾斜观测的周期,可视倾斜速度每 1~3 个月观测一次。如遇基础附近因大量堆载或卸载,场地降雨长期积水多而导致倾斜速度加快时,应及时增加观测次数。施工期间的观测周期与沉降观测周期取得一致。倾斜观测应避开强日照和风荷载影响大的时间段。

13.4　建筑物水平位移和裂缝观测

13.4.1　建筑物水平位移观测

建筑物水平位移观测就是测量建筑物在水平位置上随时间变化的移动量。为此,必须建立基准点或基准线,通过观测相对于基准点或基准线的位移量就可以确定建筑物水平位移变化情况。为了求得变化量,通常把基准点与观测点组成平面控制图形形成为三角网、导线网、测角交会等形式。通过测量和计算求得变形点坐标的变化量。对于有方向性的建筑物,一般采用基准线法,直接或间接测量变形点相对于基准线的偏移值以确定其位移量。至于采用哪一种方法,视建筑物形状、分布等而定。当建筑物分布较广、点位较多时,可采用控制网方法,当要测定建筑物在某一特定方向上的位移量时,可在垂直于待定的方向上建立一条基准线,定期直接测定观测点偏离基准线的距离,以确定其位移量。

建立基准线的方法有"视准线法"、"引张线法"、"激光准直法"等。

（1）视准线法

视准线法是由经纬仪的视准面形成固定的基准线,以测定各观测点相对基准线的垂直距离的变化情况,而求得其位移量。采用此方法,首先要在被测建筑物的两端埋设固定的基准点,以此建立视准基线,然后在变形建筑体布设观测点。观测点应埋设在基准线上,偏离的距离不应大于 2 cm,一般每隔 8 ~ 10 m 埋设一点,并作好标志。观测时,经纬仪安置在基准点上,照准另一个基准点,建立了视准线方向,以测微尺测定观测点至视准线的距离,从而确定其位移量。

测定观测点至视准线的距离还可以测定视准线与观测点的偏离的角度通过计算求得,由于这些角很小,所以称为"小角法"。小角 α 的测定通常采用仪器精度不低于 T_2 经纬仪,测回数不小于四个测回,仪器至观测点的距离 d 可用测距仪或钢尺测定,则其偏移值 Δ 可按式（13.5）计算

$$\Delta = \frac{\alpha''}{\rho''} d \qquad (13.5)$$

（2）引张线法

引张线法是在两固定端点之间用拉紧的不锈钢作为固定的基准线。由于各观测点上的标尺是与建筑体固连的,所以对不同的观测期,钢尺在标尺上的读数变化值,就是该观测点的水平位移值。引张线法常用在大坝变形观测中,引张线是安置在坝体部道内,不受外界的影响,因此,具有较高的观测精度。

（3）激光准直法

激光准直法可分为激光束准直法和波带板激光准直系统两类。激光束准直法是望远镜发射激光束,在需要准直的观测点上用光电探测器接收。由于这种方法是以可见光束来代替望远镜视准线,用光电探测器探测激光光斑能量中心,因此常用于施工机械导向和变形观测。波带板激光准直系统由激光器点光源,波带板装置和光电探测器和自动数码显示器等三部分组成。波带板是一种特殊设计的屏,它能把一束单色相干光会聚成一个亮点,所以它具有较高的精度。

（4）控制点观测法

对于非线性建筑物,不宜采用上述方法时,可采用精密导线法、前方交会法、极坐标法等方法。将每次观测求得的坐标值与前次进行比较,求得纵、横坐标增量 $\Delta x, \Delta y$,从而得到 水平位移量 $\Delta = \sqrt{\Delta x^2 + \Delta y^2}$。

水平位移观测的周期,对于不良地基上地区的观测,可与同时进行的沉降观测协调考虑确定;对于受基础施工影响的有关观测,应按施工进度的需要确定,可逐日或隔数日观测一次,直至施工结束;对于土体内部侧向位移观测,应视变形情况和工程进展而定。

13.4.2　建筑物裂缝观测

工程建筑物发生裂缝时,为了解其现状和掌握其发展情况,应对裂缝进行观测,以便根据这些观测资料分析其产生裂缝的原因和它对建筑安全的影响,及时地采取有效措施加以处理。当建筑物多处发生裂缝时,应先对裂缝进行编号,然后分别观测裂缝的位置、走向、长度、宽度等项目。

裂缝观测的主要技术有:①在发生裂缝的两侧设立观测标志;②按时观测标志之间间隔变化情况;③分析裂缝的宽度变化及变化速度。

前面讲述了用工程测量的办法求得建(构)筑物的变形,也可以用地面摄影测量方法来测定。简要说就是在变形体周围选择稳定的点,在这些点上安置摄影机,对变形体进行摄影,然后通过量测和数据量算得变形体上目标点的二维或三维坐标,比较不同时刻目标点的坐标,得到各点的位移。这种方法有许多优点,较经常地用于桥梁等的变形观测中。

变形量的计算是以首期观测的结果作为基础,即变形量是相对于首期结果而言的,变形观测的成果表现应清晰直观,便于发现变形规律,通常采用列表和作图形式。

13.5　桥梁变形观测

桥梁工程与其他建筑物一样,从施工开始至竣工以及建成后整个运营期间,由于各种内在因素及外界条件变化的影响,会产生不同程度的变形。同时,由于设计和施工的不合理性,也会使桥梁产生额外变形。为了确保施工质量和安全运营,延长桥梁的使用寿命,验证工程设计与施工的效果,并为科学研究提供资料,应对桥梁进行变形监测。

13.5.1　桥梁变形观测的内容

桥梁施工中变形观测的内容包括:

①垂直位移观测。指各墩、台的均匀沉陷与非均匀沉陷的测定,从而获得桥墩在垂直桥面方向的变形及沿桥轴线方向与垂直于桥轴线方向的倾斜量。

②水平位移观测。指各墩、台沿桥轴线方向与垂直于桥轴线方向的位移观测。

③梁体在静荷载和动荷载作用下的振动和挠曲变形观测,尤其在全桥竣工期间的动荷载作用下的试验性测量。

④墩、台及现浇梁梁体的裂缝观测。

⑤水中桥墩基础周围河床的演变测定,即水下地形测量。

上述方面的施测重点应视工程的具体情况而定,对不同的施测内容采用不同的观测方法。

13.5.2　桥梁变形观测的方法

目前,桥梁变形观测方法大致分为四类,下面将分别进行一些简单的叙述。

(1)大地测量方法

采用常规的测量仪器(如经纬仪、水准仪及测距仪、全站仪)进行几何水准、三角高程、方向及距离的测定来确定桥梁施工中变形。该方法的实施步骤和房屋等建筑物的变形监测一致。首先在需要监测变形的桥梁部位设监测点,点位的布设要能反映桥梁该部位的变形情况,当然对桥梁变形观测而言,这些变形观测点的稳定性和它的长期使用性决定了需要对点位的选择和设立标志提出特殊要求;基准点的选择也是相当重要,它的稳定性是第一个需要考虑的因素,其次才是对观测精度的影响和观测的方便性,因为桥梁变形观测一般采用交会的方法,故对基准点和桥梁的距离有一定的要求,主要是从精度方面来考虑;对外业观测的要求也高,需要根据精度要求来确定角度需要测量几个测回以及控制点的测量和计算须达到什么样的精度;根据交会的公式和外业观测数据计算出桥梁变形点的三维坐标,通过每期的观测结果进行计算和比较,求出变形量,然后对该桥梁的变形情况作出分析,得出变形结论来指导施工。

(2)摄影测量法

以地面摄影测量法与近景测量法对变形体作周期性摄影,通过内业坐标量测获得变形体的变形值。它的主要步骤可以大致概括为:选择摄影测站和确定摄影方式;布设像片控制点和像片控制点的外业施测;使用专用的摄像经纬仪进行摄影及摄影处理;通过专门仪器进行坐标量测、采集数据和数据处理;成果检查及整理等。该方法有许多优点:它不须在变形观测体上布置变形观测点,并且速度快、精度高,获取的信息量丰富、直观,可随机采集桥体任意部位的数据资料。这种方法的数据采集手段先进可靠且自动化程度高,已较广泛应用于工程领域。

(3)空间测量技术

指在工程领域中应用日趋广泛的 GPS 测量。

(4)专用仪器测量

指的是在变形观测中使用各种准直仪、静力水准仪、倾斜仪等仪器进行的测量工作。

上述方法各有其优缺点,设计变形观测方案时,应结合工程实际综合考虑,取长补短,快速、准确、可靠地测得变形体的变形量。

通过变形观测获得大量的观测资料后,必须经过科学的整理分析,才能对变形体的变形作出正确的判断。首先是将观测资料进行检核,筛选并整理编绘成各种图表;其次对变形作出定性和定量的关系分析,更好地为施工服务;最后,根据分析作出变形预报及安全判断。

13.6　竣工总平面图的编绘

竣工总平面图是设计总平面图在施工后实际情况的全面反映,所以设计总平面图不能完全代替竣工总平面图。编绘竣工总平面图的目的在于:①在施工过程中可能由于设计时没有考虑到的问题而使设计有所变更,这种变更设计的情况必须通过测量反映到竣工总平面图上;②它将便于日后进行各种设施的管理、维修、扩建、改建、事故处理等工作,特别是地下管道等隐蔽工程的检查和维修;③为扩建提供原有各项建(构)筑物地上和地下各种管线及交通路线的坐标和高程等资料。

通常采用边竣工边编绘的方法来编绘竣工总平面图。

竣工总平面图的编绘包括室外实测和室内资料编绘两方面的内容。

13.6.1 竣工测量的内容

在每个单项工程完成后,必须由施工单位进行竣工测量,提出工程的竣工测量成果,作为编绘竣工总平面图的依据。竣工测量的内容如下:

(1)工业厂房及线般建筑物

包括房角坐标、各种管线进出口的位置和高程;并附房屋编号、结构层数、面积和竣工时间等资料。

(2)铁道和公路

包括起止点、转折点、交叉点的坐标,曲线元素、桥涵、路面、人行道、绿化带界线等构筑物的位置和高程。

(3)地下管网

窨井转折点的坐标,井盖、井底、沟槽和管顶等高程;并附注管道及窨井的编号,名称、管径、管材、间距、坡度和流向。

(4)架空管网

包括转折点、结点、交叉点的坐标,支架间距、基础面高程等。

(5)特种构筑物

包括沉淀池、烟囱、煤气罐等及其附属建筑物的外形和四角坐标,圆形构筑物的中心坐标,基础面标高,烟囱高度和沉淀池深度等。

竣工测量完成后,应提交完整的资料,包括工程的名称、施工依据、施工结果等作为编绘竣工总平面图的依据。

13.6.2 竣工总平面图编绘

竣工总平面图上应包括建筑方格网点、水准点、建(构)筑物辅助设施、生活福利设施、架空及地下管线等高程和坐标,以及相关区域内空地等的地形,有关建(构)筑物的符号应与设计图例相同,有关地形图的图例应使用国家地形图图式符号。

如果所有的建(构)筑物绘在一张竣工总平面图上,因线条过于密集而不醒目时,则可采用分类编图。如综合竣工总平面图、交通运输竣工总平面图和管线竣工总平面图等。比例尺一般采用1:1 000。如不能清楚地表示某些特别密集的地区,也可局部采用1:500的比例尺。

当施工的单位较多,工程多次转手,造成竣工测量资料不全,图面不完整或与现场情况不符时,需要实地进行施测,这样绘出的平面图,称为实测竣工总平面图。

思考题与习题

1. 变形观测的目的是什么? 建(构)筑物为什么产生变形?
2. 根据变形的性质,变形如何分类? 其观测的特点是什么?
3. 用水准测量进行垂直位移观测时,要注意哪些问题? 原因是什么?
4. 进行水平位移观测的主要方法有哪些? 各适用于什么条件? 其具体的做法如何?
5. 建筑物的倾斜度如何表示? 怎样进行观测?
6. 什么是变形分析? 它的目的是什么?
7. 桥梁变形观测的内容及方法有哪些?
8. 竣工总平面图应包括的内容是什么?

第14章
3S 新技术概述

3S 技术是地理信息系统(Geographic Information Systems, GIS)、全球定位系统(Global Positioning System, GPS)和遥感(Remote Sensing, RS)的总称。3S 技术是在近二十年来发展起来的新技术,其应用遍及国民经济各领域,并在国土资源、交通、电力、水利、防洪减灾、环境保护、地矿、油田规划、沙漠治理、电信、城市建设与管理等各方面得到了广泛的应用。目前,基础测绘已逐步转向 3S 领域,随着我国基础 3S 平台的完善和相关职能部门的经费支持,我国 3S 产业得到了蓬勃的发展。

14.1 GPS 概述

14.1.1 GPS 的特点

GPS 是全球定位系统(Global Positioning System)的简称,它是美国国防部主要为满足军事部门对海上、陆地和空中设施进行高精度导航和定位的需要而建立的。该系统从 1973 年开始设计、研制、开发,耗费巨资,历经 20 年,于 1993 年全部建成。该系统是新一代卫星导航与定位系统,不仅具有全球性、全天候,连续的三维测速、导航、定位与授时能力,而且具有良好的抗干扰性和保密性。该系统的研制成功已成为美国导航技术现代化的重要标志,被视为 20 世纪继阿波罗登月计划和航天飞机计划之后的又一重大科技成就。该系统的迅速发展,引起了各国军事部门和广大民用部门的普遍关注,尤其是 GPS 定位技术的高度自动化及其达到的高精度,引起了测绘工作者的极大兴趣。特别是近几年来 GPS 定位技术在应用基础的研究、新应用领域的开拓、软硬件的开发等方面都得到了迅速的发展。GPS 作为一种导航和定位系统具有以下主要特点:

①全球连续覆盖。地球上任何地方的用户在任何时间至少可以同时观测到四颗 GPS 卫星,因而该系统完全建立起来后,可为地球任何地点的用户提供 24 小时连续导航和定位服务。

②具有高精度三维定位、测速及定时功能。该系统能连续地为各类用户提供三维坐标、三维速度和时间信息。

③快速定位。由于接收机可利用多个通道同时对多个卫星进行观测,因而一次定位只需几秒至几十秒钟,达到了快速定位的目的。

④全天候导航。用户只需要装备接收机就行了,由于接收机不发射任何信号,因而隐蔽性能好。

目前,GPS 精密定位技术已广泛地渗透到经济建设和科学技术的许多领域,尤其是在大地测量学及其相关科学领域,如地球动力学、海洋大地测量学、天文学、地球物理和资源勘探、航空与卫星遥感、精密工程测量、地壳变形测量、城市控制测量等方面的广泛应用,充分显示了GPS 卫星定位的高精度和高效益。

GPS 全球定位系统能独立、迅速和精确地确定地面点的位置,具有广阔的发展前景。在我国测绘行业,GPS 的应用起步较晚,20 世纪 80 年代初开始研究,1987 年引进第一批 GPS 接收机,至今已有上千台 GPS 接收机。测绘人员在 GPS 应用基础研究、实用软件开发、科学试验以及生产作业中,取得了可喜的成果,GPS 技术得到了飞速的发展。

14.1.2　GPS 的组成

全球定位系统由三大部分组成,即空间星座部分、地面监控部分和用户设备部分,如图 14.1所示。

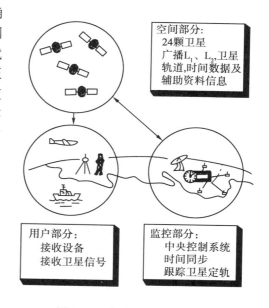

图 14.1　全球定位系统构成

(1)空间星座部分

全球定位系统的空间星座部分,由 24 颗卫星组成 GPS 卫星星座,其中包括 3 颗可随时启用的备用卫星。24 颗卫星均匀分布在 6 个近圆形轨道面内,每个轨道面上有 4 颗卫星。卫星轨道面相对地球赤道面的倾角为 55°,各轨道面之间相距 60°,卫星距地面的平均高度为 20 200km,卫星绕地球运行一周的时间为 11 小时 58 分。这样的卫星分布可保证在全球任何地区、任何时刻接收机都能至少同时观测到 4 颗卫星、最多时 11 颗卫星发射的无线电信号,真正达到了全球性、全天候,连续实时定位的要求。

GPS 卫星是由洛克菲尔国际公司空间部研制的,并由宇宙神 F-SOS 运载火箭发射,卫星重845 kg,卫星能源是由太阳电池提供。太阳能板总面积 5 m^2,可达 580 W 功率,卫星的太阳定向系统可以使太阳能板始终对向太阳。在星体底部装有多波束定向天线。能发射 L_1 和 L_2 波段($L_1 = 1\ 575.42$ MHz,$L_2 = 1\ 227.60$ MHz),频率稳定度为 $1 \times 10^{-12} \sim 1 \times 10^{-13}$,以便能够播发高精度的时间信息。$L_1$ 信号包括精密的 P 码,还包括不太精确的 C/A 码;L_2 信号只包括 P码。C/A码可用于低精度测距并过渡到 P 码,P 码用于精密测距。所有这些信号都受卫星上的原子频标控制。

(2)地面监控部分

GPS 的地面监控部分包括监控站、主控站和注入站以及分布全球的跟踪站。

1)监控站

监控站共 5 个,分别设在夏威夷阿拉斯加的埃尔门多夫空军基地、关岛、加里福尼亚的范登堡空军基地和印度洋的迭哥加西亚。每个监控站设有一台四个通道的 GPS 用户接收机,若干台环境数据传真器、一台原子钟和一台计算机信息处理机。监控站的坐标已精确测定。监控站的主要任务是连续观测和接收所有 GPS 卫星发出的信号及当地的气象数据,将伪距、星历、气象数据以及卫星运行状态数据传送到主控站。

2) 主控站

主控站一个,设在美国的科罗拉多·斯平士,其主要功能是协调和管理所有地面监控系统的工作,对地面监控站实施全面控制,其具体任务有:根据所有地面监控站的观测资料推算编制各卫星的星历、卫星钟差和大气层修正参数等,并把这些数据及导航电文传送到注入站;提供全球定位系统的时间基准,调整卫星状态和启用备用卫星等。

3) 注入站

注入站又称地面天线站,现有 3 个,分别设在印度洋的迭哥加西亚、南太平洋的卡瓦加兰和南大西洋的阿松森群岛。注入站的主要任务是通过一台直径为 3.6 m 的天线,将来自主控站的卫星星历、钟差、导航电文和其他控制指令注入到卫星的导航处理机,指导卫星按规定数据运行和发射电波。每个卫星与地面站之间,每天至少联系三次。图 14.2 是 GPS 地面监控系统示意图,整个系统除主控站外均由计算机自动控制,不需人操作,各地面站间由现代化的通讯系统联系起来,实现了高度的自动化和标准化。

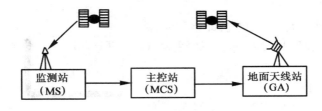

图 14.2 GPS 地面监控系统

(3) 用户设备部分

GPS 的用户设备部分包括 GPS 接收机硬件、数据处理软件和微处理机及其终端设备等。

GPS 接收机是用户设备部分的核心,一般由主机、天线和电源三部分组成。其主要功能是跟踪接收 GPS 卫星发射的信号并进行变换、放大、处理,以便测量出 GPS 信号从卫星到接收机天线的传播时间,解译导航电文,实时地计算出测站的三维位置,甚至三维速度和时间。GPS 接收机的种类很多,按用途不同可分为测地型、导航型和授时型三种;按工作原理可分为调制码相关、调制码相位和载波平方三种类型;按使用载波频率的多少可分为单频接收机和双频接收机,其中以双频接收机为今后精密定位的主要用机;按型号分种类更多,目前已有 100 多个厂家生产不同型号的接收机。但不管哪种接收机,其主要结构是相似的,都包括天线和接收两大部分。

当今世界上生产 GPS 接收机的主要厂家有美国的天宝(TRIMBLE)、阿士泰克(Ashtech),瑞士的徕卡(Leica),日本的托普康(Topcon)、索佳(SOKKIA)等。表 14.1 列出了以上厂家比较先进的几种产品的主要技术指标。

表 14.1　GPS 主要技术指标

	阿士泰克 Ashtech×11-M	徕　卡 WILD300	天　宝 4000SSE	托普康 TURBO-SII	索佳 GSSI
跟踪卫星数	12	9	9	8	8
开机后首次定位时间	<2 分	<1 分	2 分	<1.5 分	<1.5 分
内　存		1 MB 内存 2 MBpcmcia		2 MB 内存	256 KB
工作电压/V	9~32	12	10~35	6	12
耗电量/W	12	12	10	<5	13
尺寸/cm	22×20×10		23×26×8	21.8×10.4×4.8	35×33×15.5
重量/kg	3.9	2(传感器) 1(控制器)	3	1(接收机) 0.68(天线)	5.7(主机) 2.2(电源) 0.75(天线)
基线精度	5 mm+2 ppm·D	5 mm+1 ppm·D	5 mm+1 ppm·D	5 mm+1 ppm·D	5 mm+2 ppm·D

在精密定位测量工作中,一般均采用测地型双频接收机或单频接收机。单频机适用于 10 km 左右或更短距离的精密定位工作,其相对定位的精度能达 5 mm+1 ppm·D(D 为基线长度,以 km 计);双频机由于能同时接收到卫星发射的两种频率的载波信号(L_1 和 L_2 波段),故可进行长距离的精密定位工作,其相对定位的精度可优于 5 mm+1 ppm·D,但其结构复杂,价格昂贵。用于精密定位测量工作的 GPS 接收机,其观测数据必需进行后期处理,因此,必须配有功能完善的后期处理软件,才能求得所需测站点的三维坐标。而 GPS 的软、硬件都在不断进行改进和更新,以更好地满足用户的需要。

14.1.3　GPS 的测量方法

GPS 定位测量的方法,根据用户接收机天线在测量中所处的状态来分,可分为静态定位和动态定位;若按定位的结果进行分类,则可分为绝对定位和相对定位。

所谓静态定位,即在定位过程中,接收机天线(特定点)的位置相对于周围地面点而言,处于静止状态。而动态定位正好与之相反,即在定位过程中,接收机天线处于运动状态,也就是说定位结果是连续变化的,如用于飞机、轮船导航定位的方法就属于动态定位。

所谓绝对定位,是在 WGS-84 坐标系中,独立确定观测站相对地球质心绝对位置的方法。同样在 WGS-84 坐标系中,相对定位确定的则是观测站与某一地面参考点之间的相对位置,或两观测站之间相对位置的方法。

各种定位方法还可有不同的组合,如静态绝对定位、静态相对定位、动态绝对定位、动态相对定位等。测量中最常用的是静态定位方法。

(1)GPS 定位的基本原理

GPS 定位是以 GPS 卫星和用户接收机天线之间距离(或距离差)的观测量为基础,并根据已知的卫星瞬时坐标来确定用户接收机所对应的点位,即待定点的三维坐标(x,y,z)。因此,GPS 定位的关键是测定用户接收机天线至 GPS 卫星之间的距离。

GPS 测量有两种观测量:"伪距"和载波相位。接收机测定调制码由卫星传播至接收机的时间,再乘上电磁波传播的速度便得到卫星到接收站的距离。由于所测距离受大气延迟和接收机时钟与卫星时钟不同步的影响,这一距离不是几何距离,而称之为"伪距"。通过对四颗卫星同时进行"伪距"测量,即可归算出接收机的位置。测距是在极短的时间内完成的,所以定位能在极短的时间内确定。载波相位测量是把接收到的卫星信号和接收机本身的信号混频,从而得到混频信号,然后再进行相位差测量。相位测量装置只能测量载波波长的小数部分,因此,所测的相位可以看成是整波长数未知的"伪距"。由于载波的波长短(L_1 为 19.05 cm, L_2 为 24.45 cm),因此,测量的精度比"伪距"测量精度高。对于 L_1 信号,其相应的测距中误差为 ±3 ~ 5 mm, L_2 信号则为 ±3 ~ 7 mm。

GPS 定位时,把卫星看成是"飞行"的控制点,利用测量的距离进行空间后方交会,便得到接收机的位置。卫星的瞬时坐标可以利用卫星的轨道参数来计算。

(2) GPS 测量的基本程序

GPS 定位测量是一项技术要求严格的工作,作业时应按中华人民共和国国家标准《全球定位系统(GPS)测量规范》(2001 年发布)的有关规定,根据工程的实际要求,认真设计,在满足用户要求的前提下,尽量节省人力、物力和时间。

GPS 测量的外业工作主要包括选点、建立观测标志、野外观测以及成果质量检核等;内业工作主要包括 GPS 测量的技术设计、测后数据处理以及技术总结等。如果按照 GPS 测量实施的工作程序,可分为技术设计、选点与建立标志、外业观测、成果检核与数据处理等阶段。

1)技术设计

技术设计是一项基础性工作,是 GPS 测量的工作纲要和计划,主要包括确定 GPS 测量的精度指标、网形设计、作业模式选择和观测工作的计划安排等。

GPS 测量的精度指标主要取决于网的用途,精度指标通常以网中相邻点之间的距离误差来表示,其形式为

$$M_R = \delta_D + 10^{-6} \times D \qquad (14.1)$$

式中 M_R——网中相邻点间的距离误差(mm);

δ_D——与接收设备有关的常量误差(mm);

D——相邻点间距离(km)。

精度指标是 GPS 网技术设计的一个重要因素,它的大小将直接影响 GPS 网的布设方案及作业模式。因此,在实际设计中要根据用户的实际需要和可能慎重考虑确定。

网形设计,是根据用户要求,确定具体网的图形结构,如按照使用的仪器类型和数量,考虑点连接或边连接等。另外,技术设计还应包括观测卫星的选择、仪器设备和后勤交通的准备等。

2)选点与建立标志

由于 GPS 测量站之间不要求相互通视,而且网形结构比较灵活,因此,选点工作较常规测量简便,并且省去了建立高标的费用,降低了成本。但 GPS 测量又有其自身的特点,因此,在选点之前应充分收集和了解有关测区的地理情况,以及原有测量标志点的分布及保存情况,以便确定适宜的观测站位置。选点时应注意以下问题:

①点位应选在交通方便、易于安置接收设备的地方,且视野开阔,以便于同常规地面控制网的连测。

②网点密度和图形对城市而言要求布点均匀,以利于规划、市政、地下管网和城市地籍、房产、地形测量的需要。

③GPS 点应避开对电磁波接收有强烈吸收、反射等干扰影响的金属和其他障碍物体,如高压线、电台、电视台、高层建筑、大范围水面等。

点位选定后,应按要求埋设标石,以便长期保存。最后,应绘制点之记、测站环视图和 GPS 网选点图,作为提交的选点技术资料。

3)外业观测

外业观测是指利用 GPS 接收机采集来自 GPS 卫星的电磁波信号,其作业过程可分为天线安置、接收机操作和观测记录。外业观测前应对所选定的接收设备进行严格的检验。外业观测时应严格按照技术设计时所拟定的观测计划实施。观测时,天线的妥善安置是实现精密定位的重要条件之一,工作内容有对中、整平、定向和量取天线高。接收机的操作,由于 GPS 接收机的自动化程度很高,一般仅需按几个功能键,就能顺利地完成测量工作,并且每一步工作,屏幕上均由菜单式显示,大大简化了野外操作工作,降低了劳动强度,但在具体操作前,应详细阅读仪器使用说明书。观测记录有两种形式,一种是由接收机自动形成并保存在接收机存储器中,供随时调用和处理,这部分内容包括接收到的卫星信号、实时定位结果及接收机本身的有关信息。另一种是测量手簿,由操作员随时填写,其中包括观测时的气象元素等信息。观测记录是 GPS 定位的原始数据,也是进行后续数据处理的惟一依据,必须妥善保存。

4)成果检核与数据处理

观测成果的外业检核是确保外业观测质量,实现预期定位精度的重要环节。因此,当外业观测结束后,必须按照《全球定位系统(GPS)测量规范》要求,对各项检核内容严格检查,确保准确无误,然后进行数据处理。由于 GPS 测量信息量大、数据多,采用的数字模型和计算方法较多,而且过程复杂,因此,普遍应用计算机通过一定计算程序完成。图 14.3 为 GPS 测量数据处理的基本流程。

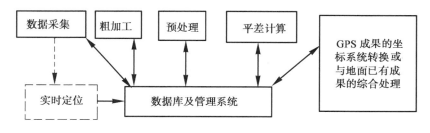

图 14.3　GPS 测量数据处理基本流程

14.1.4　GPS 的用途

(1)导航

利用 GPS 全球定位系统可以为陆地、海洋和空中的各种交通工具进行导航。

(2)授时

GPS 可进行高精度授时,用户可获得精度为 10 ns 的时钟改正数,精度是非常高的。

(3)高精度、高效率的地面测量

全球定位技术不仅使导航技术获得了根本性进展,而且在发展精密定位能力以满足大地测量、工程测量、地震监测和地球动力的需要方面,也取得了令人鼓舞的成就。

1)GPS 在精密大地定位中的应用

当站间距离小于 500 km 时,用 GPS 接收机进行 1 小时左右的观测,利用干涉测量技术和载波相位测量技术可获得几厘米至几分米的相对定位精度。此外,应用 GPS 定位技术进行大地定位比传统的测量方法在效率和效益上都有很大的提高。GPS 定位无需保持测站间相互通视,因而可以避免建造觇标和清除视线上的障碍等花钱费时的工作,而且也不必为了通视而将控制点设置于那些难以攀登的高山之顶,从而大大改善了野外作业条件。再者,由于 GPS 是全天候作业,不必像常规大地测量那样选择最有利的观测时间,因而大大提高了作业效益。

2)GPS 在大地测量中的应用

在美国,利用 GPS 每天可以测量 1～2 个一等大地点或 3～4 个二等大地点,速度之快是常规测量无法比拟的。

在全国范围内,以较远的距离如每隔 200 km 左右,布设一个高精度的 GPS 网,利用 GPS 载波相位测量技术可得到厘米级至分米级的精度,其相对精度可达 1/200 万,因此,利用高精度 GPS 网完全可以加强和检核天文大地网的精度,使原来未能实现这一目的的多普勒网改用 GPS 网来完成。

3)GPS 在工程测量中的应用

①建立控制网。GPS 明显的应用优势是建立各种形式的控制网,其建网的速度快、精度高。表 14.2 为几种常用方法的控制网精度比较。

表 14.2　控制网精度比较

方　法 边长与精度 等　级	GPS 测量规范		工程测量规范		城市测量规范	
	平均边长 / km	相　对 中误差	平均边长 / km	相　对 中误差	平均边长 / km	相　对 中误差
二等网	9	1/32 万	9	1/25 万	9	1/30 万
三等网	5	1/25 万	4.5	1/15 万	5	1/20 万
四等网	2	1/14 万	2	1/10 万	2	1/12 万

②变形观测。由于 GPS 能提供高精度的三维信息,而且能方便地测量变形体相对于变形区外稳定点的变形量,因而,在变形观测中具有广阔的应用前景。

③精密工程测量。GPS 第一次用于精密工程测量是美国加州斯坦福加速器中心扩建的直线碰撞器(SLC)和欧洲核子研究中心(CERN)周长为 27 km 的圆形加速器。测量结果表明,GPS 的精度比常规测量的精度高。

④线路测量。目前许多国家应用 GPS 进行线路工程测量,并取得了良好的实用效果,尤其在隧道工程、桥梁工程等项目中显示出明显的优越性。同样,GPS 在我国线路测量中也将会得到迅速的推广与应用。

⑤土地测量。在土地边界乃至国界测量中,应用 GPS 定位是一种既快又准的测量方法。

总之,GPS 的广泛应用正在成为测绘界的必要手段,随着 GPS 接收机价格的下降,GPS 技术将更具有吸引力,估计会广泛用于大地测量、工程测量、城市测量、房产测量和地籍测量等领域。

14.2　GIS 概　述

14.2.1　GIS 的概念

GIS 是地理信息系统的简称,它由计算机系统、地理数据和用户组成。GIS 是一种采集存储、管理、分析、显示与应用地理信息的计算机系统,是分析和处理海量地理数据的通用技术。它在最近的 30 多年内取得了惊人的发展,成为一个跨学科、多方向的研究领域。它通过对地理数据的集成、存储、检索、操作和分析,生成并输出各种地理信息,从而为土地利用、资源管理、环境监测、交通运输、经济建设、城市规划以及政府部门行政管理提供各种空间信息,为工程设计和规划、管理决策服务。

从 20 世纪 90 年代科学与技术发展的潮流和趋势看,可从以下 3 个方面来审视地理信息系统的涵义:

①地理信息系统是一种计算机技术,这是人们的通常认识。

②地理信息系统是一种方法,这种方法是人们具有对过去束手无策的大量空间数据进行管理和操作的能力,借助这种能力使人们将上至全球变化、下至区域可持续发展等一系列复杂的问题统一、集成、融合为一体,使人们第一次得以全方位地审视整个星球上的每一种现象。

③地理信息系统是一种思维方式,它改变了传统的直线式思维方式,而使人们能够关注与地理现象相关联的周围事件和现象的变化,以及这些变化对本体所造成的影响。从这个意义上讲,地理信息系统是人的思想的延伸。正是这种延伸使人们的思维观念发生了根本性的改变。

14.2.2　GIS 的组成

地理信息系统作为一个功能强大的空间信息管理系统,主要由以下 4 个部分组成:

①计算机硬件设备:这是系统的硬件环境,用于存储、处理、输入输出数字地图及数据。

②计算机软件系统:这是系统的软件环境,负责执行系统的各项操作与分析的功能。

③地理空间数据:它反映了 GIS 的管理内容,是系统的操作对象和原料。

④系统的组织管理人员:它包含了系统的建设管理人员和用户,它决定了系统的工作方式和信息的表示方式,这是 GIS 最重要的部分。

图 14.4 反映了 GIS 4 个部分的组成关系。这 4 个部分的有机组成,才能使 GIS 按照预定的目标完成系统所承担的空间数据的管理任务。在这 4 个部分中,最活跃、最有生命的是系统的设计、开发、管理人员和用户。一个系统建设没有管理人员的精心设计、精心开发、细心维护管理和良好的服务,是不会受到用户欢迎的。同样,一个没有用户的地理信息系统是没有生命和使用价值的系统。

(1)系统的硬件环境

地理信息系统的硬件环境主要由计算机及一些外围设备连接形成,主要包括以下几个部分:

1)计算机系统

它是系统操作、管理、加工和分析数据的主要设备,包括优良的 CPU、键盘、屏幕终端、鼠标等。可以单机,也可组成计算机网络(包括局域和广域网)系统来应用。

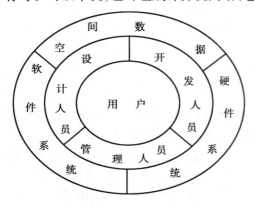

图 14.4　GIS 的组成关系

2）数据输入设备

用于将各种需要的数据输入计算机,并将模拟数据转换成数字数据。其他一些专用设备,如数字化仪、扫描仪、解析测图仪、数字摄影测量仪器、数码相机、遥感图像处理系统、全站仪、GPS 等,均可以通过数字接口与计算机相连接。

3）数据存储设备

主要指存储数据的磁盘、磁带及光盘驱动器等。

4）数据输出设备

包括图形终端显示设备、绘图机、打印机、磁介质硬拷贝机、可擦写光盘,以及多媒体输出装置等。

它们将以图形、图像、文件、报表等不同形式显示数据的分析处理结果。

5）数据通讯传输设备

如果 GIS 是处于高速信息公路的网络系统中,或处于某些局域网络系统中,还需要架设网络连线、网卡及其他网络专用设施。

由于计算机技术的迅猛发展,硬件的有效生命期较短,设备的淘汰率较高,而且价格昂贵,因此,对 GIS 硬件环境的选择,必须根据系统的需求、系统所担负的任务与投资情况,进行系统总体设计,要考虑软、硬件环境整体配套、协调一致。

(2)系统的软件环境

为了实现复杂的空间数据管理功能,GIS 需要有与硬件环境相配套的多种软件功能模块,在软件层次上需要有系统软件、基础软件、基本功能软件、应用软件等多层次体系。根据 GIS 的功能,软件可划分为以下几个子系统:

1）计算机系统软件和基础软件

由计算机厂家提供操作系统及各种维护使用手册、说明书等,以及某些基础软件(如 C,C ++等)。系统软件和基础软件是系统开发的软件基础,是 GIS 日常工作所必备的。

一般来说,选择作为地理信息系统软件开发基础平台的操作系统应具有以下特点:①支持多任务,多进程;②支持多用户;③支持文件、内存管理;④支持安全管理;⑤支持数据库恢复;⑥具有检查错误和纠错能力;⑦具有系统诊断能力;⑧具有抗病毒能力;⑨具有收及电子邮件的能力。

2）数据输入子系统

它通过各种数字化设备(如数字化仪、扫描仪等)将各种已存在的地图数字化,或者通过通讯设备或磁盘、磁带的方式录入遥感数据和其他系统已存在的数据,包括用其他方式录入的各种统计数据、野外数据和仪器记录的数据。

输入的数据应进行校验,即通过观察、统计分析和逻辑分析,检查数据中存在的错误,并通过适当的编辑方式加以修正。

对输入数据应进行存贮和管理,包括空间景物的位置,相互间的联系,以及它们的地理意义(属性)的结构和组合,以及数据格式的选择和转换、数据压缩编码、数据的连接、查询、提取等。对应不同的数据输入、存贮和管理方式,系统都应配备有相应的支持软件。

3）数据编辑子系统

GIS 应具有较强的图形编辑功能，以便对原始数据的输入错误进行编辑和修改。同时还需要进行图形修饰，为图形设计线型、颜色、符号、注记等，并建立拓扑关系，组合复杂地物，输入属性数据等。一般说来，GIS 软件应具有以下编辑功能：

①图形变换：开窗、放大、缩小、屏幕滚动、拖动等。

②图形编辑：删除、增加、剪切、移动、拷贝等。

③图形修饰：线型、颜色、符号、注记等。

④拓扑关系：结点附合、多边形建立、拓扑检验等。

⑤属性输入：属性联接、数据库实时输入、数据编辑修改等。

4）空间数据库管理系统

在 GIS 中既有空间定位数据，又有说明地理属性数据。对这两类数据的组织与管理，并建立二者的联系是至关重要的。为了保证 GIS 系统有效地工作，保持空间数据的一致性和完整性，需要设计良好的数据库结构和数字组织方式，一般采用数据库技术来完成该项工作。

5）空间查询与空间分析系统

这是 GIS 面向应用的一个核心部分，也是 GIS 区别其他系统（如 MIS）的一个重要方面，它应具有以下三方面的功能：

①检索查询：包括空间位置查询、属性数据查询等。

②空间分析：能进行地形分析、网络分析、叠置分析、缓冲区分析等。

③数学逻辑运算：包括函数运算、自定义函数运算，以及驱动应用模型运算。

GIS 通过对空间数据及属性的检索查询、空间分析、数学逻辑运算，可以产生满足应用条件的新数据，从而为统计分析、预测、评价、规划和决策等应用服务。

6）数据输出子系统

将检索和分析处理的结果按用户要求输出，其形式可以是地图、表格、图表、文字、图像等表达，也可在屏幕、绘图仪、打印机或磁介质上输出。

以上六个子系统是 GIS 软件系统必备的功能模块。一个优秀的 GIS 软件系统，还应备有较强功能的用户接口模块和适宜的应用分析程序的支持。用户接口模块是保证 GIS 成为接收用户指令和程序、实现人-机交互的窗口，使 GIS 成为开放式系统。具有良好的应用程序的支持，将使 GIS 的功能得到扩充与延伸，使其更具有实用性，这是用户最为关心的、真正用于空间分析的部分。

（3）数据和数据模型

GIS 中的数据有两大类型：一类是空间数据，用来定义图形和制图特征的位置，它是以地球表面空间位置为参照的；另一类是非空间的属性数据，用来定义空间数据或制图特征所表示的内容。GIS 的数据模型包括三个互相联系的方面：

1）确定在某坐标系中的位置

用于确定地理景观在自然界或区域地图中的空间位置，即几何坐标，如经纬度、平面直角坐标、极坐标等。

2）实体间的空间相关性

用于表示点、线、网、面实体之间的空间关系，即拓扑关系（Topology）。区域内地理实体或景观表现为多种空间类型，大致可归纳为点、线、面三种类型。①点：具有确定的几何位置，由一对平面坐标表示,至少具有一个属性(如城市)。②线:具有一定的走向和长度,表示线状地物或点之间的地理联系(如交通线)。③面:具有确定的范围和形态,表示空间连续分布的地理景观或作用范围。点、线结合组成网络;线、面结合成为地带;面、点结合成为地域类型;点、线、面结合组成区域。图14.5(a)为网络结点与网络线之间的枢纽关系;图14.5(b)为边界线与面实体间的构成关系;图14.5(c)为面实体与岛或点的包含关系。空间拓扑关系对于地理空间数据的编码、录入、格式转换、存储管理、查询检索和模型分析都有重要意义,是地理信息系统的特色之一。

3)与几何位置无关的属性

属性(Attribute)是与地理实体相联系的地理变量或地理意义。属性分为定性和定量两种,前者包括名称、类型、特性等,后者包括数量和等级等。定性描述的属性如岩石类型、土壤种类、土地利用、行政区划等。定量描述的属性如面积、长度、土地等级、人口数量、降雨量、水土流失量等。属性一般是经过抽象的概念,通过分类、命名、量算、统计得到的。任何地理实体至少有一个属性或几个属性,而地理信息系统的分析、检索和表示,主要是通过属性的操作运算实现的。因此,属性的分类系统、量算指标对系统的功能有较大的影响。

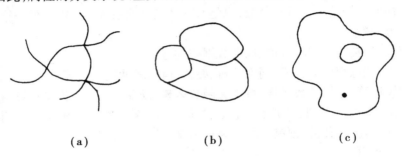

(a)　　　　　　　　(b)　　　　　　　　(c)

图14.5　几种典型的拓扑关系

GIS的空间数据模型,决定了其特殊的空间数据结构和数据编码,也决定了GIS具有特色的空间数据管理方法和系统空间数据分析功能,因而成为地理学研究和与地理有关的行业的重要工具之一。

14.2.3　GIS的功能

(1)一般基本功能

地理信息系统属空间型数据管理系统,因此它应具备一般数据管理系统所具有的数据输入、存储、检索、显示输出等基本功能。

1)数据输入、存储、编辑功能

数据输入:即在数据处理系统中,将外部多种来源、多种形式的原始数据(包括空间数据和属性数据)传输给系统内部,并将这些数据从外部格式转换为系统便于处理的内部格式的过程。它包括数字化、规范化和数据编码三个方面。数字化有扫描数字化和手扶跟踪数字化,经过模数变换、坐标变换等将外部的数据转化成系统所能接受的数据文件格式存入数据库。规范化指对不同比例尺、不同投影坐标系统,统一记录格式,以便在同一基础上工作。而数据编码是根据一定的数据结构和目标属性特征,将数据转换为便于计算机识别和管理的代码或编码字符。

数据存储:是将输入的数据以某种格式记录在计算机内部或磁盘、磁带等存储介质上。

数据编辑:指系统可以提供修改、增加、删除、更新数据等,一般以人机对话方式实现。

2)数据的操作与处理

为满足用户需求,必须对数据进行一系列的操作运算与处理。主要操作包括坐标变换、投影变换、空间数据压缩、空间数据内插、空间数据类型的转换、图幅边缘匹配、多边型叠加、数据的提取等。主要的运算有算术运算、关系运算、逻辑运算、函数运算等。

3)数据显示和结果输出

图形数据的数字化、编辑和操作分析过程、用户查询检索结果等都可以显示在屏幕上。而最终结果输出,除屏幕显示外,可根据用户要求输出到打印机、绘图仪、或者记录在磁带、磁盘上。输出结果可以是数据、表格、报告、统计图、专题图等多种形式。针对不同的外围设备,系统应备有相应的接口支持软件。

(2)制图功能

这是 GIS 最重要的功能之一,对多数用户来说,也是用得最多最广的一个功能。GIS 的综合制图功能包括专题地图制作,在地图上显示出地理要素,并赋予数值范围,同时可以放大缩小以表明不同的细节层次。GIS 不仅可以为用户输出全要素图,而且可以根据用户需要分层输出各种专题地图,以显示不同要素和活动的位置,或有关属性内容。例如,矿产分布图、城市交通图、旅游图等。通常这种含有属性信息的专题地图,主要有多边形图、线状图、点状图三种基本形式,也可由这几种基本图形综合组成各种形式和内容的专题图。

(3)地理数据库的组织与管理

对于那些将地理位置作为基本变量或记录属性的数据库,GIS 可以作为数据库集成和更新的重要工具之一。数据库的组织主要取决于数据输入的形式,以及利用数据库进行查询、分析和结果输出等方式,它包括数据库定义、数据库建立与维护、数据库操作、通讯等功能。

(4)空间查询与空间分析功能

GIS 面向用户的应用功能不仅仅表现在它能提供一些静态的查询、检索数据,更有意义的在于用户可以根据需要建立一个应用分析的模式,通过动态的分析,为评价、管理和决策服务。这种分析功能可以在系统操作运算功能的支持下,或建立专门的分析软件来实现。如空间信息量测与分析、统计分析、地形分析、网络分析、叠置分析、缓冲分析、决策支持等。系统本身是否具有建立各种应用模型的功能,是判别系统好坏的重要标志之一,因为这种功能在很大程度上决定了该系统在实际应用中的灵活性和经济效益。

空间查询和空间分析是从 GIS 目标之间的空间关系中获取派生的信息和新的知识,用以回答有关空间关系的查询和应用分析。

1)拓扑空间查询

用户将地图当作查询工具,而不仅仅是数据载体。空间目标之间的拓扑关系可以有两类:一种是几何元素的结点、弧段和面块之间的关联关系,用以描述和表达几何元素间的拓扑关系;另一种是 GIS 中地物之间的空间拓扑关系,可以通过关联关系和位置关系隐含表达,用户需通过特殊的方法查询。

这些空间关系主要有以下几项:面与面的关系,如检查与某个面状地物相邻的所有多边形及属性;线与线的关系,如检索与某一主干河相关联的所有支流;点与点的关系,如检索到某点一定距离内的所有点状地物;线与面的关系,如检索某公路所经过的所有县市或某县市的所有公路;点与线的关系,如某河流上的所有桥梁;点与面的关系,如检索某市所有银行分布网点。

2)缓冲区分析

缓冲区用以确定围绕某地要素绘出的定宽地区,以满足一定的分析条件。点的缓冲区是个圆饼,线的缓冲区是个条带状,多边形的缓冲区则是个更大的相似多边形。缓冲区分析是GIS中基本的空间分析功能之一,尤其对于建立影响地带是必不可少的,如道路规划中建立缓冲区以确定道路两边若干距离的土地利用性质。

3)叠加分析

叠加分析提供两幅或两幅以上图层在空间上比较地图要素和属性的能力,通常有合成叠加和统计叠加之分,前者是根据两组多边形边界的交点建立具有多重属性的多边形,后者则进行多边形范围的属性特征统计分析。合成叠加得到一张新的叠加图,产生了许多新多边形,每个多边形都具有两种以上的属性。统计叠加的目的是统计一种要素在另一种要素中的分布特征。

4)距离分析与相邻相接分析

距离分析提供了在地图上距离的功能,相邻分析确定哪些地图要素与其他要素相接触或相邻,而相接分析则结合距离和相邻分析两者的针对性,提供确定地图要素间邻近或邻接的功能。相邻和相接分析广泛应用于环境规划和影响评价的公共部门。大多数GIS软件目前不能直接进行相邻相接分析,而是通过先建立一定要求的缓冲区,再与其他图形要素进行叠置分析的间接方法解决。

(5)地形分析功能

通过数字地形模型DTM,以离散分布的平面点来模拟连续分布的地形,再从中内插提取各种地形分析数据。地形分析包括以下内容:

①等高线分析:等高线图是人们传统观测地形的主要手段,可以从等高线上精确地获得地形的起伏程度,区域内各部分的高程等。

②透视图分析:等高线虽然精确,但不够直观,用户往往需要从直观上观察地形的概貌,所以GIS通常具有绘制透视图的功能。有些系统还能在三维空间格网上着色,使图形更为逼真。

③坡度坡向分析:在DTM中计算坡度和坡向,派生出坡度坡向图供地形分析(如日照分析、土地适宜性分析等)。

④断面图分析:用户可以在断面上考察该剖面地形的起伏并计算剖面面积,以便用于工程设计和工程量算。

⑤地形表面面积和填挖方体积计算。这在DTM中是比较容易地求出的。

制图功能、地理数据库、空间查询与空间分析能力是GIS最具有独特吸引力所在。而系统是否具有良好的用户接口和各种应用分析程序的支持也是至关重要的,这些是由GIS开发人员和用户共同来完成的。

由于GIS的应用日益广泛,为了保障地理信息系统技术及其应用的规范化发展,指导地理信息系统相关的实践活动,拓展地理信息系统的应用领域,从而更好地实现地理信息系统的社会及经济价值,国际标准化组织成立了地理信息/地球信息专业技术委员会致力于数字地理信息领域标准化工作。

14.3 RS 概 述

14.3.1 RS 的一般知识

遥感简称 RS,广义地说,是在不直接接触研究目标的情况下,对目标物或自然现象远距离感知的一种探测技术。狭义而言,是指在高空或外层空间平台上,利用各种传感器装置(如摄影机、扫描仪和雷达等),在不与被研究对象直接接触的情况下,获取地表地物特征信息(一般是地物反射辐射和发射辐射的信息),通过数据的传输和处理,对这些信息进行提取、加工,从而实现对地表状况获得较全面认识的一门现代应用技术科学。

遥感技术系统包括空间信息采集系统(包括遥感平台和传感器),地面接收和预处理系统(包括辐射校正和几何校正),地面实况调查系统(如收集环境和气象数据),信息分析应用系统。遥感技术本身由传感器技术,信息传输技术,信息提取、处理和应用技术,目标信息特征的分析与测量技术等构成。由此可见,现代遥感技术是由空间技术、应用光学技术、无线电电子通讯技术、计算机技术等综合发展而形成的高新技术。遥感技术主要应用于陆地水资源调查、土地资源调查、植被资源调查、地质调查、城市遥感调查、海洋资源调查、测绘、考古调查、环境监测和规划管理等多个领域方面。

遥感技术作为一种空间探测技术,经历了地面遥感、航空遥感和航天遥感三个阶段。近年来,随着空间技术、应用光学技术、无线电电子通讯技术、计算机技术等的发展,使得遥感技术得到巨大发展。如在光谱探测方面,成像光谱仪的出现,使每个波段的波区变得越来越窄,波段数可多达 288 个,因此使得获取地物光谱信息更加丰富,能更有效地反映地物的真实状况。同时,传感器的空间分辨率也在迅速提高,民用传感器空间分辨率可达到 5 m 或更高。在遥感数据处理方面,由于计算机容量和计算速度以较快的速度发展,使遥感数据快速处理成为可能。另外由于大规模集成电路、磁盘介质等的发展与改进,使得原来设备复杂庞大、费用昂贵的遥感图像处理系统,将可以用轻便的个人计算机取而代之。这些都将巨大地推动遥感技术的迅速发展与促进遥感技术的广泛应用。

遥感技术,按照感测目标的能源作用可分为:主动式遥感技术和被动式遥感技术。按照记录信息量表现形式可分为:图像方式和非图像方式。按照遥感器使用的平台可分为:航天遥感技术、航空遥感技术、地面遥感技术。按照遥感的应用领域可分为:地球资源遥感技术、环境遥感技术、气象遥感技术、海洋遥感技术等。另外,依遥感仪器所选用的波谱性质可分为:电磁波遥感技术、声纳遥感技术、物理场(如重力和磁力场)遥感技术。电磁波遥感技术是利用各种物体反射或发射出不同特性的电磁波进行遥感的。其又可进一步分为可见光、红外、微波等遥感技术。

目前,常用的传感器有航空摄影机(航摄仪)、全景摄影机、多光谱摄影机、多光谱扫描仪(Multi Spectral Scanner,MSS)、专题制图仪(Thematic Mapper,TM)、反束光导摄像管(RBV)、HRV(High Resolution Visible range instruments)扫描仪、合成孔径侧视雷达(Side-Looking Airborne Radar,SLAR)。常用的遥感数据有:美国陆地卫星(Landsat)TM 和 MSS 遥感数据,法国 SPOT 卫星遥感数据,加拿大 Radarsat 雷达遥感数据。主要的遥感应用软件有 PCI、ER-Mapper

和 ERDAS 等。

14.3.2　RS 的组成

现代遥感技术系统一般由四部分组成,如图 14.6 所示。

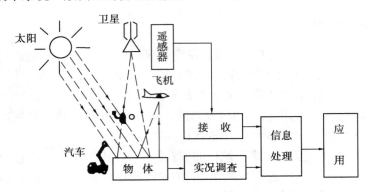

图 14.6　遥感技术系统的组成

(1)空间信息采集系统

空间信息采集系统主要包括遥感平台和遥感器两部分。遥感平台是运载遥感器并为其提供工作条件的工具,它可以是航空飞行器,如飞机、热气球等,也可以是航天飞行器,如人造地球卫星、宇宙飞船、航天飞机等。遥感器是收集、记录被测目标的特征信息并将记录信息发送到地面接收站的设备。遥感器是整个遥感技术系统的核心,遥感平台的运行状况直接影响遥感器的工作性能和信息的获取状况。

(2)地面接收和预处理系统

航空遥感获取的信息可直接送回地面进行处理。航天遥感获取的信息一般以无线电的形式进行实时或延时地发送并被地面接收站接收和进行预处理。预处理的主要作用是对信息所含的噪音和误差进行辐射校正和几何校正,图幅的分幅和注记等,为用户提供信息产品,例如遥感相片或遥感数字磁带等。

(3)地面实况调查系统

地面实况调查系统主要包括在空间遥感信息获取前所进行的地物波谱特征(如地物反射、发射电磁波的特性)测量,在空间遥感信息获取的同时所进行的与遥感目的有关的各种遥测数据(如区域的环境和气象等数据)的采集。前者是为设计遥感器和分析应用遥感信息提供依据,后者则主要用于遥感信息的校正处理。

(4)信息分析应用系统

信息分析应用系统是用户为一定目的而应用遥感信息时所采用的各种技术,主要包括遥感信息的选择技术、应用处理技术、专题信息提取技术、制图技术、参数量算和数据统计技术等内容。

14.3.3　RS 的应用

遥感信息是人类了解、认识自然,保护环境资源的重要信息源。传统的航空遥感影像客观地记录和反映着可见光范围内人类活动和自然景观的全貌,具有真实、直观、及时以及影像和地物相似性等的特点。现代机载的其他遥感仪器,能够获得比黑白相片更多的信息。如利用多波段或多光谱遥感仪器,可以同时获得同一地区的多波段或多光谱图像。利用这些图像可大大提高识别地物的能力。除此之外,航天遥感还具有更多的特点,具体可归纳为:①探测范围大,扩大观测的视野,便于进行宏观整体研究;②获取信息速度快,可动态重复,使得资料新颖,能及时发现和监测各种自然现象的异常及变化规律,具有迅速反映动态变化的能力;③克服地面调查中地理与其他区域因素等条件限制,收集资料方便、快速。④获取资料的技术手段先进、多样,信息含量丰富。

遥感信息的上述特点,使遥感技术在环境资源调查、测绘专题制图、农业生产监测、植被和水资源、城乡规划管理、军事侦察等多个方面得到了广泛应用。总体上,现代遥感技术的发展已逐步从利用单一波段的遥感资料进行分析应用,向利用多平台、多波段、多光谱、多时相的遥感资料进行综合分析和全面应用发展;从对资源与环境的定性调查与制图,向定性分析与评价和预测发展;从对各种事物与过程表面现象的描述,向对其内在规律的探测发展;从为各部门的常规管理提供基础资料,向为科学化、现代化管理建立各种信息数据库和地理信息系统发展。随着 3S 技术的集成发展与应用,遥感技术作为高效的信息采集与数据更新的重要方面,其应用将会更为广泛与深入,必将具有广阔的应用前景。

14.4　关于数字地球

数字地球(Digital Earth)是人类以数字的形式再现的地球信息场,是信息化的地球。它包括地球信息的获取、处理、传输、存储管理、检索、决策分析和表达等内容。它外在表现为超大型并行、互连和智能的计算机管理信息系统。空间、地下和地面的各种传感器,计算机网络,计算机数据处理中心,生物和非生物的信息前端、终端及载体等是数字地球的基础设施。

从狭义方面来看,数字地球主要指应用地理信息系统(GIS)、遥感(RS)和全球定位系统(GPS)等技术,以数字的方式获取、处理和应用关于地球自然和人文因素的空间数据,并在此基础上解决各种问题。数字地球是对真实地球及其相关现象统一性的数字化重现和认识,其核心思想一是用数字化手段统一处理地球问题,二是最大限度地利用信息资源。数字地球的未来是数字宇宙。它预示地球人类更大的发展空间和更长的发展时间。

数字地球最早是美国前副总统戈尔于 1998 年 1 月 31 日在美国加利福尼亚科学中心发表的题为"数字地球:21 世纪认识地球的方式"的讲演中提出来的,戈尔在他的文章里指出"我们需要一个'数字地球',即一种可以嵌入海量地理数据的、多分辨率的和三维的地球的表示,可以在其上添加许多与我们所处的星球有关的数据。"在科技界目前对"数字地球"还没有确切的学术定义,一般认为"数字地球"是对真实地球及其相关现象的统一的数字化的认识,是以因特网为基础,以空间数据为依托,以虚拟现实技术为特征,具有三维界面和多种分辨率浏览器的面向公众开放的系统。正如戈尔在他的文章中描绘的一个小孩在一个地方博物馆参观数字地球的场景:"当她戴上头盔时,她便可以看到与从太空看到的一样的地球。然后,通过数据手套她可以对所看到的影像进行放大,这样通过越来越高的分辨率她便可以看到各大洲以及不同的地区、国家、城市等内容,甚至最后还可以看到具体的房屋、树木以及其他的自然或人造的对象。"

通常认为,数字地球主要由三部分组成:①不同分辨率尺度下的地球三维可视化的浏览界面(与目前普遍使用的 GIS 不同),这是与用户交流的接口。②网络化的地理信息世界,为用户提供公用信息和商业信息,甚至可以为各类网络用户开辟一个认识"我们这个星球"的"没有围墙的实验室"。③多源信息的集成器和显示机制,就是融合和利用现有的多源信息,并将其"嵌入"数字地球的框架,进行"三维的描述"和智能化的网络虚拟分析,这是建立数字地球的关键技术。数字地球的兴起将在农业、环境、资源、人口、灾害、城市建设、教育、军事、政府决策和区域的可持续发展等领域起到巨大的作用。

思考题与习题

1. 什么是 3S 技术? 简述其在国民经济和社会发展中的应用前景。
2. GPS 有哪些主要特点?
3. GPS 由哪几个部分组成? 各部分有什么作用?
4. 简述 GPS 定位的基本原理。
5. GIS 由哪几个部分组成? 各部分的作用如何?
6. GIS 的主要功能有哪些?
7. RS 由哪几个部分组成? 各部分的作用如何?
8. 什么是数字地球? 建立数字地球的意义何在?

参 考 文 献

1 中华人民共和国国家标准 . GB 50026—93 工程测量规范 . 北京:中国计划出版社,1993

2 合肥工业大学合编 . 测量学(第四版). 北京:中国建筑工业出版社,1995

3 钟孝顺,聂让主编 . 测量学 . 北京:人民交通出版社,1996

4 过静珺主编 . 土木工程测量 . 武汉:武汉工业大学出版社,2000

5 杨德麟等编著 . 大比例尺数字测图的原理、方法与应用 . 北京:清华大学出版社,1998

6 武汉测绘科技大学《测量学》编写组 . 测量学(第三版). 北京:测绘出版社,1991

7 国家测绘局测绘标准化研究所 . GB 14804—93 地形要素分类与代码 . 北京:国家技术监督局发布,1994—08—01 实施

8 郭祥瑞主编 .《建筑工程测量》实习指导 . 广州:华南理工大学出版社,1998

9 李生平主编 . 建筑工程测量 . 武汉:武汉工业大学出版社,1997